河湖保护地

李 鹏 著

科 学 出 版 社

北 京

内 容 简 介

河湖保护地建设旨在更好地平衡河湖生态系统保护和水资源利用之间的关系，促进人水和谐，实现可持续发展。本书在分析自然保护地概念基础之上，归纳出世界自然保护联盟定义的“为什么”“是什么”和“如何为”三个构成要素；进一步提出保护地定义，探讨保护地建设“保护什么”“在哪里保护”“如何保护”三个主要目标；基于保护对象和生态系统特点，界定河湖保护地定义及分类，比较分析国内外具有代表性的河湖保护地体系；着力解决河湖保护地科学研究的保护对象、空间确定和治理模式三个基本问题；基于实践基础，对四川省河湖公园创建进行总结。

本书对水利、自然资源、生态环境、旅游等领域的研究机构、教学单位、管理部门的相关人员具有重要的参考意义，也可供广大河湖旅游爱好者借鉴。

审图号：GS 京（2024）0431 号

图书在版编目（CIP）数据

河湖保护地 / 李鹏著. —北京：科学出版社，2024.11

ISBN 978-7-03-072410-6

Ⅰ. ①河… Ⅱ. ①李… Ⅲ. ①河流环境－生态环境－环境保护 ②湖泊－生态环境－环境保护 Ⅳ. ①X52

中国版本图书馆 CIP 数据核字（2022）第 092482 号

责任编辑：孟莹莹 程雷星 / 责任校对：樊雅琼

责任印制：赵 博 / 封面设计：无极书装

科学出版社 出版

北京东黄城根北街 16 号

邮政编码：100717

http://www.sciencep.com

三河市春园印刷有限公司印刷

科学出版社发行 各地新华书店经销

*

2024 年 11 月第 一 版 开本：720 × 1000 1/16

2025 年 1 月第二次印刷 印张：16 1/2 插页：2

字数：333 000

定价：148.00 元

（如有印装质量问题，我社负责调换）

本书得到以下国家自然科学基金项目支持

云南典型高原湖泊流域生态修复中的保护性排斥特征、机理与调控（项目批准号：42261057）

西南生态脆弱区河流保护地空间确定研究——以四川省为例（项目批准号：41761111）

环境正义视角下的滇中湖泊群旅游开发空间排斥机理与调控途径研究（项目批准号：41361107）

前　言

2010～2013 年，我们编写了《水利旅游概论》一书（2014 年由高等教育出版社出版），并于 2017 年获得了国家旅游局优秀研究成果奖三等奖。在这个过程中，我们对全球的水利旅游和中国的水利风景区认知日渐加深。

原四川省农田水利局（现四川省农村水利中心）给予了我们团队将河湖保护地理论研究与实践探索相结合的机会。2013 年，四川省农田水利局邀请我们团队到“千河之省”开展河湖保护地的研究工作，我们先后开展了河湖资源调查、水利风景区生态补偿、水利风景区融合发展、国家河流试点等课题研究，对巴山蜀水和河湖保护有了深刻认识。2014～2021 年，团队先后完成了“四川省国家河流公园研究试点方案”“四川省水利风景区（河湖公园）建设发展规划（2016～2025 年）”“青竹江国家河流公园研究”“青川县青竹江河湖公园规划”等课题，本书有部分内容就源自这些研究。

水利部水利风景区建设与管理领导小组办公室给予了团队国内实习和学习的机会。通过考察中国大江南北、长城内外不同地理环境中的人水关系，我们看到了不同的水域景观和水利工程，对水利风景区这一独特的中国保护地类型有了比较深刻的认知。

美国林务局国际合作司给予了团队国际实习和学习的机会。2015～2019 年，美国林务局国际合作司资助多名学生前往美国实习，资助团队成员前往美国农业部林业局落基山研究所访学，还派出了三批 6 人次的专家团队来中国实地指导。在美国期间，我们实地考察了将近 40 个州的各种保护地，包括国家公园、国家森林、国家野生动物保护区、国家荒野风景河流、国家荒野保护区和国家游憩区等不同类型；看到了自然保护地与电站、水库和谐相处，感受到了生态保护、产业发展和游憩机会提供的长期共存，也了解到了大坝被拆的历史过程；深刻领悟到美国政府和人民在保护地建设过程中因地制宜、实事求是的科学精神。

本书的完成还要感谢以下专家和学者给予的大力支持和鼓励：水利部南水北调规划设计管理局关业祥教授，水利部发展研究中心戴向前教授和中国水利学会李贵宝教授，中国科学院地理科学与资源研究所成升魁研究员、刘家明研究员、钟林生研究员和徐增让副研究员等，国务院发展研究中心苏杨研究员，国家林业和草原局（国家公园管理局）唐芳林教授，清华大学刘海龙副教授，河海大学赵敏研究员，四川农业大学李梅教授，华侨大学李洪波教授，广西社会科学院过竹研究员，华北水利水电大学李虎教授、卢玫珺教授等。

过去的10年里，作者团队有20多位研究生参与了河湖保护地系列研究，付出了辛勤的汗水和巨大的努力。博士研究生孔凯、黄河、余超，硕士研究生起星艳、祝霞、康志辉、张端、邹映、王强、王慧颖、张晓、李楠楠、何琳思、李天英、刘哲、祝猛、张胜军、杨鹏、余丹、张誉潇、周书勤、吴宁远、兰红梅、李晨阳、张俊、沈梦婷、高亚婷、边志伟、裴阳霞、王丹宁、常春雨、朱俊、侯泽宇、王仕超、何钰雯、江德琴等，做了大量的资料收集、整理等辛苦工作。

山东、云南、福建、河南等省水利风景区领导小组办公室及相关水利风景区管理单位对我们的工作和调研给予了支持和便利。云南大学的领导和同事，一直对我们的工作给予很大的支持，并从“世界一流大学和一流学科建设”项目中为本书出版提供经费支持，作者在此一并表示感谢。

由于作者水平有限，书中难免有疏漏之处，恳请广大读者批评指正。

作　者

2023年2月28日

目录

第1章 绪　　论

1.1 研 究 背 景

1.1.1 全球突出的水资源问题

2023年，联合国教科文组织和联合国水机制共同发布了《2023联合国世界水发展报告》。报告指出，过去40年里，全球用水量以每年约1%的速度增长。在人口增长、社会经济发展和消费模式变化等因素的共同推动下，预计到2050年，全球用水量仍将以目前的速度继续增长，增长主要来自中低收入国家尤其是新兴经济体。由于当地的物理性缺水，再加上淡水污染的加速和蔓延，水资源短缺正逐渐成为区域性问题。全球有10%的人口生活在高度或严重缺水的国家，有约26% 的人无法获得安全管理的饮用水服务，约46%的人口无法使用经过安全管理的环境卫生设施。有20亿～30亿人每年至少有一个月会遇到缺水问题，这给人们的生计造成严重风险，尤其是粮食安全和电力供应（UN，2023）。

联合国2030年可持续发展议程中确定的可持续发展目标（sustainable development goals，SDGs）对人类生存与发展至关重要（UN，2015）。可持续发展目标6（SDG6）：为所有人提供水与环境卫生，并对其进行可持续管理，也对实现其他16项可持续发展目标起到支持作用。实现SDG6和其他与水和生态系统相关的目标，对社会的健康和福祉、改善营养、消除饥饿、维护和平与稳定、保护生态系统和生物多样性、实现能源安全和粮食安全至关重要。甚至，水问题关系到全球所有人是否能够有尊严地生活（UNESCO，2013）。

河湖是世界水资源的重要载体。加强河湖生态系统的保护和修复，促进河湖资源合理高效利用，是当今世界应对水问题的重要任务。不断完善河湖利用和保护措施，提高水资源的利用率，也是各国的当务之急。

1.1.2 中国河湖保护重大战略

党的十八大以来，党中央、国务院对河湖保护高度重视，主要表现在：一是领导人重视。习近平总书记多次实地考察长江、黄河流域生态保护和经济社会发展情况。2016年1月在长江上游城市重庆、2018年4月在长江中游城市武汉、

2020 年 11 月在长江下游城市南京，习近平总书记亲自主持召开三次长江经济带发展座谈会。2019 年 9 月在黄河中游城市郑州、2021 年 10 月在黄河下游城市济南，习近平总书记主持召开黄河流域生态保护和高质量发展两次座谈会。二是制度建设。为了更好地开展河湖治理，各地全面建立了以党政领导负责制为核心的河湖保护治理管理责任体系，建立起极具特色的河湖治理体系。2016 年 12 月，中共中央办公厅、国务院办公厅印发了《关于全面推行河长制的意见》；2018 年 1 月，中共中央办公厅、国务院办公厅印发了《关于在湖泊实施湖长制的指导意见》。三是法律制定。2020 年 12 月 26 日，第十三届全国人民代表大会常务委员会第二十四次会议通过《中华人民共和国长江保护法》。2022 年 10 月 30 日，第十三届全国人民代表大会常务委员会第三十七次会议通过《中华人民共和国黄河保护法》。这些有力举措促进了河湖保护和生态修复。

1.1.3 自然保护地建设重要举措

2013 年 11 月，《中共中央关于全面深化改革若干重大问题的决定》明确提出："加快生态文明制度建设""建立国土空间开发保护制度，严格按照主体功能区定位推动发展，建立国家公园体制"。2017 年 9 月，中共中央办公厅、国务院办公厅印发《建立国家公园体制总体方案》。2018 年《深化党和国家机构改革方案》印发后，组建国家林业和草原局，加挂国家公园管理局牌子，管理国家公园等各类自然保护地。2019 年 6 月，中共中央办公厅、国务院办公厅印发的《关于建立以国家公园为主体的自然保护地体系的指导意见》指出："逐步形成以国家公园为主体、自然保护区为基础、各类自然公园为补充的自然保护地分类系统。"

2021 年 10 月，中国正式设立三江源、大熊猫、东北虎豹、海南热带雨林、武夷山等第一批国家公园，保护面积达 23 万 km^2，涵盖我国近 30%的陆域国家重点保护野生动植物种类。建立以国家公园为主体的自然保护地体系，既是建设"美丽中国"的切实路径，又是满足人民群众日益增长的精神文化需求的重要载体，对于切实保护好国家自然资源和人文遗产、推动国土空间的高效合理利用具有重要意义。河湖保护地与自然保护地体系建设之间存在联系和交叉，河湖保护地建设水平势必影响自然保护地建设成效。

1.1.4 河湖保护地建设意义重大

河湖保护地建设作为幸福河湖、美丽河湖建设的重要手段和载体，能够较好地平衡河湖生态系统保护和水资源利用之间的关系，可以优化水资源配置、实施水生态综合治理、完善水生态保护格局。2019 年 8 月，习近平总书记在甘肃考察时强调："治理黄河，重在保护，要在治理。要坚持山水林田湖草综合治理、系统治理、源头治理，统筹推进各项工作，加强协同配合，共同抓好大保护，协同推进大治理，推动黄河流域高质量发展，让黄河成为造福人民的幸福河。”从此，幸福河湖成为全国河湖治理的重要目标。幸福河湖就是永宁水安澜、优质水资源、宜居水环境、健康水生态、先进水文化相统一的河湖，是安澜之河、富民之河、宜居之河、生态之河、文化之河的集合与统称（中国日报，2021）。

2021 年 3 月，《中华人民共和国国民经济和社会发展第十四个五年规划和 2035 年远景目标纲要》提出推进美丽河湖保护与建设。“美丽河湖”是一个诗意化的引领性表述，为更好地开展保护与建设工作，需要按照目标导向的原则，细化提出美丽河湖的指标体系，描绘出清晰具体的奋斗目标。按照“山水林田湖草沙是生命共同体”的系统理念，从水环境、水资源和水生态等流域要素的角度阐释美丽河湖的内涵，具体体现为“有河有水、有鱼有草、人水和谐”（徐敏等，2021）。

1.2 主要研究内容

“理论分析—国际比较—基本科学问题—地方实践探索”的逻辑框架和研究思路，构成本书四个相互关联的主要内容。

1.2.1 理论分析

针对河湖保护地的属性和特点，以河流生态学、河湖治理和自然保护地等理论为基础，界定自然保护地定义及“是什么”“为什么”“如何为”三个自然保护地的构成要素，分析不同类型的保护地及其特点；提出河湖保护地概念，分析河湖保护地主要特征和基本功能，论述河湖保护地与自然保护地之间的相互关系；进一步探讨河湖保护地体系“保护什么”“在哪里保护”“如何保护”三个主要目标（Primack，2010）。

1.2.2 国际比较

1968 年，美国国家荒野风景河流体系（national wild and scenic river system，NWSRS）的成立是世界河流保护的分水岭，开启了通过专门的保护地建设模式实现河流保护的新纪元。NWSRS 中“wild”一词，也有人译为“原生、野生、原野、自然”等不同中文（刘海龙等，2019；刘海龙和杨冬冬，2014；于广志，2012；杨锐，2003）。随着“荒野”（wilderness）一词在国内被广泛接受，考虑 NWSRS 是荒野思想的产物和荒野保护区类型的延续，本书将“wild and scenic river”翻译成“荒野风景河流”。本书针对美国 NWSRS、加拿大遗产河流体系（Canadian heritage river system，CHRS）、新西兰国家水体保护区体系（national water conservation system，NWCS）、澳大利亚荒野河流项目（wild river project）和中国国家水利风景区体系（national water park system，NWPS）发展的经历阶段、分布特征、主要特点以及治理模式开展研究。

水利风景区是具有中国特点的河湖保护地类型，全球视野下这种保护地类型特点尤为突出。中国的水资源总量位居全球第四，是世界上河流最多的国家之一，其中流域面积超过 1000km^2 的河流就有 1500 多条（中华人民共和国水利部，2018）。中国还是世界上水库数量最多的国家，截至 2019 年底，中国水库数量超过 98000 座（中华人民共和国水利部，2020）。我国以丰富的河湖资源和大量的水利工程为基础，形成了具有“人水和谐”“利用保护兼顾”特色的水利风景区体系。中国与美国、加拿大等不同国家的河湖保护地体系进行横向对比，可为中国河湖保护地建设提供经验借鉴。

1.2.3 基本科学问题

围绕河湖保护地体系建设三个主要目标——保护什么、在哪里保护和如何保护，讨论河湖保护地研究的保护对象、空间确定和治理模式三个基本科学问题。这是全书的重点和难点。

保护对象是河湖保护地建设的出发点。因为价值取向和建设目标不同，河湖保护地体系的保护对象存在很大差异。本书比较了美国国家荒野风景河流体系、加拿大遗产河流体系、新西兰国家水体保护区体系和中国国家水利风景区体系的保护对象的不同侧重点。

空间确定是河湖保护地建设的前提和物质基础。河湖保护地的空间确定问题主要包括体系的空间布局、单元的边界确定和内部空间分区。本书基于小流域、省域和国家三个不同尺度，探讨河湖保护地空间确定的方法，以及空间分布形成的差异。

政府治理是河湖保护地达到善治的关键途径。本书比较了美国国家荒野风景河流体系、加拿大遗产河流体系、新西兰国家水体保护区体系和中国国家水利风景区体系治理差异。

1.2.4 地方实践探索

四川省在河湖保护地建设方面进行了有益探索。其作为“千湖之省”，河湖、水利工程数量众多，水利文化遗产丰富，具有建设河湖保护地的良好资源禀赋。四川省在全国率先提出了河湖公园的概念，开展了河湖公园创建模式与评价方法的研究，编制了《四川省水利风景区（河湖公园）建设发展规划（2016～2025 年）》

《四川省河湖公园评价规范》（DB51/T 2503—2018），出台了《四川省河湖公园建设试点实施方案（2019～2025年）》，遴选出资源禀赋、前期工作条件较好和地方热情比较高的9家单位作为首批试点，开展了先行先试工作。2020年，有两家河湖公园试点单位；2021年，有6家河湖公园试点单位。

1.3 主要研究方法

1.3.1 生态系统方法

生态系统方法（ecosystem approach）源于人类对自然生态系统保护和管理的长期实践，其思想萌芽于1972年美国和加拿大共同提出的《五大湖水质协议》（*Great Lakes Water Quality Agreement*）（窦明等，2007）。这是一种综合各种方法来解决复杂的社会问题、经济问题和生态问题的系统管理策略，具有综合性、系统性、动态性等特点（周杨明等，2007；CBD，2004）。生态系统方法作为一种新的生态系统管理和生物多样性保护的策略，其应用范围十分广泛，为土地资源、水资源和生物资源的综合管理提供了强有力的策略，促进了自然资源保护与可持续利用。在自然保护地领域，生态系统方法能综合考虑保护地内各要素，筛选出生物多样性丰富、受人类影响小的区域作为保护地首选区域；有助于均衡地实现《生物多样性公约》的三个目标：有效保护，可持续利用，公平、公正地享有开发基因资源所带来的利益（周杨明等，2007）。

1.3.2 系统保护规划方法

系统保护规划（systematic conservation planning）方法是一种以识别优先保护区域、绘制保护地网络体系为目标的结构化逐步型优化方法，其能够对实施过程中任何阶段的任意环节进行反馈、修正和重复计算（Margules and Sarkar，2007）。系统保护规划方法本质上是一种基于迭代运算模型的量化规划方法，采用选址优化算法的贪婪算法（greedy algorithm）、启发式算法（heuristic algorithm）等制定空间规划方案。其以空间规划单元为计算单元，综合考虑物种分布、保护比例、保护代价、保护地连通性等自然与社会经济因素（张路等，2015；Margules and Pressey，2000），借助Cluz、C-Plan、Zonation、Marxan等软件进行运算，最终得到生物多样性高、保护成本低的空间单元组合作为优先保护区域。系统保护规划的四个核心思想（Margules and Sarkar，2007）是代表性（representativeness）、连通性（connectivity）、互补性（complementarity）、不可替代性（irreplaceability），这也是保护地设立与选址的关键标准。

系统保护规划是一个动态过程，从保护地体系规划到保护地规划方案实施再到保护效果评估，之后进行反馈，根据反馈结果动态调整规划方案，以此类推最终形成完善的保护地网络体系。Margules 和 Sarkar（2007）在研究中详细阐述了系统保护规划方法的主要阶段或者步骤。本书结合相关研究（张路等，2015；Margules and Sarkar，2007）对系统保护规划思路与步骤进行了梳理，如图 1-1 所示。

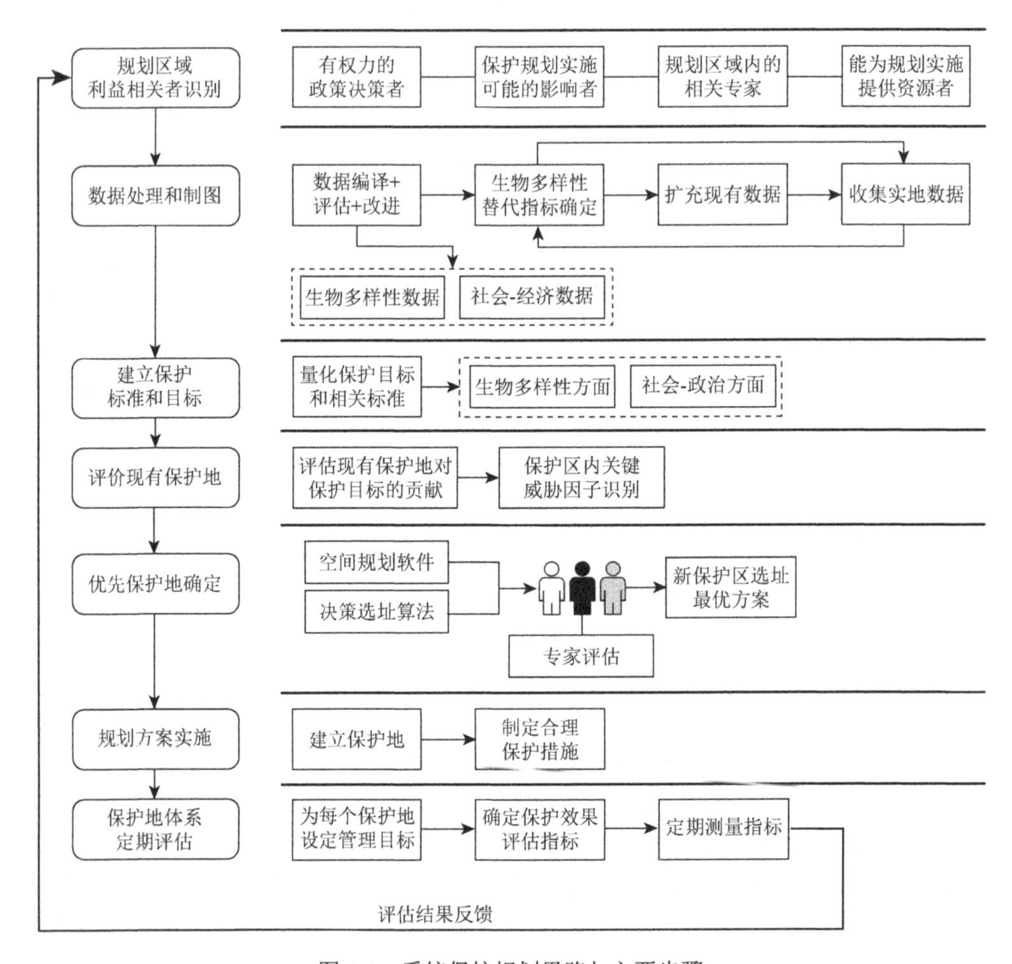

图 1-1　系统保护规划思路与主要步骤

资料来源：结合相关文献（张路等，2015；Margules and Sarkar，2007）整理后绘制

1.3.3　空间数据分析统计方法

空间数据分析统计方法（statistical methods for spatial data analysis）通过对不同空间数据采用不同分析方法，挖掘出更多的地理空间信息和知识，广泛运用于

现代计量地理学中。这种方法的核心就是通过认识与地理位置相关的数据间的空间依赖、空间关联或空间自相关，建立空间位置数据间的统计关系。空间数据分析统计方法主要包括莫兰 *I* 数（Moran *I*）、核密度估计（kernel density estimation）、*K* 函数（*K* function）分析、地理加权回归（geographically weighted regression）等空间权重模型，空间滞后模型（spatial lag model）、空间误差模型（spatial error model）、空间杜宾模型（spatial Dubin model）等空间回归模型（王劲峰等，2019）。

1.3.4 “3S”技术

“3S”技术包括全球导航卫星系统（global navigation satellite system，GNSS）、地理信息系统（geographic information system，GIS）、遥感（remote sensing，RS）。“3S”技术及其集成地球空间信息科学的技术体系是最基础和最基本的技术核心，广泛运用于国民经济各个领域和不同学科。在生态环境和自然保护地领域，“3S”技术可实现对区域生态环境演变各要素的综合、动态、实时监测，是进行生态环境动态监测领域不可替代的重要观测手段和信息处理工具，特别是“3S”一体化技术，相较于传统的监测手段和分析方法具有明显的优势（闫正龙等，2019）。

1.3.5 对比分析法

对比分析法又称比较分析法，通过对客观事物的比较，达到认识事物的本质和规律并做出正确评价的目的。对比分析法通常是对两个相互联系或者一组类似的对象或者事物进行比较，从数量上展示和说明比较对象之间在规模大小、水平高低、速度快慢以及各种关系等方面是否协调。尤其是同类事物或对象在国际上的比较，可以发现各国的相同点与不同点，从而对事物的属性和特点有比较清楚的认识。本书比较了国际上的多种河湖保护地构成及其不同特点，美国对待水坝就有两种完全不同的做法。NWSRS 旨在维持河流的自然状态，完全反对河流筑岸、修建水坝等的纵向和横向的改变，这是一种维持河流生态系统完整性和原真性的自然保护地做法；国家游憩区（national recreation area）则是基于大坝建设和水库形成，既重视水坝的安全运行，又重视库区水面的游憩利用。比较美国、加拿大、新西兰和中国等的河湖保护地空间分布、发展阶段以及治理方式特点，可为中国河湖保护地发展提供更多启示。

1.4 技术路线

在河流生态学、河湖治理和自然保护地相关理论分析的基础上，本书阐述自然保护地定义的三个构成要素，进一步提出保护地定义；对河湖保护地概念及其特点进行论述；比较分析美国、加拿大、新西兰、中国等不同国家河湖保护地体系的发展历程和发展现状；围绕河湖保护地体系建设三个主要目标——保护什么、在哪里保护和如何保护，讨论河湖保护地研究的保护对象、空间确定和治理模式三个基本科学问题；比较各国河湖保护地体系的差异及其原因；最后对中国四川河湖公园创建实践进行总结。本书的总体框架与技术路线见图 1-2。

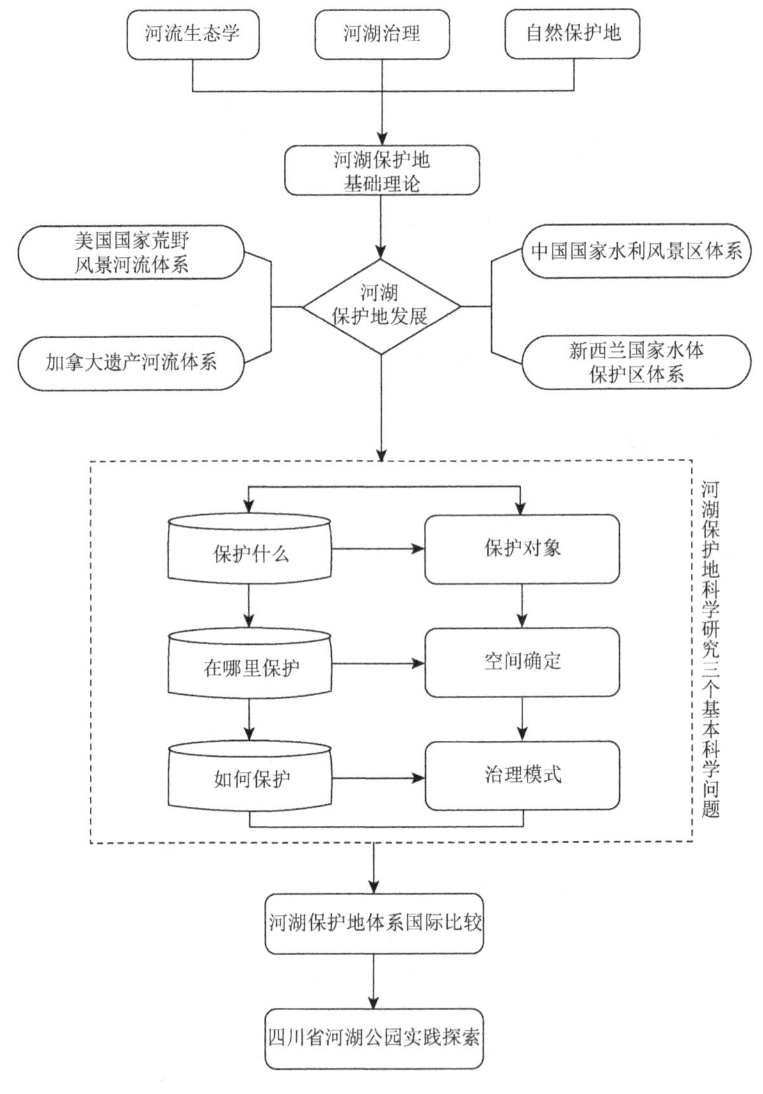

图 1-2　本书的总体框架与技术路线

第2章 理论基础

一方面，河湖保护地研究需要已有学科和知识体系的支撑，如河流生态学、河湖治理及自然保护地等理论；另一方面，需要提出河湖保护地自身的概念和理论构成，这就需要构建概念体系和界定基本科学问题。

2.1 理论来源

2.1.1 河流生态学

1. 河流连续体

1975年，Hynes在对河流与山谷的关系研究中注意到河流生态分区的不足和缺陷。针对每条河流都具有自身的土地利用、地形条件和气候条件等因素的独特组合，Hynes 提出了“山谷在各个方面支配着河流，河流受到周围陆地区域自然属性的强烈影响”的观点（Hynes，1975）。在此基础之上，Vannote等（1980）进一步提出了河流连续体概念（river continuum concept，RCC）：河流是一个连续流动的水体系统，沿着源头到河口的梯度，河流的物理、化学和生物特性呈现出连续的变化，形成一个连续的、流动的、独特而完整的系统，称之为河流连续体，其概念的核心思想是连续梯度。

河流连续体概念可以表征河流生态系统的结构和功能。该概念把河流网络看作一个连续的整体系统，强调生态系统的结构和功能与流域空间的统一性。河流生态系统的连续性，不只是地理空间上的连续，更重要的是生态系统中生物学过程及其物理环境变化的连续（孙东亚等，2005；蔡庆华等，2003）。

河流连续体概念的提出，对于认识河流生态系统具有理论和实践的重要性，表现在三个方面：①首次提出沿着河流的整个长度来描述各种河流群落的结构和功能特征，强调了河流生态系统的整体性和动态性，认为河流各部分之间通过物质、能量和生物的交换相互联系。②明确地提出河流生态系统纵向的梯度变化规律，认为河流群落能够改变自己的结构和功能特征，使之适应非生物环境，非生物环境从源头到河口呈现一种连续变化的梯度。③河流生态系统的状态和功能受到流域内外因素的影响，包括气候变化、土地利用变化、水坝建设等，在一定程度上影响和形成了一大批河流生态学概念。自河流连续体概念提出以来，河流连续体成为河流生态学家检验有关物种分布、群落结构以及河流生境能量流动的基本应用假说的关键概念框架（吴雷祥等，2021）。河流连续体概念对河流管理和修复工程提供了理论基础，指导着人们采取综合流域管理的方法，注重上游到下游整个流域系统的连续性和完整性，以实现河流生态系统的健康和可持续发展。

相比于其他自然地理要素，河流具有较为特殊的空间形态：一方面，从大范围或者整个流域来看，河道自身形成“线状”空间形态；另一方面，河流及其河岸带、河滨区等要素组合在一起，使河流在局部区域又具备“面状”空间形态。

2. 河流生态系统四维连续体模型

与任何类型自然生态系统一样，河流生态系统构成要素包括生物体、非生物体及二者间相互作用的过程三大部分（Allan et al.，2021；Allan and Castillo，2007；蔡晓明，2002）。其中，生物体包括动物、植物、微生物；非生物体则包括河流水体、河床部位、河岸区域、各类溶解物与沉积物等。由于河流生态系统具有连续变化特征，较多学者认为河流生态系统是一种四维河流连续体（4-dimension river continuum）（董哲仁，2009；Allan and Castillo，2007；孙东亚等，2005），包括纵向、横向、垂向和时间分量。河流生态系统四维连续体模型如图 2-1 所示，图中

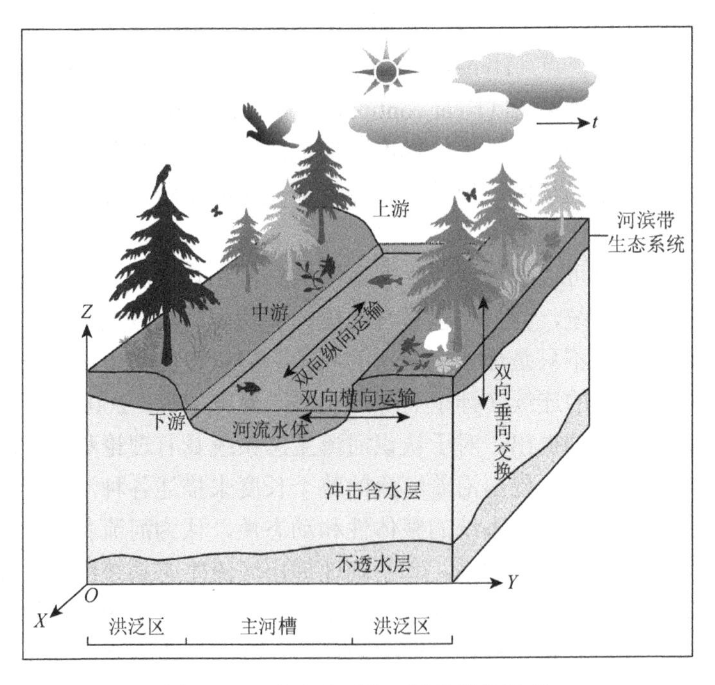

图 2-1　河流生态系统四维连续体模型

根据文献（Allan et al.，2021；Allan and Castillo，2007；Ward，1989）绘制

共有 4 个坐标轴，其中 X 轴、Y 轴、Z 轴分别代表三个空间维度，t 轴代表时间维度。X 轴方向为河流水体流动主要方向，物质随水流从上游运输到河流的各个河段；Y 轴方向为河水漫溢方向，当汛期洪水时，河水向河岸两侧方向溢出，河漫滩、湿地等与河道相连，各类营养物质也随河水被传输；Z 轴方向上河流地表水和地下水相互渗透、相互交换，同时还有物质和能量交换；在三个不同空间维度上，物种分布具有明显的连续性，物质循环、能量流动和信息传递也具有连续性；t 轴方向则表明随时间推移，河流生态系统随地形地貌、气候等因素的改变而发生变化。通过该模型，人们可以更好地理解和预测河流水文、水力、水质和生态系统的行为，为河流保护和开发利用提供支持。

3. 自然流淌河流

自然流淌河流（free-flowing rivers，FFRs）是以维持河流自然流淌状态为主要目标并禁止或不主张筑坝的河流统称。从科学层面来看，在全球自然流淌河流空间识别的研究中，关于自然流淌河流的共识定义是“河流的生态系统功能与服务基本未受到其水文流动连通性变化的影响，允许水、能量、物质与物种在河流系统内及周边环境进行没有阻隔的运动与交换”（Grillg et al.，2019）。

自然流淌河流对于人类至关重要。地球上许多河流的水流在大小、频率、持续时间上都表现出一种“不自然”的状态。水流维持着河流、陆地和海洋生物多样性，并为全球生物地球化学循环做出了重要贡献。然而，由于大坝建设、改道、取水、土地整理和气候变化，河流生态系统服务功能日益退化。河流水流的大小、频率、持续时间和变化率已经塑造了广泛的物种适应性，但是当河流的流动性遭到破坏超出其可以承载的限度，河流的生物多样性和物种适应性就会在一定程度上受到破坏。因此，保护河流的自然流动性对于遏制全球生态系统退化十分重要（Walters et al.，2020）。

保护和恢复自然流淌河流的生态健康成为全球环境保护和可持续发展的重要议题。据世界自然基金会统计，世界上大河流中只有 1/3 仍然保持自由流动，大多数大河被筑坝或其他方式（道路、建筑物或农场修建等）改变[①]。大多数流程长而自由流动的河流，只存在于难以开发的偏远地区（如北极）、经济欠发达的地区（如刚果）、政治条件难以满足建设水电的地方（如缅甸）。在人口稠密的地区，只有少数大河仍然保持自由流动，如亚洲的萨尔温江（中国境内为怒江）和伊洛瓦底江（中国境内为独龙江）。世界上其他的绝大部分河流都已经不再是自然流淌的河流。

目前，保护自由流淌河流有三种主要政策机制（Perry et al.，2021）：①国家

① https://www.worldwildlife.org/pages/free-flowing-rivers。

河流保护地系统。建立国家河流保护地系统就是为了在大坝建设和河流保护利益之间取得平衡，保护河流或河段的自由流动和杰出价值，如美国国家荒野风景河流体系和加拿大遗产河流体系。②行政法令和法律。可以通过行政法令或其他类似的法律框架对自由流动的河流进行保护，如1976年斯洛文尼亚实施的《索查河保护法》，1981年新西兰颁布的《水保护令》，1986年印度实施的《环境保护法》，2021年3月中国施行的第一部流域法律《中华人民共和国长江保护法》。③赋予河流权利。河流权利指人类不能将自然流动的河流视为自身应该拥有的财产，而应该认识到河流拥有与人类一样的权利，如孟加拉国所有河流与人类具有同等法律地位，而国家河流保护委员会（National River Conservation Commission）是孟加拉国河流的合法监护人。

2.1.2　河湖治理

河湖治理是水治理的重要组成部分。水治理涵盖了多种实践活动和多门学科，从广义上来讲可分为水资源治理、水服务治理和水冲突治理。①水资源治理是对河流、湖泊和地下水的治理，包括水的分配、评估和污染控制。如水生态系统和水质保护，可以再分配和存储水资源的自然和人工基础设施建设与维护，以及地下水补给等。②水服务治理涵盖了一个完整用水过程的管理：从水供应商到水处理以及满足最终用户需求；再对废水进行回收，通过管网流回废水处理厂进行处理，以便可以安全排放。③水冲突治理是解决水需求的冲突以实现供需平衡，因而牵涉一系列政府管理行为，这些行为在符合广泛社会经济利益的条件下促使水分配和权利达成一致。虽然上述三项活动有各自的诉求，但正是它们的组合构成了水治理（UNESCO，2013）。从河湖治理的角度来说，主要涉及水资源和水冲突，而较少涉及水服务。

1. 水资源综合管理

水资源管理的最终目的是规范人们的生产和生活用水，解决水资源稀缺所引起的问题，以达到与稀缺的水资源和平共处的目的，即水资源的提取率低于水资源可持续状态对应的阈值（Ohlsson and Turton，1999）。

水资源综合管理是水资源管理的一种重要方式。水资源综合管理被定义为"促进水、土地和相关资源协调开发和管理，以便用均等的方式将其产生的经济社会效益最大化，同时不损害关键生态系统的可持续性的过程"（UNESCO，2013；Anil et al.，2000）。水资源综合管理最主要的目的在于以更高效、更有效的方式管理水资源。水资源综合管理明确了区域水资源系统各组成部分之间的相互关系。例如，过量的灌溉用水需求和农业污水排放将导致饮用水与工业用水量减少，城市和工业废水会污染河流和破坏生态系统，废弃煤矿排放的酸性水若不进行控制将导致慢性灾害的发生，大量使用河流水来保护养殖业和维持生态系统将导致灌溉用水减少。这意味着“协调众多水和相关自然资源管理机构及部门所制定的政策、体制、规章框架、规划、操作方案、维修和设计标准”十分必要（Stakhiv，2013）。因此，跨学科和跨机构协调合作成为水资源综合管理的一个重要特征。

水资源配置和管理决策应考虑区域或者流域内的各种用途之间的相互影响，因此要将全部社会目标和经济目标纳入考量范围，包括可持续发展目标、医疗健康和安全性目标的实现。这意味着各个部门制定的政策应保持连贯性，特别是涉及国家水安全、粮食安全和能源安全领域的决策。在水资源使用这个问题上，各种利益团体（农民、企业、环保主义者等）的意见分歧会影响水资源开发和管理战略的制定，随着管理过程的推进，水资源开发和管理不再仅仅是技术性问题，而更多地涉及政治利益的纷争（Phillips，2006）。它所带来的附加效益是被许可的用水户针对当地的水资源和流域保护问题申请地方自治管理（Anil et al.，2000）。如果各部门之间沟通不畅会导致水资源开发和管理缺乏协调，造成混乱、冲突及资源浪费（UNESCO，2013），最终的局面将是各部门退而求其次，制订出一个妥协方案。因此，建立有效的沟通机制和协调机制对于实现水资源的可持续开发和管理至关重要。

黑河流域是中国第二大内陆河流域，水资源成为流域生态-经济协调发展、实现流域可持续发展的关键，水资源短缺已成为黑河流域可持续发展的主要限制因子（程国栋等，2019）。为应对流域水安全、生态安全以及社会经济可持续发展的挑战，解决合理配置水资源在生产、生活、生态等方面遇到的问题，黑河流域需要建立和逐步完善集成水资源管理体系。2000 年 8 月，黑河历史上第一次干流省（区）际调水指令发出，黑河水资源统一管理与调度拉开大幕。经过 20 多年调水实践，黑河下游生态恶化趋势得到有效遏制，流域经济也得到了发展。

2. 流域综合治理

流域综合治理（integrated watershed management）是以流域为管理单元，在政府、企业和公众等共同参与下，运用行政、市场、法律手段，对流域内资源全面实行协调的、有计划的、可持续的管理，促进流域公共福利最大化。流域综合治理是实现资源开发和与环境相协调的最佳途径，其主要采用立法、行政管理、市场管理、公众参与的方式对流域进行综合治理（Heathcote，2009；杨桂山等，2004）。

美国田纳西河流域是流域综合治理的典范。田纳西河位于美国东南部，是密西西比河的二级支流，发源于阿巴拉契亚山脉的西侧，长 1450km，流域面积 10.6 万 km^2，流经 7 个州，向西汇入密西西比河的一级支流俄亥俄河，流域内降水充足，年降水量在 1100～1800mm，气候温和。流域内具有丰富的水能资源、煤炭资源和石油资源（陈湘满，2000）。田纳西河径流量季节变化大，加之流域地形特征，容易引发洪水泛滥。20 世纪初，在没有得到治理之前，该流域经常性的暴雨会导致流域洪水为患，乱砍滥伐又导致水土流失严重，使田纳西河流域成为美国最贫穷的地区之一。

1933 年 5 月，在罗斯福总统的呼吁下，美国国会通过《田纳西流域管理局法案》(*Tennessee Valley Authority Act*)。随后，田纳西河流域管理局（Tennessee Valley Authority，TVA）成立。该机构是联邦政府部级机构，由三人组成的董事会经总统提名、国会通过后任命，直接对总统和国会负责。同时，TVA 又是一个经济实体，具有很强的独立性和自主权。TVA 成立的目的就是综合统筹开发田纳西河流域，综合利用水利、电力、农业、工业和自然资源。

田纳西河流域开发采取以流域为单位的水资源综合管理模式，同时考虑经济、环境和社会等因素。采用流域管理和区域管理相结合的方式，充分利用各种自然资源（谢世清，2013）。根据河流梯级开发和综合利用的原则，田纳西河流域管理局制定了规划，对田纳西河流域水资源进行集中开发，以航运和防洪为主，结合开发水电，后来又加强了对自然资源的管理和保护。目前，田纳西河流域已经在航运、防洪、发电、水质保护、游憩和土地利用等方面实现了统一开发和管理。

流域综合管理强调流域内资源、环境与经济发展的综合协调与管理，而不仅仅是河流水资源的管理，其未来的发展趋势在于探索建立行之有效的新型流域综合管理体制，以便为流域综合治理提供科学的管理方法（季晓翠等，2019；张卓群等，2018）。例如，采用基于战略适应性管理（strategic adaptive management，SAM）的流域管理计划（Worboys et al.，2015；Kingsford and Biggs，2012；Andrew，2002)：将土地多样性、水资源利用和所有者进行整合，分析这些所有者谁可能直接或间接影响共享河流系统的质量，以此制定管理策略。

3. 河长制

河长制是中国系统治理复杂水问题的新模式。在中文语境中，“河”代表生态维度，“长”代表政治维度，河长制就是把水问题的生态维度与政治维度结合起来的制度，水系的等级分布对应官员的等级责任。

2016 年 12 月，中共中央办公厅、国务院办公厅印发了《关于全面推行河长制的意见》，标志着这项具有特色的制度正式成为国家层面的河湖治理模式。习近平主席在 2017 年新年贺词中指出，“每条河流要有‘河长’了”；2017 年 3 月，“全面推行河长制”被写入了政府工作报告；2018 年 6 月底河长制提前在我国全面建立。2019 年 1 月，全国有 30 多万名四级河长，其中省级河长 409 人，60 位省级党政主要负责人担任总河长，各地还在基层设立了 93 万多名村级河长，打通了河长制“最后一公里”（赵永平和王浩，2019）。

从现有的相关研究和报道来看，浙江省长兴县（张政，2018）、云南省大理白族自治州（许映苏，2009）和江苏省无锡市三地的“河长制”探索对现行河长制形成具有重要的促进作用。长兴县河长制只是城市创卫工作的一个工作机制，找到了河长制这个语言形式，但该河长制的思想内容与现行河长制的思想内容相距甚远，河长由部门领导担任；大理白族自治州洱海保护目标责任制的思想内容与现行河长制的思想内容相同，但没有找到语言形式进行创新表达，“河（段）长制”只是洱海保护责任制治理体系中的一个河道环保协管员机制，河长由沿河村民担任；无锡市河长制的思想内容与现行河长制思想内容相同，而且“河长制”是对整个太湖治理体系的高度概括，河长由不同级别的党政领导担任。三地河长制的伟大实践，对于现行河长制的制度建设和概念形成都有不同程度的作用和贡献。

根据治理“主体、机制和效果”的分析框架，以《关于全面推行河长制的意见》为对象，并结合相关文献（李永健，2019；贾绍凤，2017），可以将河长制治理体系分解为三个方面：治理主体、组织形式、监督考核。治理主体，即河湖治理由谁负责，政府、市场、社会公众三个主体，究竟是哪一个主体对河湖治理全部负责或者主导负责。在河长制治理体系中，党和政府无疑是河湖治理的主体，特别是地方政府是解决复杂水问题的主体。组织形式，即河湖治理体系是如何开展工作的，河长制的核心是要建立健全以党政领导负责制为核心的四级河长责任体系，明确各级河长职责，协调各方力量，形成一级抓一级、层层抓落实的工作格局。监督考核，即河湖治理体系如何确保有效提升江河治理的效果，这就要求河长制要形成科学、规范的监督考核制度。河长制要求县级及以上河长负责组织对相应河湖下一级河长进行考核，考核结果作为地方党政领导干部综合考核评价的重要依据；实行生态环境损害责任终身追究制度，对生态环境造成损害的，严格按照有关规定追究其责任。

在中国生态文明建设的大背景下，河长制河湖治理体系是生态文明建设和政治建设相结合的产物，目的是解决突出的河湖治理问题。同时，河长制概念的形成也有其深刻的历史文化背景。中国作为一个治水社会和治水国家（魏特夫，1989），从大禹治水开始，中国人就认识到“河”和“长”必须有效结合才能解决“河”的问题，只是在不同的历史阶段呈现出不同的特点而已（李鹏和李贵宝，2021）。

水资源综合管理考虑更多用户之间的需求，河长制则承认了各个部门和行业对河流的影响，是国家环保主义行为。中国是一个典型的治水国家（魏特夫，1989），政治问题与水问题的关系密切，河长制进一步将政治权力与水问题的关系耦合，由不同层级的行政领导负责不同大小的河流治理。全国不同层级的河长，已经将国土空间上的水系网变成水政网和河湖治理网。河长制超越了水由单一部门管理的局限，利用区域的行政力量，甚至动用国家机器，力图解决水资源及其影响因素分部门管理的弊端。在中国，政治建设、生态文明建设、经济建设、社会发展等因素可以通过“党是领导一切的”的方式进行设计，国家通过政治手段整合部门要素和民间力量解决水问题。

2.1.3 自然保护地

1. 定义

建立自然保护地是保护生物多样性和维持生态系统完整性的重要方式。其管理机构将具有保护价值的区域划分出来，与人类社会的生产生活进行适度分离，可以最大限度降低生境破坏程度，保存或者保全区域内各类自然生态系统。20 世纪后，大量自然保护地在世界各地陆续建立。由于各国实际情况不同，不同国家的自然保护地设立标准、管理模式等差异较大，也没有形成统一的术语、定义来解释自然保护地。

为解决自然保护地概念和定义差异的问题，世界自然保护联盟（International Union for Conservation of Nature，IUCN）及其下属机构世界自然保护地委员会（World Commission on Protected Areas，WCPA）做了很多努力。1994 年，IUCN 提出了自然保护地的定义：自然保护地是通过法律或其他有效手段，致力于生物多样性、自然资源以及相关文化资源保护的陆地或海洋。之后，IUCN 和 WCPA 对自然保护地概念进行了多次完善。2008 年，IUCN 和 WCPA 进一步指出，自然保护地是一块被清晰界定的，被国家或相关组织（团体或个人）所承认的，并受法律或其他规范性文件约束的，通过实施积极的管理能够实现自然以及相关生态服务和文化价值的长期有效保存的地理空间（Dudley et al.，2013）。这是一个集合概念，自然保护地包含了若干种类型。

需要说明的是，在英语语境中，自然保护地原文并没有“自然”一词，“protected area”几乎就是“natural protected area”。实际上，protected area 是保护地的狭义概念，把保护地限定在自然领域。2016 年，IUCN 携手国家林业局保护司、中国科学院生态环境研究中心将 *Guidelines for Applying Protected Area Management Categories* 和 *Governance of Protected Areas*：*from Understanding to Action* 两本著作引入中国。英文翻译成中文的时候，为了让中国读者更好地理解保护地概念，或者为了与其他类似概念区分开，加上了“自然”一词。因为中国最早的自然保护地类型是“自然保护区”，通常又称为“保护区”。将“protected area”翻译成“自然保护地”，而不是“保护区”和“保护地”，就不容易与中国原有的自然保护区概念混淆。之后，中国政府的官方文件正式采纳了“自然保护地”这一说法。可以说，IUCN 在英文语境中将“protected area”限定在“natural protected area”，而中文语境又将“保护地”还原为“自然保护地”。自然保护地这个集合概念提出之后，自然保护区就变成了自然保护地下属的类型概念。

定义是概念的语言表达形式。IUCN 关于“自然保护地”概念的定义，主要围绕三个构成要素（或者三个方面）对自然保护地概念进行阐述。

第一，“为什么”（why）的问题。自然保护地的建设目的，就是要能够实现自然以及相关生态系统服务和文化价值的长期有效保存。这里的自然不仅指基因多样性、物种多样性和生态系统多样性，还包括地质多样性、地貌多样性，以及更加广泛的自然价值，这是生态系统服务的物质基础。生态系统服务是指与自然保护地相关的可再生服务，分为支持服务、供给服务、调节服务三大类，这是人与自然的物质联系。但是，自然保护地生态系统服务的提供不能影响保护目标实现，也就是生态服务提供要服从于自然保护。有些资源利用型自然保护地可以在保护的前提下实现资源利用。文化价值，是指人们从生态系统服务中通过精神丰富、认知发展、自我反思和审美体验获得的非物质利益，这是在生态系统服务之上形成的精神福祉。

第二，“是什么”（what）的问题。自然保护地是一种界定清晰的地理空间，地理空间是多种自然保护地类型所必须具有的“家族特征”和利益相关者达成的“最低限度共识”（吕忠梅，2021）。从空间的类型来看，包括陆地、内陆水域、海洋、沿海地区等多种地理类型；从空间的性质来看，自然保护地主要表现为一种生态空间，也就是人类为了保护生物多样性，而主动放弃土地空间的生产、生活功能；从空间的构成来看，每一个自然保护地单元是一个三维立体空间，如三江源国家公园包括三江源地区的天空、地表和地下水等，而且这是相互依存和相互影响的自然构成。

第三，“如何为”（how）的问题。也就是治理主体如何通过治理手段实现自然保护地建设的目的，以获得良好的治理效果。主要内容包括了三个方面：治理主体包括国家、团体和个人，如代表国家对国家公园进行管理的国家公园管理局，非政府组织（Non-Governmental Organization，NGO）等；治理手段包括国际公约、国家法律和村规民约等，大部分情况下是采用国家法律作为主要手段，但也有许多自然胜境通过村规民约和宗教信仰进行有效管理；治理效果就是对自然保护地建设产出进行衡量比较和科学评估，以及时掌握自然保护地建设和管理的保护成效。

在中国，国家公园、自然保护地两个概念的官方定义都受到IUCN自然保护地定义不同版本的影响。2017年，《建立国家公园体制总体方案》中提出：“国家公园是指由国家批准设立并主导管理，边界清晰，以保护具有国家代表性的大面积自然生态系统为主要目的，实现自然资源科学保护和合理利用的特定陆地或海洋区域。”2021年，国家标准《国家公园设立规范》（GB/T 39737—2021）沿袭这一定义。2019年，《关于建立以国家公园为主体的自然保护地体系的指导意见》中提出：“自然保护地是由各级政府依法划定或确认，对重要的自然生态系统、自然遗迹、自然景观及其所承载的自然资源、生态功能和文化价值实施长期保护的陆域或海域。”2021年，国家标准《国家公园设立规范》（GB/T 39737—2021）也沿袭这一定义。

2. 分类

从概念构成来看，保护地主要包括内涵和外延两部分。自然保护地由不同的分类方式界定其外延，常见的分类方式有两种。

一是按照管理目标或者保护等级进行分类，自然保护地可以分为六种类型，分类及其特征如图 2-2 所示。这是一种常见的分类方式，也是被广泛接受的分类方式。这六种类型是按照保护强度形成的序列，包括不同人为干预强度的保护地，从荒野保护区和严格的自然保护地（第Ⅰ类）到资源可持续利用保护地（第Ⅵ类）。无论哪一类自然保护地，都具有如下特征：具有高效的管理体系和明确的保护目标，以最小保护成本实现总体目标（Dudley et al.，2013）。相对而言，前两种类型有较高的生态系统完整性和原真性——包括完整的物种组成和生态过程、受干扰极弱的原始状态等特点。最后一种类型的保护等级最低，可以开展资源的可持续利用。

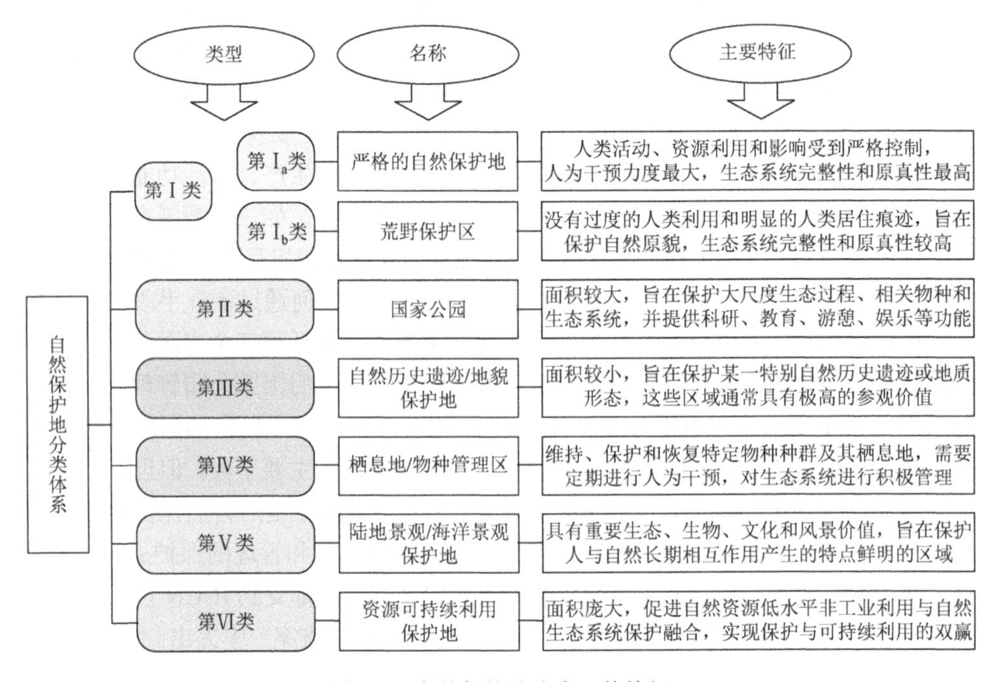

图 2-2　自然保护地分类及其特征

根据文献（Dudley et al.，2013）进行整理和绘制

二是根据保护对象进行分类，针对保护对象的差异，特别是保护对象在生态系统构成方面的差异性划分保护地类型，如海洋、沙漠、森林和河流等保护地类型。实际上，许多国家自然保护地分类是两种分类方式交叉并存的：美国既有按管理等级的分类方式（如国家荒野保护区、国家公园等），又有按保护对象的分类方式（如国家森林和国家荒野河流等）。2019 年，《关于建立以国家公园为主体的自然保护地体系的指导意见》发布之前，中国同样如此，既有按保护等级进行的分类，（如自然保护区），又有按不同生态系统进行划分的分类（如沙漠公园、森

林公园、湿地公园、海洋公园等）。2019年，《关于建立以国家公园为主体的自然保护地体系的指导意见》提出对自然保护地进行优化调整，旨在“逐步形成以国家公园为主体、自然保护区为基础、各类自然公园为补充的自然保护地分类系统”。这是一种按照保护等级和人为干扰程度进行的分类方式，其可能的意图主要有：①试图减少由于自然保护地管理要素部门化带来的保护对象空间重叠和交叉管理问题；②增加自然保护地体系中保护地类型的等级差异，原有体系基本上扁平状，没有等级之分，以实现重点管理和监控；③将自然保护地建设中的重要事权收回国家所有，原有体系中事权基本上是部门所有和地方所有，只有把重要事权收为中央所有，才能确保自然保护地建设的权威性和持续性。

但是自然保护地在保护对象方面的差异性，尤其是保护地单元生态系统的差异，就可能淹没。同样是国家公园，可以是森林、湿地、河流和海洋等不同类型的生态系统类型。实际上，两种不同的分类方法组合在一起就是一个两维分析矩阵（表2-1）。从不同的审视角度去分析自然保护地这个基本对象，就有不同的分类方式，得到不同的类别。同一个矩阵经过转置之后，可以有不同的分类结果。同样是河流，可以是按照管理等级的Ⅰ-Ⅵ的不同类型的自然保护地类型。

表2-1 保护等级和生态系统两种分类方式构成矩阵

保护等级	类型	生态系统类型			
		森林	湿地	河湖	海洋
Ⅰ	严格的自然保护地	黑龙江长白山丰林自然保护区（中国）	斯雷伯尔塔自然保护区（保加利亚）	云南珠江源省级自然保护区	罗卡斯环礁保护区（巴西）
	荒野保护区	维尔德尔内斯峰（斯里兰卡）	埃文荒野公园（澳大利亚）	布法罗国家河流（美国）	罗斯海海洋保护区（南极）
Ⅱ	国家公园	黄石国家公园（美国）	潘塔奈尔国家公园（巴西）	弓河（加拿大）	瓦塔穆海洋国家公园（肯尼亚）
Ⅲ	自然历史遗迹/地貌保护地	蒙特里科多功能区（危地马拉）	冈加湖（蒙古国）	伊瓜苏国家公园（阿根廷/巴西）	蓝洞天然纪念物（伯利兹）
Ⅳ	栖息地/物种管理区	金边普里奇野生动植物自然区（柬埔寨）	科希塔普荒野保护区（尼泊尔）	奥卡万戈三角洲野生动植物管理区（博茨瓦纳）	查尼亚拉尔岛海洋保护区（智利）
Ⅴ	陆地景观/海洋景观保护地	孙德尔本斯保护森林（孟加拉国）	南福克河国家荒野河流（美国）	黄河壶口瀑布国家地质公园（中国）	阿里纳角州立海洋保护区（美国）
Ⅵ	资源可持续利用保护地	卡亚帕斯-马塔杰红树林保护区（厄瓜多尔）	的的喀喀湖自然保护区（秘鲁）	弗雷泽遗产河流（加拿大）	大堡礁海洋公园（澳大利亚）

注：根据文献（Dudley et al.，2013）进行整理而成。

3. 淡水保护地

包括河流在内的淡水系统是地球上所有生物群落和栖息地中受人类活动影响和威胁最大的区域（Carrizo et al.，2017）。淡水生态系统是内陆水域（inland waters）或非海洋湿地（non-marine wetlands）的一种（Worboys et al.，2015），包括永久和临时性的河流、湖泊和地下水系统。IUCN 所倡导的淡水保护地（freshwater protected area，FPA）也是一种自然保护地类型，旨在维持和保护淡水生态系统（如河流、湖泊、湿地和溪流）而管理的指定土地或水域区域。这些区域对于维持生物多样性、提供清洁水以及支持依赖淡水栖息地的各种动植物非常重要。在实际工作中，淡水生态系统作为全球受威胁最高的生态系统类型之一，世界各国政府和民众对其关注度非常低。

淡水保护地具备自然保护地的基本特征（Dudley et al.，2013；IUCN，1994）。淡水保护地要求所在区域淡水生态系统的物种组成和生态过程完整、受人类干扰极低，原始状态较好，具有较好的完整性和原真性；有完善的管理体系和明确的保护目标，能以最小保护成本实现总体保护目标；在设立与规划淡水保护地时，应衡量自然与半自然区域具有的淡水生物多样性价值，利用有限资源条件和客观评价标准确定最需要保护的区域，物种特有性和分类独特性在某些情况下也是重要标准（Pullin，2002）。

河流生态系统四维连续体的特点造成淡水保护地又具有自身的独特性，如流动性（flow regimes）、纵向与横向连通性、地下水-地表水相互作用性、与更大景观尺度紧密联系、涉及多方管理机构。这些独特性很大程度取决于淡水系统中水体的流动性及其与周边环境广泛的相互作用关系（Worboys et al.，2015）。河湖作为淡水生态系统的一部分，也是一种自然要素，是水域、湿地及岸线的完整生态系统组合，也是迫切需要保护的对象。

2.2 体 系 构 建

2.2.1 保护地

为了进一步阐明河湖保护地的特点，有必要对不同的生态系统进行分析。按生态系统形成的原动力和影响力，生态系统可分为自然生态系统、半自然生态系统和人工生态系统三类（刘亚群等，2021；Odum and Barrett，2009）。凡是未受人类干预和扶持，在一定空间和时间范围内，依靠生物和环境本身的自我调节能力来维持相对稳定的生态系统，均属自然生态系统，如原始森林、冻原、海洋等生态系统；经过人为干预，但仍保持一定自然状态的生态系统为半自然生态系统，如天然放牧的草原、人类经营和管理的天然林甚至水库及其周边环境等；按人类的需求建立起来，受人类活动强烈干预的生态系统为人工生态系统，如城市、农田、人工林、人工气候室等。

1. 人工生态系统的城市保护地

城市是一种完全的人工生态系统。城市中的历史区域因对人类生活质量改善和文化传承有所贡献而得到广泛认可。它们是人们的现在与过去的联系，可以给人类，特别是当地居民，带来一种连续性和稳定性的感受；并且它们具有延续的保证，可以在快速变化的时代中提供观察世界的参考点和基准点。随着时间的推移，建筑传统、聚落模式的叠加和生存方式将是每个地区的城镇景观所独有的。这种地方特色可以为城市更新和城市再生提供催化剂，并激发精心设计的新开发项目，可以为当地规划部门和当地社区带来经济效益和社会效益（Historic England，2019；English Heritage，2008a）。

英国是世界上城市保护制度起步最早的国家之一，发端于19世纪中叶。城市保护区是指被指定为历史城区或重要文化遗产的地区，受到特定法律法规的保护，旨在保护其独特的建筑、文化和历史价值。芒福汀（2004）认为保护区的存在是为了管理和保护一个地方的特殊建筑和历史价值，使其具有独一无二的特征。英国城市保护大致经历了从古迹保护（ancient monuments）到名录建筑与保护区（listed buildings & conservation area）保护，再到历史环境保护（non-designated historical environment）三个阶段。其每次保护重点的改变均与特定时期社会发展需求及其面临的挑战密切相关，反映出同时期英国遗产保护观的内涵转变（顾方哲，2013；肖竞和曹珂，2019）。保护对象的空间形态也从点状的建筑单体，转变成面状的城市区域及其环境。受《实施〈世界遗产公约〉操作指南》的影响，英国对城市的保护工作更偏向于一种相对保守的、以扩大文化影响和商业价值的保护模式。其主张以保护代替修复，即以加固为目的，但是须遵循可识别原则，保留原有建筑的主体和装饰构件。每个地方当局都至少有一个保护区，英格兰已经确认的城市保护区超过1万个。

中国历史文化名城名镇名村体系也是一种历史文化的城市保护地。1982年，中国正式建立历史文化名城保护制度，这既是文物保护制度，又是城市保护制度（阮仪三，1995；侯仁之，1987）。后来，保护对象进一步扩展到历史文化名镇名村。《中华人民共和国文物保护法》中指出："保存文物特别丰富，具有重大历史价值和革命意义的城市，由国家文化行政管理部门会同城乡建设环境保护部门报国务院核定公布为历史文化名城。"2008年7月1日起施行的《历史文化名城名镇名村保护条例》对历史文化名城名镇名村保护进行了细化。截至2023年10月，国务院已将143座城市列为国家历史文化名城。截至2023年8月，住房和城乡建设部会同国家文物局已公布 799 个中国历史文化名镇名村，并对这些城市的文化遗迹进行了重点保护。历史文化名城名镇名村制度中的保护对象、空间范围和治理方式都是非常清楚的。

实际上，联合国教科文组织提出的世界文化遗产名录也是采用国际公约对历史文化区域进行维持和保护的一种保护地形式，特别是城市型和乡村型的文化遗产，如丽江古城、平遥古城和西递宏村等。这些遗产保护地，一方面受到所在国的法律，如中国名城名镇名村相关法律的保护；另一方面还受到《保护世界文化和自然遗产公约》等国际公约的保护，缔约国必须履行对遗产保护所做出的承诺。对世界文化遗产而言，保护要求强调的是所在区域的文化原真性和完整性，而不是自然的原真性和完整性。

2. 半自然生态系统——饮用水水源保护地

饮用水安全是社会文明进步的重要体现。1972 年，首届联合国人类环境会议把 1981～1990 年作为国际饮水供应和环境卫生十年，建设饮用水水源保护地正是实现这一目标的有效手段。

国外发达国家饮用水水源保护地制度建立时间早且措施比较有效，美国和德国是其中的典型代表（王亦宁和双文元，2017）。早在 1914 年，美国就建立了人类第一个具有现代意义、以保障人类健康为目的的水质标准；1974 年，美国制定了《安全饮用水法》，1986 年、1996 年又分别对该法案进行了修订。1996 年的《安全饮用水法》增补了一项关于饮用水水源保护地（地表水和地下水）的规定，识别潜在环境污染源并给出有针对性的保护措施。“水源保护地”是防止可能对水源造成污染的供水流域或地下水区域（EPA，2010）。供水流域指水排入小溪、河流和水库的陆地区域，实际上就是地表部分，目的是防止地表水源被污染；地下水区域主要指井源保护区，即饮用水井或井区（包括一个或一个以上能产生可利用水量的饮用水井）周围的区域，主要目的是防止饮用水井被污染，保护范围需要涵盖水井地下水的补给区。

德国在 19 世纪 80 年代就建设了世界上最早的饮用水水源保护地。经过长期实践，德国在饮用水水源保护地管理方面形成了一系列规范，具有国际领先水平。迄今为止，德国已建立了近 2 万个饮用水水源保护地，水源保护地至少包括流域内取水口的上游区，争取将取水口所在流域全部划定为饮用水水源保护地。饮用水水源保护地分Ⅰ级区、Ⅱ级区和Ⅲ级区，每一级保护区内部再划出 2～3 个分区；水源保护地在满足保护水质的基本要求下，面积要尽量小，以减小对经济发展的影响（李建新，1998）。

中国也形成了比较完整的饮用水水源保护地法律体系制度。1996 年，修正出台的《中华人民共和国水污染防治法》明确规定，省级以上人民政府可以依法划定生活饮用水地表水源保护区。2008年和2017年，《中华人民共和国水污染防治法》经过两次修订，设立了饮用水水源和其他特殊水体保护专章，明确提出“国家建立饮用水水源保护区制度”。针对饮用水水源保护区实施空间管控，“国务院和省、自治区、直辖市人民政府可以根据保护饮用水水源的实际需要，调整饮用水水源保护区的范围，确保饮用水安全。有关地方人民政府应当在饮用水水源保护区的边界设立明确的地理界标和明显的警示标志”，规定“在饮用水水源保护区内，禁止设置排污口”“禁止在饮用水水源一级保护区内新建、改建、扩建与供水设施和保护水源无关的建设项目；已建成的与供水设施和保护水源无关的建设项目，由县级以上政府责令拆除或者关闭”“禁止在饮用水水源二级保护区内新建、改建、扩建排放污染物的建设项目；已建成的排放污染物的建设项目，由县级以上人民政府责令拆除或者关闭”。

1989年7月，国家环境保护局、卫生部、建设部、水利部、地质矿产部五个部门发布规章《饮用水水源保护区污染防治管理规定》，2010年12月进行了修正。《饮用水水源保护区污染防治管理规定》指出：“饮用水地表水源保护区包括一定的水域和陆域，其范围应按照不同水域特点进行水质定量预测并考虑当地具体条件加以确定，保证在规划设计的水文条件和污染负荷下，供应规划水量时，保护区的水质能满足相应的标准。”在行业标准《集中式饮用水水源地规范化建设环境保护技术要求》(HJ 773—2015)和《饮用水水源保护区划分技术规范》(HJ 338—2018)中，饮用水水源保护区（drinking water source protection area）界定为：为防治饮用水水源地污染、保证水源水质而划定，并要求加以特殊保护的一定范围的水域和陆域。饮用水水源保护区分为一级保护区和二级保护区，必要时可在保护区外划分（定）准保护区。

2007年，国家发展改革委、水利部、建设部、卫生部、国家环保总局联合编制了《全国城市饮用水安全保障规划（2006～2020）》。这是中国第一个关于城市饮用水安全保障工作的规划。有关部门配套编制并实施了《全国城市饮用水水源地环境保护规划》、《全国城市饮用水水源地安全保障规划》、《全国城市饮用水卫生安全保障规划》和《全国城镇供水设施改造和建设“十二五”规划及2020年远景目标》。同时，还编制实施了与饮用水安全保障相关的水资源、抗旱、流域水污染防治、城镇污水处理及再生利用、地下水污染防治等专项规划①。

2016年，根据国务院有关文件部署，水利部组织对全国供水人口20万以上的地表水饮用水水源地及年供水量2000万m^3以上的地下水饮用水水源地进行了核准（复核），经征求各省级人民政府同意，共将全国618个饮用水水源地纳入《全

① 国务院关于保障饮用水安全工作情况的报告——2012年6月27日在第十一届全国人民代表大会常务委员会第二十七次会议上. http://www.npc.gov.cn/zgrdw/huiyi/cwh/1127/2012-07/11/content_1731580.htm。

国重要饮用水水源地名录（2016年）》管理[①]。结合最严格水资源管理制度落实，对列入《全国重要饮用水水源地名录（2016年）》的饮用水水源地开展监督检查。2022年和2023年，水利部又印发了《长江流域重要饮用水水源地名录》《黄河流域重要饮用水水源地名录》，分别将324个和118个集中式饮用水水源地纳入，加大了饮用水水源地保护。

目前，中国许多省市都设立了饮用水水源保护地制度。省级层面的立法，如《四川省饮用水水源保护管理条例》和《浙江省饮用水水源保护条例》。市、县各级政府针对水源地采取行政手段，如确定一二级保护区、建设隔离防护工程、设置水源保护地标志、建设视频监控等。有些饮用水水源地的保护等级高，有武警站岗值守，如北京密云水库等。

综上所述，饮用水水源保护地既是一个区域地理概念，又是一个法律概念（李建新和唐登银，1999）。饮用水水源地是一种法定的保护地，政府通过法律、行政等措施，实现公众饮用水安全，以确保人民群众生命健康和社会和谐稳定。

3. 人工生态系统、半自然生态系统与自然生态系统保护地比较

半自然生态系统的饮用水水源保护地和人工生态系统的城市保护地已经广泛存在于世界各地，是普遍存在的保护地类型，其“保护什么”（what）、“在哪里保护”（where）和“如何保护”（how）都非常清晰。但是，这两种类型的保护地与自然保护地相比，又有明显不同之处。

（1）直接目的不同。①作为饮用水水源保护地，其建设和运营的直接目的都是保障公众健康，保障人类生存和发展，而不是为了保护生物多样性、生态系统和景观等自然要素。甚至水库作为饮用水水源地的重要载体，其建设已经牺牲了局部区域的生态系统完整性和原真性，如水库下游出现减水河段及局部河流生态系统退化等。②作为城市保护地，其建设和运营的目的是传承当地文化，这是一个完全的人工生态系统，人类根据自身的需要进行了改造和设计，主要目的也不是维持和保护自然生态系统的原有状态。③自然保护地则是为了达到人类短期利益和长期利益之间的平衡，人类主动放弃对自然资源的暂时利用。古代出现过类似的保护地（如皇家苑囿），但与以黄石国家公园为代表的现代自然保护地还有所不同。例如，清代康乾时期皇家猎苑——木兰围场也存在资源的严格保护与科学利用，但建立围场的主要目的是通过射猎活动进行训练，保持禁旅八旗骁勇善战、吃苦耐劳的优良传统，以防止“武备废弛”（韩光辉，1998），这只是在客观上起到了保护生态系统的作用。与之不同，黄石国家公园建立的主要目的是保护生物多样性、

① 关于印发全国重要饮用水水源地名录（2016年）的通知. http://www.mwr.gov.cn/zwgk/gknr/202011/t20201103_1461994.html。

生态系统完整性。虽然清代围场也有确定的空间范围、法律保障和管理机构等特征，而且取得较好的保护效果，但是其建设目的并不是保护生物多样性和维持生态系统，因此其不属于现代意义上的自然保护地。

（2）存在状态不同。水库是饮用水水源保护地建设的重要方式。建设水库时，需要改变水资源的时空分布，以实现人类永续利用水资源的目的。水库是人类对河流生态系统进行较大的人为改变而形成的，河流生态系统的原真性和完整性不复存在，不能满足自然保护地所需要的维持荒野状态或者人为干扰小的基本要求。但是山水林田湖草沙是一个完整的生命体，为了保证充足的水量和良好的水质，需要对水库周边生态环境实施保护和管控，如禁止砍伐涵养林和减少人类进入等，于是又在水库的基础上形成了一个半自然的库区生态系统。城市保护地更是人类干预自然的结果，是完全的人工生态系统。绝大多数的自然保护地都强调生态系统原真性和完整性，追求没有或者较少的人类干预。

4. 保护地概念

综上所述，本书在自然保护地定义的基础上，进一步提出保护地的定义。保护地（conservation area）是为了维持一定的秩序或者保护特定的对象，由管理主体遵循相关依据实施有效管控、边界清晰的地理空间。实际上，这也是广义的保护地定义，是更大范围的保护地，保护对象既有自然也有文化还有人类自身。IUCN关于自然保护地的定义，可以理解为只是保护地概念的狭义界定，主要针对自然。与自然保护地定义一样，保护地定义也有三个构成要素。

保护地定义中“为什么”（why）的问题。建设各类保护地就是要在确定的地理空间上实施有效管控，以维持某种秩序或者实现某种目的。水源保护地是为了水资源可持续利用，城市保护地是为了维持和传承文化，自然保护地是为了保护和保全生物多样性及生态系统等自然要素。定义中“为什么”的问题，在保护地体系建设中则表现为“保护什么”的问题。

保护地定义中“是什么”（what）的问题。无论饮用水水源保护地、城市保护地，还是自然保护地，客观形式上都表现为一种地理空间，而且这个地理空间的边界是确定的、范围是清晰的。这个空间是三维的甚至是四维的：不考虑时间维度，保护地都存在空间、地面和地下的三维立体空间。如果考虑时间维度，饮用水水源保护地则是时间维度（建设前、建设期和运营期）与区域三维空间的结合；城市保护地是城市时间（历史、现在和未来）与三维空间的结合；自然保护地则是生态系统过程和格局与三维空间的结合。定义中“是什么”的问题，在保护地体系建设中则演变为“在哪里保护”的问题。

保护地定义中“如何为”（how）的问题。由特定的管理主体遵循相关依据，对确定的空间实施有效管控。管理主体包括政府、企业、社区、非政府组织

（Non-Governmental Organizations，NGO）和个人，相关依据包括国际公约、法律和不成文法（如村规民约）等，特定主体对保护地的管控是要有效率和效果的。在很多地方，自然胜境和社区保护地也是广受推崇的模式（Dudley et al.，2013；Borrini et al.，2013；Corrigan and Granziera，2010）。这种基于社会关系和宗教信仰的治理模式与广泛接受和实施的政府治理模式，在治理主体、治理依据等方面存在较大差异，但也能在有限范围内取得良好的治理效果。定义中“如何为”的问题，在保护地体系建设中表现为“如何保护”的问题。

按照对象来分，可以将保护地分为自然保护地（nature conservation area）和非自然保护地（unnature conservation area）两种类型。第一种类型自然保护地，如 IUCN 所倡导的各类自然保护地。第二种类型非自然保护地，如前面提到的城市保护地、饮用水水源保护地等，还有基本农田保护区，甚至一些军事保护区等也能满足保护地的三个基本要求，可以认为是广义上的保护地。

因此，自然保护地不是保护地的全部，只是众多保护地类型中保护对象以自然要素为主的那一部分，而且强调保护对象（主要是自然生态系统、自然遗迹、自然景观等）的原真性和完整性。本书认为保护地和自然保护地是一种包含关系，也就是自然保护地是保护地的一种类型，或者说自然保护地是保护地的一部分。

5. 保护地特点

作为一个受到管控的地理空间，保护地有如下几个特点。

第一，保护地是一种利益协调机制。①保护地建设为了协调人类与自然之间或者人类内部之间的利益。建立自然保护地目的是守护自然生态，保育自然资源，保护生物多样性与地质地貌景观多样性，维护自然生态系统健康稳定，提高生态系统服务功能；服务社会，为人民提供优质生态产品，为全社会提供科研、教育、体验、游憩等公共服务；维持人与自然和谐共生并永续发展[①]。人类社会的发展已经对自然形成了过度消费、对环境造成了破坏，建立自然保护地就是要构建一个巨大的生态屏障，促进生态环境的有效保护，放弃人类的部分利用，从而平衡人类与自然之间的利益关系。②保护地是长期利益和短期利益之间的协调。出于短期经济利益的考虑，采取“竭泽而渔”的做法，可能对短期利益有所提升，但将破坏区域的生物多样性、自然环境以及文化资源。当代人对自然资源的过度消耗，可能损害下一代人的利益，不符合可持续发展的长远利益，应通过保护地建设方式予以保护和纠正。③保护地建设是局部利益与全局利益的协调。社会发展不能只着眼于局部地区，而要从全局出发。例如，自然保护地建设是为了全人类的共同利益，而牺牲了局部区域特别是周边社区居民的生产利益、生活利益。同样，饮用水水源保护地也是为了人类的利益，牺牲了局部地区

① http://www.gov.cn/zhengce/2019-06/26/content_5403497.htm。

的自然利益，如水库下游出现的减水河段，就是为了确保社会生产生活用水而减少自然生态用水。

第二，保护地是一种空间管制措施。无论城市保护地、饮用水水源保护地还是自然保护地，本质都是一种人类施加在不同地理空间之上的管控措施，以维持某种秩序或者保护特定对象，主要体现在空间范围的确定和内部空间的梯度安排。空间范围的确定就是保护地边界要得到相关各方认可且清晰有效。通过界线的位置、走向等信息实现勘界立标，以明确保护地范围和面积等[《自然保护地勘界立标规范》（GB/T 39740—2020）]。各种保护地在空间上通过精细化的需求识别来实现空间管制，即不同区域根据不同的保护需求设定不同的管理方式和管理强度。作为城市保护地，世界文化遗产丽江古城有核心保护区、建设控制区（缓冲区）、环境协调区；中国绝大多数的饮用水水源保护地有一级保护区、二级保护区和准保护区；联合国教育、科学及文化组织（United Nations Educational，Scientific，and Cultural Organization，UNESCO；简称联合国教科文组织）提出的“人与生物圈计划”将自然保护区分为核心区、缓冲区和过渡区。对保护地空间实施梯度安排，才能发挥保护地的多重功效、协调利益相关方的需求。

第三，保护地是一种制度设计方式。制度是规范和约束人类行为的准则，制度的形成是一个动态、无意识、自发演进和有意识、人为设计的双向演进的统一过程。制度设计不是行为主体随心所欲的自我意志的产物，它同样需要遵循一定的原则（赵万里和李怀，2010）。保护地建立和保护成效需要通过一般准则和实际情况相结合的制度设计才能实现。①制度的保障作用。为实现保护地的管理目标提供制度，同时贯彻保护地管理目标的机制和理念，为保护地提供制度与组织保障。例如，建立饮用水水源保护地是一种制度设计，通过法律落实各方责任，维护公众饮水安全（吴九兴和黄征学，2021）。②制度的约束作用。对于保护地内部、外部的不同空间，保护地制度都有差别化规定，对人类行为进行约束，对不同利益相关者之间的权利和义务进行规定，对与保护地建设目的不相符的人类欲望进行约束。③制度的平衡作用。自然保护地要实现自然资源保护与人类社会发展之间的平衡，生态补偿制度则是协调自然保护受损者和经济发展受益者之间平衡的有效手段。

2.2.2 河湖保护地

1. 定义

在保护地概念的基础上，本书进一步提出了“河湖保护地”概念及定义。本书将河湖保护地定义为：以河湖为主要载体，为了达到保护资源、生态系统服务、文化价值等目的，通过法律或其他有效方式获得认可，由管理主体进行积极管控的内陆水域。河湖保护地对应的英文，可以是 river and lake conservation area、protected river and lake 等。需要说明以下几点：

（1）从保护对象来看，河湖保护地是一个自然资源—生态系统服务—文化价值的递进构成框架，在以水资源为主的自然资源基础上，产生了以河湖地理单元为主的生态系统服务（包括供给、调节和文化服务），进一步形成与河湖生态系统相关的文化价值（如滨水城市聚落、水资源综合利用等）。

（2）从空间构成来看，河湖保护地是一个连续范围，包括河湖水体、岸线及其毗邻的陆地。对河流来说，主要表现为一个由水体、岸线及其毗邻陆地组成的廊道空间；对湖泊来说，主要表现为一个由水体、岸线及其毗邻陆地组成的同心圆区域。

（3）从涵盖范围来看，河湖保护地是一个保护地序列，涵盖陆地上与水资源、水生态和水环境密切相关的各种保护地类型，如饮用水水源保护地、淡水保护地和城市湿地公园等。

（4）从构成形态来看，河湖保护地包括自然河湖（自然作用力形成的江河湖泊）和人工河湖（人工作用力形成的河湖，如水库和运河等）。

2. 类型

按照不同的分类标准，河湖保护地有多种不同的分类方式。

（1）按人类干扰程度，可以分为自然型河湖保护地和非自然型河湖保护地。一部分河湖保护地，主要是为了保护河湖生态系统的原真性、完整性和连通性，河湖受到人类的干扰较小或者说几乎没有收到人类干扰，如美国 NWSRS 中的荒野型河流。另一部分河湖保护地则是非自然保护地，如中国 NWPS 的大多数单元和加拿大 CHRS 的部分河流单元（如利多运河），河湖的原真性、完整性和连通性都受到了很大的影响。为了满足人类生产生活的需要，这些河湖保护地的自然状态已经发生了很大的变化，如出现局部河段断流和减水，出现人工湖泊等。

（2）按河湖保护地建设目的，可以分为三种类型：一是主要为了满足人类需要的河湖保护地，如世界各国的饮用水水源地保护区。对水源地而言，生活用水的优先程度高于其他用途的用水，《中华人民共和国水法》第二十一条明确规定：开发、利用水资源，应当首先满足城乡居民生活用水，并兼顾农业、工业、生态环境用水以及航运等需要。二是兼顾人类和自然需要的河湖保护地，如城市河湖型中国国家水利风景区，以及流经城市、乡村的加拿大遗产河流等。三是主要满足自然需要的河湖保护地，如荒野型的美国国家荒野风景河流，以及流经国家公园的加拿大遗产河流。

（3）按河湖保护地保护对象，可以分为三种类型：一是针对自然资源（主要是水资源）的河湖保护地，如世界各国的饮用水水源地保护区。二是针对生态系统服务的保护地类型，河湖生态系统一直是自然保护地建设的重要保护对象。国家公园、自然保护区、野生动物保护区等不同保护地类型都在对河流进行有效保护，如加拿大贾斯珀（Jasper）国家公园中的阿萨巴斯卡河（Athabasca River）；中国三江源国家公园中的黄河、长江和澜沧江源区，中国河南高乐山国家级自然保护区中的淮河源头；美国查尔斯·拉塞尔国家野生动物保护区（Charles M. Russell National Wildlife Refuge）中的密苏里河（Missouri River）上游等。从保护对象来看，这些保护地类型也可以被认为是河湖保护地，但不是专门的河湖保护地体系，而是为了保护生态系统、生物多样性和景观等对象，管理机构采取了不同的保护方式，在客观上起到了保护河湖生态系统的作用。三是针对文化价值的保护地类型，如加拿大国家历史遗迹（National Historic Sites of Canada）中的历史运河和水道（historic canals and waterways）类型，美国国家航海历史地标（maritime national historic landmarks）中的运河和水道类型，中国国家重点文物保护单位中的古建筑及历史纪念建筑物中的水利类型及中国国家水利遗产等。

依据不同标准，还有其他分类方式。例如，按区域开放程度，可以分为封闭型河湖保护地和开放型河湖保护地；按工程依托情况，可分为有工程依托型河湖保护地和无工程依托型河湖保护地；按河湖保护地所在位置，可以分为城镇型河湖保护地、乡村型河湖保护地和荒野型河湖保护地。

需要说明的是，本书主要研究多维目标（包括水资源保护、生态系统保护和游憩利用等）的河湖保护地体系，如 NWSRS、CHRS、NWCS 和 NWPS。其他单一目标的河湖保护地体系，如主要为了满足人类需求的饮用水水源保护地体系，还有涉及河湖的自然保护地体系，仅作为参考。

3. 功能

在 IUCN 体系中，6 种自然保护地类型的保护对象并不完全相同：$\mathrm{I_a}$严格的自然保护地，保护生态系统多样性、物种多样性和地质多样性；$\mathrm{I_b}$荒野保护区，保护自然原貌；II 国家公园，保护大尺度的生态过程；III自然历史遗迹/地貌保护地，主要保护特殊遗迹；IV栖息地/物种管理区，主要保护特殊物种或栖息地；V 陆地景观/海洋景观保护地，保护人类与自然相互作用而产生鲜明特点的区域；VI 资源可持续利用保护地，保护自然生态系统，并实现自然资源的可持续利用。

自然保护地都有保护、科研、教育和游憩等功能，但针对不同的保护对象自然保护地功能各不相同：一些自然保护区，其核心区对旅游比较排斥，甚至拒绝所有访问；荒野保护区则允许提供独处和放松享受的机会，但必须是以简单、安静和没有干扰的方式，如不能驾车进入；国家公园能提供的精神享受和旅游机会比较充分，如可以驾车进入和露营。III、IV、V、VI四种类型的自然保护地允许开展利用强度更大的多种游憩活动。河湖保护地的主要功能与自然保护地的主要功能一样，是由保护对象决定的，主要体现在以下几个方面。

保护水资源是河湖保护地的首要功能。水资源是经济社会发展的基础性、先导性、控制性要素，水资源的承载能力决定了经济社会的发展空间，水资源是河湖保护地最重要的保护对象。完全为了人类的需求、兼顾人类和自然的需求、完全为了自然的需求三种河湖保护地都是以保护水为基础。①完全为了人类需求的河湖保护地，如水源保护地，为了人们的健康和生活质量，要通过综合性的措施和长期的管理，确保饮用水源地的可持续供应和水质安全；②兼顾人类和自然需求的河湖保护地，如 CHRS、NWPS，大多与城乡居民生产生活密切相关，可为城乡居民生活提供良好的生态环境和高品质的游憩场所，对于城乡居民生活品质改善极具现实意义；③完全为了自然需求的河湖保护地，如 NWSRS 的河流，主要目的是维持生态系统特别是河湖生态系统的原真性和完整性，水是河湖生态系统的决定性因素。

提供游憩机会是河湖保护地的主要功能之一。河湖可以为居住在附近的人们提供开展健康、积极的高价值环境和游憩机会，河湖保护地则是整合了河流及其附近的自然资源，为人们提供了休闲空间和游憩场所。河湖保护地建设提供的游憩机会，包括观光、野生动物观察、露营、摄影、钓鱼、徒步旅行、狩猎和划船等活动。NWSRS、CHRS 及 NWPS 都提供了充分的游憩功能。NWSRS 形成的重要原因之一就是满足公众的游憩需要，NWSRS 中绝大多数河流单元具有游憩价值；美国国家游憩区也有很大一部分以水库为基础（如胡佛大坝建设形成的米德湖）。NWPS 就是由水利旅游区演变而来的，绝大部分河湖单元具有游憩功能。据不完全统计，2015 年，NWPS 中 5A 级旅游景区有 24 家，占全国 5A 级旅游景区总数的比例超过 11%，年接待游客约 1200 万人次；4A 级旅游景区有 63 家，年接待游客约 3150 万人次（兰思仁和谢祥财，2016）。2020 年，NWPS 中的 5A 级旅游景区增长到 36 家，4A 级旅游景区增长到 204 家（王清义等，2021）。除了以上两项功能之外，不同的河湖保护地体系呈现出自身不同的保护功能，如 NWSRS 强调保护河流的自流状态，CHRS 强调河流的文化价值，NWPS 强调工程的运行安全。

4. 特点

河湖保护地不完全等同于自然保护地，也与森林、海洋等其他生态系统保护地类型存在差异，具有自身的特殊性。

（1）河湖保护地强调水资源的“保护性利用”。因为自然水资源供给的稀缺性和人类水资源需求的永恒性，导致河湖开发利用的长期性和广泛性。河湖保护地最鲜明的特征为“保护性利用”，即在保护河湖水资源和生态系统的前提条件下，实现对河湖资源特别是水资源的有效利用，促进保护与利用二者协调统一。保护性利用有以下三重含义。

一是保护为了利用。只有对河湖生态系统及其流域进行有效保护，才能维持良好的生态环境，才能有效维护水资源的数量和质量。强化空间用途管制，才能保护好一定的生态空间，实现有效涵养水源，从而促进河湖资源，特别是水资源的合理利用。对于大部分河湖保护地，特别是河源区域，主要实施生态化措施，放弃该区域内部分生产生活功能。还有一些河湖保护地由“库区＋灌区”两部分构成，其灌区就是农业生产的利用空间，其库区就是保护水源涵养的生态空间，库区生态保护的目的就是灌区的农业利用。在饮用水水源保护地的一级保护区、二级保护区之外再划定一定的区域作为准保护区，确保公众饮用水水源的安全。但是区域生态化并不完全排斥区域的休闲化和游憩利用，很多地方的河湖岸线及其周边陆地为户外游憩提供空间。

二是保护可以利用。一方面，河湖保护地水面空间具有可利用性。对绝大多数河湖保护地而言，在不危及河湖水质和工程设施的前提下，可以适度开展水体多功能利用，如生态养殖等生产利用，垂钓、游泳等游憩利用；水资源也可以非消耗性方式为人们提供宜居环境。另一方面，河湖保护地周边陆地空间具有可利用性。水资源分布具有时空非均匀性，水流占据河道空间具有时间变动性，大范围占据河道空间也是短暂的，特别是城市河道和水库下游河道。为了满足防洪和行洪需要，在河道两岸形成了许多生态廊道，可以在这些生态空间适度开展游憩活动，如徒步等，以满足城乡居民的生活需要。对大部分水利工程设施而言，可在保障防洪安全、饮水安全、粮食安全和经济安全的前提下，适度利用其滨水区域，创造休闲、观光、旅游和度假的舒适空间，提供良好的生态产品。

三是在利用中保护。河湖生态系统对维持其他类型生态系统的健康具有重要作用，其丰富的水资源也能为人类发展提供基础条件。水资源的稀缺性加剧了人类对河湖的依赖，需要改变河湖自然状态或空间形态以重新分配水资源。这种变化对生态系统产生的影响是不可忽视的，需要采取干预措施对水环境和生态系统进行保护，典型的措施有：建立人工鱼道、升鱼机等过鱼设施，尽可能恢复水坝周围的鱼类洄游通道；在水坝出口处修建构筑物，以消除河流下游热源污染；对大坝下游河道进行保护，如进行河岸带植被生态修复工程，维持流域水土保持功能；在水库周边修建人工湿地污水处理系统与人工湿地缓冲带等（Worboys et al.，2015；马永胜等，2009）。

（2）水的流动性造成河湖保护地管理的艰巨性。①河湖面临外源性威胁。从河流四维连续体模型可以看出，河湖都处于集水区的最低处，集水区对外扩散以及水流（如污染物、土壤侵蚀和水体富营养化）都为其带来干扰。尽管所有的自然保护地都要应对外部产生的威胁，但是淡水保护地还要解决来自山上、上游，甚至下游的威胁（如外来物种）（Dudley et al.，2013）。②生态保护和水资源利用的非对称性。生态保护主要针对上游地区，需要“在地”的上游开展保护；水资源利用较多的是下游地区，对上游保护而言，水资源利用就变成“离地”；保护者与受益者的分离导致河湖保护具有难度。③河湖水系在社会区域之中的穿透性。河湖水系在地理和社会空间中穿过不同的区域，连接不同地区和人群，具有跨越行政、文化和社会边界的特性。流域在地域上的全覆盖性和居民生产生活地域上的有限性，使得大部分河流容易跨越行政边界和管理边界，甚至河流本身就是许多保护地和行政区的边界（Worboys et al.，2015）。

（3）河湖保护地管理应基于景观尺度或流域视角。①由于河湖生态系统与周围环境具有整体性，为保障保护地的有效性，应从流域尺度和流域管理视角对其进行考虑。在理想状态下，河湖保护地应该涵盖整个集水区，中国政府提出系统治理山水林田湖草沙也体现了这个要求。在实施流域管理计划时，考虑社会和经济因素的双重影响是非常重要的。基于 SAM 的流域管理计划可以帮助整合土地多样性、水资源利用和各利益相关者的利益，以更全面地分析各方在共享河流系统中的影响，从而制定更有效的管理策略。②避免将河流划分为保护地边界。相关研究表明，将河流作为保护地边界不利于消除淡水生物多样性威胁，且蜿蜒的河道可能使这些威胁因素分散化，从而增加管理难度（Dudley et al.，2013；Worboys et al.，2015）。独特的河流线状空间形态使其容易成为保护地或者管理对象的边界，如西藏、四川之间的金沙江，川滇两省间的泸沽湖。

保护河湖生态系统的难度在于需要在满足人类各种需求的同时，保持水环境的健康和生态系统的平衡。水资源是人类最早利用的自然资源。随着社会的发展，人类对水资源的利用也逐渐演变，从最初的饮用、捕捞到现代的灌溉、发电、工业生产等。水资源的多功能性导致了人类对河湖资源有不同的需求，使得河湖保护变得更加复杂和困难。加之，大部分河湖已经处于开发状态，人类活动的影响和干预会导致流域水环境和河湖生态系统面临着各种挑战和威胁。在这种情况下，保护河湖生态系统需要综合考虑不同利益相关者的需求，平衡生态环境保护和经济发展之间的关系。

2.2.3 自然保护地和河湖保护地的关系

1. 自然保护地是一种针对管理的保护地类型

IUCN 所倡导的自然保护地只是一种保护地类型，聚焦于生物多样性和生态系统服务，涵盖不了非自然型保护地，如饮用水水源地和城市保护区。

用自然保护地涵盖所有的河湖保护地是很难的，水利风景区体系就没有被纳入中国自然保护地体系之中。《关于建立以国家公园为主体的自然保护地体系的指导意见》中指出“自然保护地是由各级政府依法划定或确认，对重要的自然生态系统、自然遗迹、自然景观及其所承载的自然资源、生态功能和文化价值实施长期保护的陆域或海域”“制定自然保护地分类划定标准，对现有的自然保护区、风景名胜区、地质公园、森林公园、海洋公园、湿地公园、冰川公园、草原公园、沙漠公园、草原风景区、水产种质资源保护区、野生植物原生境保护区（点）、自然保护小区、野生动物重要栖息地等各类自然保护地开展综合评价，按照保护区域的自然属性、生态价值和管理目标进行梳理调整和归类，逐步形成以国家公园为主体、自然保护区为基础、各类自然公园为补充的自然保护地分类系统”。在这一文件中，水利风景区并没有被划入自然保护地体系之中。

导致上述结果的原因是多方面的：①两者的保护对象不同。水利风景区主要依托水利工程或者水域，是为了满足人类需求而保护水资源；自然保护地则是为了保护自然，如基因、物种和生态系统水平上的多样性，人类主动放弃了暂时利用部分自然资源。②水利风景区不满足自然保护地建设要求。大部分水利风景区依托水利工程而建，水利工程建设必定改变所在区域的自然环境，特别是河湖的原始状况，难以维持所在河湖生态系统的原真性、完整性。③政策环境不兼容。在中国生态文明建设大背景下，相关部门一直在清理自然保护地内的各种工矿开发以及核心区、缓冲区内的旅游、水电开发等活动，如“绿盾”专项行动和中央生态环境保护督察等。把有工程措施的非自然保护地类型（如水库等水源保护地）纳入自然保护地体系，可能让人容易混淆，不利于自然保护地政策实施。此外，还有部门之间的利益博弈等原因。

2. 河湖保护地是一种针对对象的保护地类型

河湖保护地是一种基于生态系统类型或者地理单元构成对保护地进行分类的方式，与森林保护地、海洋保护地、湿地保护地等类型并列。而自然保护地体系中的自然保护区、荒野保护区、国家公园等，是以保护等级或者人类干扰程度划分的保护地类型。河湖保护地既有符合自然保护地要求的美国 NWSRS，又有不符合自然保护地要求的中国 NWPS 以及世界各地的水源保护地体系。实际上，森林保护地、湿地保护地也有类似情况，既有满足 IUCN 的自然保护地定义，又有不满足 IUCN 的自然保护地定义两种情形。

森林保护地既有以森林生态系统为主的国家公园（如美国黄石国家公园），又有城市绿地（如纽约中央公园）等保护地类型。纽约中央公园等城市公园（urban parks）属于完全人工干预的区域，没有被 IUCN 认定为城市自然保护地（urban protected areas）（Trzyna et al.，2014）。但是中央公园是得到城市当局认可，并由特定机构——中央公园保护协会（Central Park Conservancy）进行管理，从而得到有效保护的城市人工森林，是一种生态型的城市保护地区域，并于 1963 年被列为国家历史地标。

在中国，湿地保护地既有由自然保护地体系组成的国家湿地公园类型（如四川若尔盖国家公园)，又有由城市空间构成的城市湿地公园类型（如贵阳花溪国家城市湿地公园)。中国自然保护地体系中的国家湿地公园由相关国际公约[如《生物多样性公约》、《拉姆萨尔公约》（又称《国际湿地公约》）]、国家法律（如《中华人民共和国湿地保护法》)、国际习惯法（如《赫尔辛基规则》）等有效途径得到正式承认并实施管理，旨在保护湿地生态系统自然与文化价值。国家林业和草原局发布的《国家林业和草原局关于印发〈国家湿地公园管理办法〉的通知》（林湿规〔2022〕3 号)，进一步细化了国家湿地公园的管理。

2005 年，建设部就制定了《国家城市湿地公园管理办法（试行）》（建城〔2005〕16 号)；2017 年，住房和城乡建设部又印发了《城市湿地公园管理办法》（建城〔2017〕222 号)。这些管理办法主要针对城市湿地公园的管理。城市湿地公园大多是人工生态系统，既是城市空间的一部分，又是城市生态系统的重要构成，很难被划分到自然保护地体系之中。

2022 年，《中华人民共和国湿地保护法》中提出："省级以上人民政府及其有关部门根据湿地保护规划和湿地保护需要，依法将湿地纳入国家公园、自然保护区或者自然公园。"这种做法就是首先承认生态系统的差异，然后对不同保护地类型进行保护。同时，提出了不同的管理机构对不同的湿地类型进行管理："国务院水行政主管部门和地方各级人民政府应当加强对河流、湖泊范围内湿地的管理和保护""国务院自然资源主管部门和沿海地方各级人民政府应当加强对滨海湿地的管理和保护""国务院住房城乡建设主管部门和地方各级人民政府应当加强对城市湿地的管理和保护"。之后，国家林业和草原局也提出了要加快构建全国统一的湿地分级保护体系。这些表达和措施，无疑都是针对湿地生态系统，并行使用保护等级和保护对象两种分类方式。

3. 河湖保护地与自然保护地有部分重叠

河湖保护地是一种按照保护对象进行命名的保护地类型，包括自然型保护地和非自然型保护地。河湖保护地与自然保护地存在交叉关系（图 2-3)，而且横跨了生产、生活和生态三种空间类型：①一部分河湖保护地属于自然保护地，如美国 NWSRS 的荒野型河流、流经国家公园内的加拿大遗产河流，都是为了保护河流的自流状态、生物多样性和地质等杰出价值，而且人为干扰程度比较小；②一部分饮用水水源保护地、水库型的中国水利风景区和美国国家游憩区，都是对河流原有状态进行改变而建设水库，以实现灌溉、防洪、饮用等多种功能，存在一定的人为干扰，也难以被划为自然保护地；③还有一部分河湖保护地本身就是城市的一部分，人为干扰程度非常大，如城市河湖型的中国水利风景区和部分流经城市的加拿大遗产河流（如利多运河)。为了确保行洪安全和财产安全，城市管理机构必然会对城市中的河湖堤岸进行加固和修建，河流难以维持其原始状态。

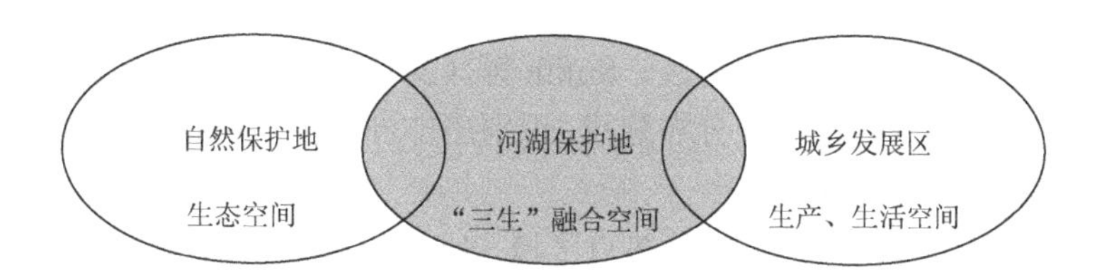

图 2-3　河湖保护地与生产、生活、生态空间的交叉关系
“三生”指生产、生活、生态

2.3　河湖保护地基本问题

自然保护就是在生物多样性和生态系统功能的保护与人类对其利用之间，寻找一种平衡或折中（Primack，2010），自然保护地建设是实现这种平衡或折中的手段。保护生物多样性和生态系统功能是自然保护地建设的重要目标之一。要实现这一目标，除了考虑自然因素外，还需要综合考虑自然保护地所在地的社会经济因素。

河湖保护地定义的三个要素可以演变成河湖保护地体系建设的三个主要目标。保护地体系建设都是为了解决“保护什么”“在哪里保护”“如何保护”三个主要目标，这实际上是自然、社会经济和政府治理三种因素共同作用的，这正是保护地研究的三个基本科学问题。

2.3.1　保护对象

1. 自然保护地的保护对象

自然保护地的保护对象包括物种、生物多样性、生态系统、自然景观等（Primack，2010），这也蕴含着自然保护地建设的价值取向。

（1）物种。围绕目标物种（target species），包括指示种（indicator species）和旗舰种（flagship species）的栖息空间建设保护地网络是一种常见的保护策略，旨在保护特定物种的栖息地，从而保护生物多样性，并维护整个生态系统稳定性。例如，大熊猫国家公园涉及三个省的 80 个自然保护地单元，面积达 27134km^2，是围绕目标物种大熊猫建设而成的；东北虎豹国家公园也是如此。Brum 等（2017）基于生物多样性三个关键维度——生物分类、系统发育和生物特征，识别了全球哺乳动物优先保护区，并与现有保护地进行叠加对比，分析出保护空缺。Veach 等（2017）分析了住宅与商业发展、农业扩张和森林丧失三种生物多样性威胁因素，识别出生物多样性潜在威胁区域。Trivino 等（2018）根据伊比利亚 168 个鸟类物种分布信息，识别出当前及未来气候变化条件下的优先保护区，并根据土地利用变化区分为受威胁区和不受威胁区。Smith 等（2016）根据 2050 年四种气候变化及土地利用变化情景进行物种分布建模，识别出非洲 169 个蝙蝠物种优先保护区，并评估了蝙蝠的栖息地质量。

（2）生物多样性。生物多样性热点区域（biodiversity hotspots）是物种的汇集之地。全球自然保护地的分布受到全球温带草原、地中海森林等 13 种生态系统分布的影响（Primack，2010），但倾向于生物多样性高的生态系统（特别是热带雨林）和人口稀少的景观（如苔原和洪水泛滥的草原），对较干燥、生物多样性较低的生态系统（特别是沙漠和干燥森林）及有利于发展农业的生态系统（最严重的是温带草原）的保护程度仍然不足（Peter and Helen，2015）。受到大西洋沿岸森林（巴西东南部大西洋沿岸）、中国西南山地等全球 34 个生物多样性热点区域的影响（Bonanomi et al.，2019；Myers et al.，2000），世界各地的自然保护单元大多集中在这些热点区域或者邻近区域。另外，一些研究从全球尺度分析、识别出生物多样性高的区域作为优先空间。Hanson 等（2020）基于全球生态位确定了优先保护区；Yang 等（2020）将生物多样性关键区、地方性鸟类分布区、森林景观完整性等图层叠加得出优先保护空间；McDonald 等（2018）将全球城市扩张空间趋势预测、陆地脊椎动物特有性信息、当前土地覆盖与保护区数据相结合，确定了优先保护区域，以减少城市扩张对自然栖息地造成的生物多样性丧失。

（3）生态系统。一方面，是对生态系统完整性的保护。例如，Smith 和 Metaxas（2018）基于海洋生物多样性和生态完整性的保护目标，识别出加拿大大西洋沿岸地区连通性较好的优先海洋保护区网络；McGarigal 等（2018）评估了美国东北部地区的景观生态系统完整性，将生态完整性高的区域作为优先保护区。另一方面，是对生态系统原始状态的保护。例如，Keddy 和 Drummond（1996）将北美区域森林作为优先保护空间，提出对森林影响最小的采伐方式，以恢复原始状态；Kennedy 等（2019）采用全球人类梯度模型，将相对没有人为改变的自然区域作为优先保护空间。另外，荒野区（wilderness area）作为一类独特保护地，受人类干扰程度低，自然生态价值极高，同时具备社会、文化等多元价值，其优先空间确定的研究也逐渐成为近年来的热点（Jacobson et al.，2019；曹越等，2017）。

（4）自然景观。独特、稀有、绝妙的自然现象、地貌或具有罕见自然美的地带也是自然保护地重要的保护对象。美国黄石国家公园就展示了极为重要的地质现象和地质过程，有着独特的地热现象和大峡谷等地质奇观；中国黄山“四绝”——奇松、怪石、云海、温泉都是罕见的自然景观。这一部分较多出现在风景名胜资源和旅游吸引物的研究之中。

《关于建立以国家公园为主体的自然保护地体系的指导意见》中指出，自然保护地的保护对象是“重要的自然生态系统、自然遗迹、自然景观及其所承载的自然资源、生态功能和文化价值”。这种提法与 Primack（2010）的提法大同小异。

2. 河湖保护地的保护对象

河湖保护地的保护对象与自然保护地不完全一致。

（1）对自然型河湖保护地而言，如淡水保护地与自然保护地的要求基本一致，保护对象主要是生物多样性、生态系统等。作为重要的水陆交错带，河川廊道具有支撑河流水文水质等作用，维持自然状态是维护河流生态系统健康状态的基础。优先考虑河流生态系统的生物多样性、生态系统服务和景观价值等。淡水保护地建设和管理应基于景观尺度或流域视角，要综合考虑社会和经济双重因素（二者通常处于此消彼长的竞争关系）。Ennen 等（2020）根据海龟和淡水龟的栖息地特征划分生物地理区域，并评估其生物多样性等级和保护价值，最终识别出全球范围 63 个龟类区域及优先保护区。Paz-Vinas 等（2018）基于河流景观尺度采样识别出种内基因多样性优先保护区。此外，Asaad 等（2018）通过受限物种空间分布、海龟筑巢地点及迁徙路线等识别出珊瑚三角洲地区 7 个生物多样性最高的区域，作为海洋生物多样性优先保护区。

（2）对于非自然型河湖保护地而言（如水源地），其保护对象与自然型河湖保护地存在很大不同之处。水源保护地首先考虑的是区域经济社会发展需要和水资源开发利用现状，而且考虑优先满足城乡居民饮用水需求。虽然饮用水源保护地优先满足人的需要，但是为了实现水源的有效保护，也需要对水源地周边生态环境进行有效保护。水源保护地的水体，特别是水质，受到两个因素影响：一是人类活动，因为水源地大多靠近人类集聚区，受人类生产生活的影响较大，如过度的养殖、不合理的游憩利用等；二是水利工程自身，其建设会对水流状态造成极大的改变，如流水变静水、流向和流速改变等。而对于大部分水生生物而言，其生活繁殖往往受水流变化影响，一旦水利工程改变了水流的正常状态，就会对水生生物的繁殖等产生影响，从而进一步影响水质。

2.3.2 空间确定

保护地空间确定问题是保护地规划和建设的核心问题，与保护地建设的“保护什么”“在哪里保护”“如何保护”三个主要目标密切相关（Primack，2010）。保护地空间确定问题的研究主要集中于优先保护区选择（Bax and Francesconi，2019；Fernandes et al.，2018）、保护地范围划定（Blanco et al.，2019；Xu et al.，2017）和保护地内部分区（Habtemariam and Fang，2016；Zhang et al.，2013）三个方面。

1. 自然保护地空间确定

（1）优先保护区选择。主要针对自然保护地而言，可分为：一是对尚未建成的保护地体系优先示范区的选择，主要采用系统规划（systematic conservation planning）法（Margule and Pressey，2000）。例如，针对中国国家公园的空间安排，不同学者提出了不同的方案（蒋亚芳等，2021；唐小平等，2019；欧阳志云等，2018；周睿等，2018）。二是对已建保护地保护空缺的补充优先区的选择，主要采用系统规划法和空缺分析（gap analysis）法（Scott et al.，1993）两种方法共同确定。基于自然区域特征空缺分析的加拿大国家公园建设方案是典型代表（李鹏等，2017）。

国外许多学者以指示物种、有重要功能的生态系统等为保护对象开展了一系列研究：Pressey 和 Taffs（2001）在分析新南威尔士州保护区现状的基础上，提出优先保护区选择的建议；Tantipisanuh 等（2016）基于对现有保护地所保护生物多样性的空缺分析，对新增保护地优先选择提出了建议。国内也有学者基于生物多样性利用系统保护规划法研究了优先保护区：李迪强等（2002）对福建尤溪县进行了生物多样性保护的优先性分析，提出了扩建自然保护区的规划；欧阳志云等（2018）对长江流域重要保护物种多样性与保护优先区进行了研究；曲艺等（2012）基于不可替代性对三江源地区进行了自然保护区功能区划研究及空缺地区评估；Xu 等（2017）利用自然保护区数据，综合实地调查、模型模拟等方法，明确了中国生物多样性与生态系统服务保护的关键区域，评估了自然保护区对两大保护目标的实施状况。

针对多种生态系统类型，选取生物多样性丰富的区域作为保护地规划首选区域，确定其优先保护空间，以保护物种多样性和濒危物种。Hanson 等（2020）基于全球生态位确定了优先保护区；Yang 等（2020）将生物多样性关键区、地方性鸟类分布区、森林景观完整性等 7 个图层进行叠加，得出了优先保护空间。此外，Liang 等（2018）识别出全国优先保护区，得出优先保护区斑块间的最佳廊道，构建了连通性高的保护地网络体系，旨在有效保护中国生物多样性。

选择自然分区作为保护对象代表。就某一个国家而言，其自然保护地的保护对象可能是生态分区的代表性区域。典型案例如下：①加拿大自然保护地体系的主体是国家公园，其空间分布是基于 39 个自然分区（natural regions），自然分区是生态代表性和均衡性的集中体现（Scott and Lemieux，2005；Parks Canada，1997）。②澳大利亚自然保护地优先区建设基于澳大利亚临时生物地理区划（interim biogeographic regionalisation for Australia，IBRA）框架。生物地理分区是指由一系列相互作用的生态系统组成的复杂陆地区域，根据常见的气候、地质、地貌、本土植被和物种信息，将澳大利亚的地貌划分为 89 个地理上截然不同的大型生物区。89 个生物区进一步细化形成 419 个亚区，每个生物区内的地貌单元更加局部化、同质化（Montalvo-Mancheno et al.，2020；Thackway and Cresswell，1997；Thackway et al.，1995）。③巴西自然保护地优先区建设综合考虑生物群落和植被地图（phytogeographic regions），全国主要分为亚马孙热带雨林、热带稀树草原等 6 个生物群落（Rylands and Brandon，2005），每一个生物群落有不同的气候和植被特征。

（2）保护地范围划定。影响保护地范围确定的因素主要包括重要保护对象的特征、景观完整性、物种多样性、生态系统完整性、相邻自然保护地之间的联系、社会经济发展等（蒋志刚，2005；王献溥，2003）。基于这些影响因素，通过科学方法进一步确定保护地范围，国内外对多边形自然保护地范围确定的研究较多。

苏玉明和赵勇胜（2004）采用 6 个特征指标计算了湿地公园的保护范围；Bottrill 和 Pressey（2009）认为保护带建设要在资金和资源有限的情况下，找到生物多样性最小限度减少的方法。Pikesley 等（2016）以关键保护物种粉色海扇为指标，分析其活动范围，对英国沿海保护区的保护范围调整提出建议。国家标准《国家公园总体规划技术规范》（GB/T 39736—2020）提出，国家公园边界范围划定应遵从原真性、完整性、协调性和可操作性四大原则。

（3）保护地内部分区。自然保护地内部分区是一种内部土地保护方式和资源利用的梯度安排。保护地分区常见方法主要基于多准则决策分析（multicriteria decision analysis），采用 InVEST 和 Marxan 两种模型，从影响保护地分区的多个因素建立指标体系，进行保护地功能区划分（Hedley et al.，2013；黄丽玲等，2007）。Zhang 等（2013）运用多准则决策分析为云南梅里雪山国家公园分区提供了方案；Habtemariam 和 Fang（2016）采用多准则法，并结合空间多准则分析（spatial multicriteria analysis，SMCA）、地理信息系统和咨询利益相关者，提出了厄立特里亚海洋保护区分区方案。此外，也有采用单一要素对保护地进行分区的，如李纪宏和刘雪华（2006）基于构建最小费用距离模型对保护地进行分区。

在实践中，联合国教科文组织提出的“人与生物圈计划”将自然保护区分为核心区、缓冲区和过渡区，成为自然保护地内部分区的基础和典范，衍生出不同方式（黄丽玲等，2007）。①四分法。加拿大、美国等国沿袭“人与生物圈计划”的思路形成了国家公园内部分区方式，包括严格保护区、重要保护区、限制性利用区和保护区等（许学工等，2000）。②三分法。根据《中华人民共和国自然保护区条例》，自然保护区内部可以分为核心区、缓冲区和实验区。③两分法。中国国家标准《国家公园总体规划技术规范》（GB/T 39736—2020）提出了国家公园管控分区，内部可分为核心保护区和一般控制区，实行差别化管控。

2. 河湖保护地的空间确定

由于河湖生态系统的独特性，自然保护地优先空间确定较少针对河湖开展研究。目前，基于河流生态系统，主要从“线”和“面”两个维度进行研究，确定优先保护河段或在流域等区域尺度确定优先保护区域。

（1）通过评估河流现状确定优先保护河段。基于河道坡降和年径流量的分析，Burnett 等（2003）评估了河谷对虹鳟（*Oncorhynchus mykiss*）和银大麻哈鱼（*O.*

kisutch）两个鱼类物种的可达性，确定了优先保护河段；Nel 等（2007）评估了南非 112 个河流生态系统状况，通过河流完整性计算了现有保护区内完整的河流长度，以此为基础确定了不同保护级别的优先河段；Geselbracht 等（2009）分析了美国佛罗里达州海洋及江河入海口的优先保护区域。

（2）基于流域等区域尺度，将系统保护规划、物种分布模型等与现有保护地分布结合识别优先保护区。Holland 等（2012）基于四类 4203 个淡水物种的空间分布，识别出非洲大陆淡水生物多样性高的优先区域。Dolezsai 等（2015）综合考虑河流跨界及保护所需面积，识别了匈牙利境内多瑙河流域 75 种淡水鱼的优先保护区域。Hua 等（2016）以黄河三角洲地区为案例地，确定了该区域潜在优先恢复区。Carrizo 等（2017）基于鱼类、软体动物、蜻蜓目和水生植物四类共 1296 个物种空间分布数据，识别出欧洲淡水生态系统关键保护流域作为优先保护区。Pickens 等（2017）运用 28 个指标表征美国东南部南大西洋地区 10 个主要生态系统的生态和文化完整性，识别出优先保护陆地区域和水域，以从景观层面保护淡水、陆地、海洋生态系统完整性。Braun 等（2018）将淡水物种溪泥甲（Elmidae）作为生态环境完整性的主要指标，通过物种分布模型预测其在巴西南里奥格兰德州浅滩地区的分布，以此为基础识别溪流、浅滩优先保护区。Fan 等（2018）构建流域水土评估模型（soil and water assessment tool，SWAT），将其与优先空间识别模型 Zonation 融合，识别出日本北海道北部天盐（Teshio）河流域优先保护区，分析河流生态系统服务权衡与协同，旨在平衡产水量和滞留沉积的关系、保护流域生态系统。

（3）将物种、景观、气候等自然因素与社会、经济、文化等非自然因素结合，构建空间量化模型识别优先保护区域。Funk 等（2019）量化了驱动因素、压力和生物多样性状态 3 个指标，基于多功能性识别出多瑙河漫滩区优先保护区和恢复区。Klein 等（2009）识别出澳大利亚优先保护区，以保护小流域范围内生态系统功能及其完整性。Khoury 等（2011）通过生物多样性要素分析、丰富度目标设定、基于社区和人口的生物多样性活力评估等步骤构建生态系统完整性评价框架，识别出密西西比河上游优先保护淡水区域。张渝萌等（2019）将 SWAT 与有序加权平均（ordered weighted averaged，OWA）方法耦合，测度生物多样性、流域产水量、固碳、文化服务 4 类生态系统服务价值，进一步结合文化、社会、历史、审美等因素确定了渭河关天段流域优先保护区。

2.3.3 治理方式

1. 自然保护地

治理（governance）与统治、管理均有所不同，治理指的是一种由共同的目标支持的活动，这些活动的管理主体未必是政府，也无须依靠国家的强制力量来实现（罗西瑙，2001）。“治理”一词由来已久，但直到20世纪90年代之后才被经济学家和政治科学家重新创造并赋予其新的内涵，并由联合国、世界货币组织和世界银行等机构传播开来。治理通常用于描述组织、社会或国家制定规则、管理资源、解决问题和实施决策的过程。近年来，中国学术界和政府机构已经逐步接受治理概念和相关理论（俞可平，2000）。2019年，《中共中央关于坚持和完善中国特色社会主义制度推进国家治理体系和治理能力现代化若干重大问题的决定》正式颁布，这是中国官方认同、采纳和运用治理概念的重要标志。

在自然保护地领域，治理是连接自然因素和社会经济因素的纽带。从自然保护地建设成效来看，治理水平和治理能力决定了管理的有效性和效率，是一种蕴含巨大潜力的可变因素。许多情况下，只有解决好治理问题，某一个区域或者国家才能扩大自然保护地面积（Worboys et al.，2015）。

考虑治理主体在自然保护地管理中的决定作用，IUCN 将世界自然保护地治理模式归纳为政府治理、共同治理、公益治理和社区治理四种类型（Worboys et al.，2015）。世界自然保护地主流治理方式是政府治理，自然保护地政府治理体系包括法律、机构、资金、土地等多个因素，这些因素单个或者共同影响自然保护地的建设规模和建设成效。

2. 河湖保护地

与自然保护地治理相比，河湖保护地治理具有更大的挑战性：①内陆水域构成的复杂性。内陆水域构成复杂，包括河流、湖泊、湿地和地下水等。就河流而言，从构成空间关系来看，河流有干流和支流、全流域和子流域之分，每一个层级拥有的资源和面临的问题都不一样；从纵向空间关系来看，有河源区、上游、中游、下游之分，每一段的权利和责任都不同；从横向空间关系来看，有河道、河岸和滨河区域之分，每一部分的优点和缺点都有差异。因此，针对如此复杂的对象提炼和总结不同的治理特点和治理模式，都是非常困难的。②水域的动态性。水域是一个四维连续体，存在横向、纵向和垂向及时间的变化，水流的动态性导致水域构成的复杂性，也造成河湖保护地空间管控的复杂性。③保护目标的复杂性。既有保护生物多样性、生态系统和景观的自然保护地，又有保护水资源的饮用水水源地，不同的保护目标必然形成不同的管理方式。例如，自然保护地一般处在偏远地区，可以通过交通限制、界碑等方式进行管理；而许多水源地与生产、生活空间交织在一起，难以限制公众进入，有些地方只能是采用专门的隔离围网等设施。④多部门管理的复杂性。许多国家都存在水资源管理复杂的问题，主要源于河湖生态系统整体性与管理主体局部性之间的矛盾，很少有流域只有一个管理主体，同一个流域往往涉及多个管理主体，包括省、市、县等不同层级以及同一级层政府中的不同部门的行政主体。国际河流治理还涉及不同的国家。

综上所述，针对自然保护地体系三个基本问题的研究比较多，而针对河湖保护地三个基本问题的研究相对较少，这也是本书后续需要进一步研究的地方。

总体来看，本书的整体逻辑是在界定河湖保护地定义“为什么”“是什么”“如何为”三个构成要素的基础上，进一步寻找在河湖保护地建设中的“保护什么”“在哪里保护”“如何保护”三个主要目标，识别出河湖保护地科学研究的“保护对象”“空间确定”“治理方式”三个基本问题（图 2-4）。概念定义三个构成要素、体系建设三个主要目标和科学研究三个基本问题旨在勾勒出保护地科学的思想脉络。

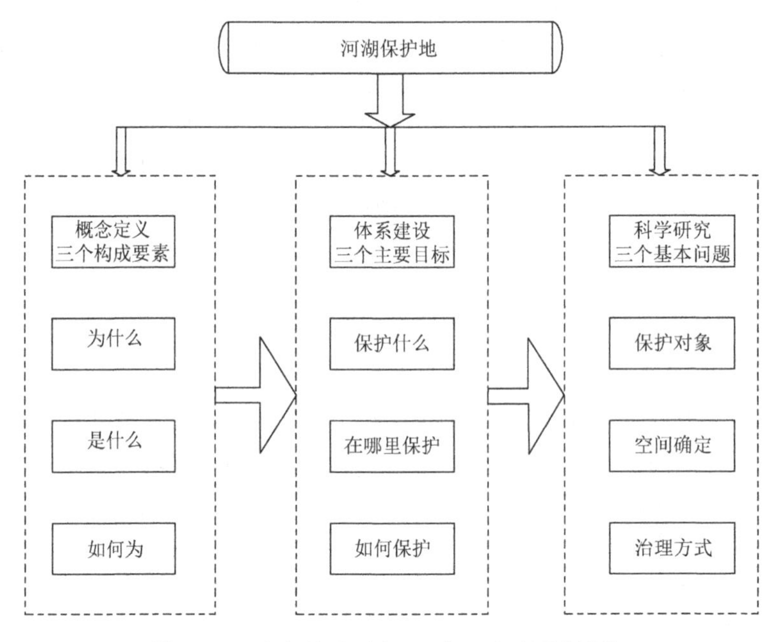

图 2-4　河湖保护地要素—目标—问题分析框架

第3章　河湖保护地体系的发展

本章对以美国 NWSRS 为代表的国内外河湖保护地体系进行分析和比较，所得结论可为解决河湖保护地科学研究基本问题提供借鉴和思路。

3.1　美国国家荒野风景河流体系的发展

2023 年 12 月，美国 NWSRS 的单元数量达到 228 段（一条河流可能有一段或多段符合要求，故 NWSRS 计量单位用段），总长度为 21672.7km①，已经成为美国联邦层面重要的保护地类型之一。

3.1.1　发展阶段

美国是现代自然保护地的发源地。1872 年，美国黄石国家公园建立，标志着世界现代保护地发展的开端。随后，美国陆续建立了各种保护地类型和保护地管理机构，2000 年建立国家海洋保护区（marine protected areas，MPA）和国家景观保护系统（national landscape conservation system，NLCS），标志着历时 100 多年的美国保护地体系逐渐成熟。其间，美国国会于 1968 年通过了《荒野风景河流法案》（*Wild and Scenic River Act*），标志着 NWSRS 正式成立（图 3-1）。

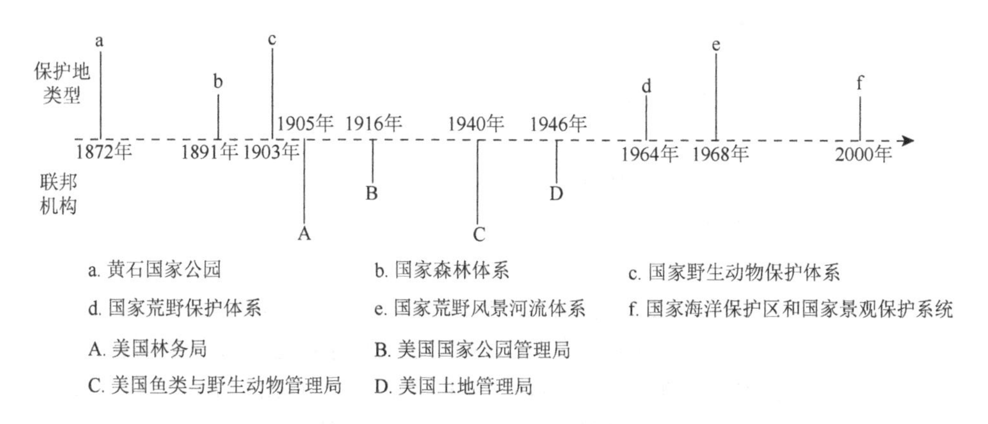

图 3-1　美国联邦保护地治理机构及保护地体系建立时间轴

① https://www.rivers.gov/sites/rivers/files/2023-07/rivers-table-12-2022.pdf。

NWSRS 是全球建立最早的河湖保护地体系，旨在保护河流自然流动状态、优良水质、突出价值（包括观赏、地质、鱼类、野生生物、历史、文化及其他价值 7 个方面），并实现河流游憩价值（IWSRCC，1998），也是联邦层面的自然保护地类型。正如法案的签署者约翰逊总统所言，当时美国水资源开发过度，威胁着国家的河流价值，NWSRS 是为了满足生态保护需要而建立的自然保护地体系（Palmer，1993）。经过 50 多年的努力，NWSRS 在各个发展阶段取得不同的成就。

1. 筹备建设阶段（1957～1967 年）

1957～1967 年的 10 年是美国 NWSRS 孕育的关键阶段，为 NWSRS 形成奠定了科学基础。

建立河流保护地的初步尝试。20 世纪 50 年代初，美国公众开始意识到，河流不仅具有经济价值，还具有生态价值和游憩价值，开始力图通过限制河流利用方式实现河流保护，如通过开展“反坝运动”以及利用国家公园体系对河流进行保护。直到 20 世纪 50 年代末，建立专门的河流保护地开始被人陆续提出。1957 年之后，由于“反坝运动”深入人心，环保主义者逐渐达成通过保护地体系实现河流保护的共识，但未正式提出河流保护地的概念。1959 年，为限制大坝建设而成立的美国国家水资源委员会（the Selected Committee on National Water Resources，SCNWR）在一次会议上第一次正式提出建立“河流保护地”，但这仍然只是愿景，也没有成熟的方案。

20 世纪 60 年代初，美国国家水资源委员会一直致力于通过国家立法来正式建立全国第一条国家河流，尝试将已有较好研究基础的柯伦特（Current）河作为试点，但未成功。1963 年，美国国家水资源委员会进一步将柯伦特河的范围扩大到其干流欧扎克（Ozark），提出“欧扎克国家河流”提案，并通过了参议院投票。但由于其主要强调荒野保护，几乎完全限制了河流开发，没有顾及部分利益相关者的经济权益，并未在众议院获得通过。1964 年，通过修改，将“欧扎克国家河流”改为“欧扎克国家风景河道”，提案最终被通过，欧扎克成为第一条由联邦立法确定、由国家进行保护的河流。但是，当时的政府和公众对于应该建立什么样的河流保护地体系仍不清楚。通过不断地研究、争论和探索，“荒野风景河流”这一概念才最终形成。

荒野风景河流体系理念的提出与完善。荒野思想是 NWSRS 建立的思想基础，其核心在于尊重、保护那些不受人类影响，人类到达只为参观而不居住的区域（Rodericknash，2012）。1953 年，首次出现的荒野河流（wild river）是 NWSRS 的雏形，也是荒野思想在河流保护领域的体现，强调保护河流的自然特性及河流野生生物。但荒野河流的提法具有较大的局限性：一方面，过于强调河流的自然价值，忽略了公众对河流游憩的需求；另一方面，由于美国自然区域特征东西差异较大，西部河流相对东部河流具备更高的自然价值。荒野河流有突出的自然价值，西部河流的自然价值得到了认可，而东部河流的其他价值被忽视。

游憩价值保护是 NWSRS 建立的重要动力。为确定荒野的游憩价值，1960 年，国会特别成立了户外游憩资源调查委员会（Outdoor Recreation Resources Review Commission)，并首次全面调查了公民的户外游憩需求，结果表明河流的自然状态是满足公民游憩需求的必需条件（Fitch and Shanklin，1970)。1962 年，内政部成立户外游憩管理局（Bureau of Outdoor Recreation)，该机构的主要任务是在保护自然资源的基础上，推动和支持户外游憩活动开展，向公众提供游憩机会。但是，该机构并不管理任何土地，而是与其他联邦机构共同完成游憩政策制定、规划编制，起到支持和协调等作用。1963 年，当时的内政部部长尤德尔（Udall）提出了基于游憩进行河流保护的新观点："我们的子孙后代将对我们是否保护了河流自然状态下的游憩价值进行评价，目前还有部分河流拥有较高的户外游憩价值，荒野河流应是河流游憩遗产的载体。"这种观点将荒野河流的内涵从单纯强调自然价值扩展到游憩价值，并使保护河流游憩价值贯穿 NWSRS 建立、发展的全过程。

"反坝运动"是 NWSRS 建立的直接作用力。美国有 100 多年的建坝历史，随着大坝数量逐渐增加，一系列生态问题开始出现，如阻断鱼类迁徙、破坏水生生物生存环境、破坏下游生物栖息地等，最重要的是大坝阻隔了河流自然流动。自 20 世纪初开始，以保持河流自然流动状态为旗帜的"反坝运动"蓬勃发展。到 20 世纪 50 年代末，"反坝运动"的活动范围从国家公园内、靠近国家公园，扩展到远离国家公园。原有的国家公园体系不能满足河流保护的新需求，需要建立新的保护地类型，直接促成 NWSRS 的最终建立。"反坝运动"所倡导的"保持河流自然流动状态"的诉求，成为 NWSRS 的首要宗旨，也是《荒野风景河流法案》颁布的科学基础。

逐步形成《荒野风景河流法案》。在荒野河流理念和概念臻于成熟的基础上，内政部完成了《荒野河流法案》(*Wild Rivers Act*）的起草工作。1964 年，该提案正式提交国会，成为第一个有关河流保护地体系的提案，但考虑荒野河流所包含的游憩利用理念，国会将法案名称改为《荒野风景河流法案》。1965 年，参议院通过了法案，随后众议院却暂停了投票表决。至此，NWSRS 呼之欲出。1968 年 9 月 6 日，众议院议员表示同意法案颁布；1968 年 9 月 12 日，众议院进行投票，以赞成票与反对票为 265∶7 高票通过了该法案；1968 年 10 月 2 日，约翰逊总统签署《荒野风景河流法案》(Palmer，1993)。

2. 体系完善阶段（1968～1995 年）

《荒野风景河流法案》颁布之初，缺少管理方面的实践积累，加之河流保护情况复杂，需要通过不断修订、补充，才能完善系统治理和单元管理，从而实现

NWSRS 稳步发展。

《荒野风景河流法案》的修订。1968 年，《荒野风景河流法案》直接指定了 8 段国家荒野风景河流（national wild and scenic river，NWSR）以及 27 段潜在对象。随后，在对 NWSRS 管理及潜在对象研究过程中，《荒野风景河流法案》的弊端和缺陷逐渐显露出来，联邦政府和国会针对这一问题，对《荒野风景河流法案》进行了完善和补充，主要内容包括政府治理、前期研究和河流管理三个方面（IWSRCC，2014）。

政府治理方面的修订内容主要是联邦政府在尊重各主体权益的基础上，尽量为 NWSRS 建立提供多方面的支持，主要目的在于调动各个管理主体的积极性，协调各个管理主体之间的关系，减少矛盾和冲突，促进各个机构间关于 NWSR 保护工作的协调统一。

前期研究方面的修订内容主要是提高前期研究的科学性和保护性。对于潜在的 NWSR：一方面，要确保足够的空间范围和时间保证；另一方面，要确保研究对象在研究阶段能够得到足够的保护。这种规定有利于在研究期内维持河流价值的稳定性，确保科学研究的系统性和完整性，提高对河流价值认识的准确性及河流保护的有效性。

河流管理方面的主要修订内容包括管理范围和管理规划的相关规定补充及细化。其中，1986 年关于"综合管理计划"（comprehensive management plan，CMP）的修订最具有代表性。通过修订，河流的研究、指定、发展、管理统一于综合管理计划之中，提高了 NWSRS 管理的系统性；对管理权、使用权、地役权等做出了明确规定，确保河流价值在不被破坏的前提下，尊重私人及社区的合理所有权及使用权，切实将 NWSR 周边居民纳入河流保护阵营，体现 NWSRS"河流保护与社区发展双赢"的宗旨。

管理机制的完善。NWSRS 管理机制具有"联邦管理为主，混合管理或地方管理为辅"的特点，早期的 NWSRS 由美国林务局（Forest Service）、美国国家公园管理局（National Park Service）、美国土地管理局（Bureau of Land Management）、美国鱼类与野生动物管理局（Fish and Wildlife Service）四大联邦管理机构进行单独管理或联合管理（Jenning，2008）。但随着数量的增加，在考虑部分 NWSRS 的资源所有者及使用者关系时，联邦开始将州政府、县等地方政府纳入管理主体中（IWSRCC，1999a）。目前，NWSRS 形成了四种单元管理模式：联邦机构单独管理、联邦机构合作管理、州政府单独管理、联邦机构-州政府-地方政府共同管理。联邦机构一直是 NWSR 最主要的管理主体，州政府单独或参与管理的 NWSR 数量稀少，仅有 26 段。

随着单元数量的增加和管理主体的增多，如何协调各个管理主体之间的关系，成为整个 NWSRS 发展必须重点考虑和优先解决的问题。1993 年，一些环保组织向联邦政府建议，应成立一个新的跨机构协调组织。随后，土地管理局、国家公园管理局、林务局三家管理机构代表，在波特兰对协调组织性质及责任内容进行商讨，并形成草案（Diedrich，2002）。1995 年 4 月，这些机构和美国鱼类与野生动物管理局一起即四大联邦管理机构的负责人在华盛顿特区签署了《荒野风景河流管理机构间协调委员会章程》（IWSRCC，2016），由内政部和农业部副部长共同批准荒野风景河流管理机构间协调委员会（Interagency Wild and Scenic Rivers Coordinating Council，IWSRCC）正式成立。IWSRCC 通过联席会议方式发挥协调作用，每年举行一次工作会议，任何与 NWSR 相关的利益相关主体及公民均可参与；平时各个管理机构的负责人则通过视频会议讨论紧急事件。IWSRCC 已成为各机构共同管理 NWSRS 的重要平台，加强了跨部门的合作管理及协调统一，完善了管理机制。

3. 平稳发展阶段（1996 年至今）

经过近 40 年的发展，NWSRS 在一定程度上实现了对重点河流突出价值的保护，在政治环境、经济能力没有发生重大变化的情况下，NWSRS 的发展进入了平稳阶段。各个联邦管理机构在重新审视 NWSRS 发展的基础上，分析了自身管辖的 NWSRS 成败之处，并提出相应提升措施，已实现了 NWSRS 政府机构治理和单元管理的自我完善，以美国林务局和美国国家公园管理局的举措最有代表性，这一期间新增的 NWSR 均由这两个机构努力完成保护并接受其管理。

美国林务局提出了“2010～2014 年荒野及荒野风景河流项目计划”。NWSRS 成立以来，美国林务局一直是保护河流、推动体系发展最重要的机构之一，在 NWSR 的规划、管理等方面形成了一套完善的措施。2009 年，美国林务局制订了详细的“2010～2014 年荒野及荒野风景河流项目计划”，该计划在野外工作、规划、制度更新、培训、教育、立法支持、志愿者管理、资源监控、增加资金渠道等方面，加强了对 NWSR 的监督与管理，其旨在提高体系支持度、提高管理能力和管理效率（Forest Service，2009）。

美国国家公园管理局提出了 NWSRS 管理新计划，并成立指导委员会。2007 年，美国国家公园管理局的 NWSR 专案组在总结管理经验时指出：首先，国家公园管理局在 NWSR 的管理上存在一系列问题，如法律授权不足、管理行为不够一致、缺乏工作培训等。其次，现有的管理措施和手段未能很好地解决 NWSRS 及其周边发生的现实问题。最后，环保组织——美国河流协会发布的《最濒危河流名录》提出，国家公园管理局管辖范围内每年至少增加 2 段 NWSR，而现有的保护力度远不及此。因此，国家公园管理局创建了一个新的 NWSR 管理计划，并成立指导委员会，其主要内容包括巩固管理、协助员工培训、推广监督计划、建设更多的 NWSR 等内容（Sue，2008）。

3.1.2　主要类型

1. 分类标准

对 NWSR 进行分类的重要意义在于指导不同类型 NWSR 的管理。在资格认定、规划、管理等各方面，不同类型的 NWSR 要求不同，实施分类管理有利于在河流价值保护和游憩者体验之间找到规划和管理的平衡点，从而更好地履行《荒野风景河流法案》的宗旨。

在确定分段时应考虑的因素：①河流周边的土地状况及所有权。考虑河流周围土地的利用情况、所有权归属以及可能的变化，确保分段后对河流生态系统的保护和管理有利。②河流状态的变化。考虑河流上游是否存在大坝、水库等水利设施，对河流水文条件和生态环境的影响，以便确定分段的范围和措施。③河流开发类型及程度。考虑河流沿岸的基础设施建设情况，包括公路、铁路等交通建设对河流环境的影响，以便合理确定分段和划定边界。④结合现有的重要资源价值，考虑河流及周边地区的重要资源价值，如地质、生物多样性等，保护具有重要意义的资源，确保区域得到有效保护和管理。分段河流的长短并没有具体要求，只要其长度能够保证河流杰出的突出价值得到保护。

具体来说，NWSRS 的分类依据有水资源利用、河岸线发展、可进入性、水体质量四个属性，分别从水利工程利用、河岸利用、交通现状、水质四个方面进行分析，从而确定适宜的河流类型。三种类型分别是：荒野型（wild）、风景型（scenic）和游憩型（recreational）。NWSRS 的这种分类通常不是针对不同河流进行分类，而是针对同一条河流的不同河段进行分类。因此，一条 NWSR 单元通常同时含有 2～3 种类型的河段。例如，地处蒙大拿州的密苏里河，是土地管理局管理的 NWSR，其有 103km 属于荒野型河段，有 41.8km 属于风景型河段，有 252.7km 属于游憩型河段。

水资源利用是指人类控制地表水和地下水，并直接实现灌溉、发电、给水、航运、养殖等用途，水资源的形态包括江河、湖泊、井、泉、潮汐、港湾和养殖水等。

河岸线发展是指在河岸两边一定范围内人类对河岸土地的利用情况，包括河岸社区发展、家畜放牧、农作物种植等活动。将一条河流纳入 NWSRS 的前提工作之一就是要确定其边界，边界以内的河岸线使用情况对于保证整个河段生态系统的完整性具有重要影响。

可进入性是指河流游憩资源所在地同外界交通往来的通畅和便利程度。NWSRS 以保护为主，因此并不要求河流的可进入性十分通畅。相反，那些可进入性较差、没有太多人际活动的河段更应该得到保护，以保持其较原始的生态系统。

水体质量是指水体中污染物和其他物质浓度的水平，反映了河水的清澈程度和水质的好坏。水质直接影响着水生生物的生存、栖息和繁殖，也影响着人类对水的使用，如用水、戏水等活动。不同类型的荒野风景河流对游憩利用有不同要求。因此，水质也成为划分荒野风景河流类型的依据之一。

2. 类型特点

依据水资源利用、河岸线发展、可进入性以及水体质量，将所有的 NWSR 分为荒野、风景、游憩三种类型，不同类型对水资源利用、河岸线发展、可进入性、水体质量四个属性有着不同的要求。

（1）荒野型。水资源利用方面禁止蓄水，即不允许在荒野型河流中建设水库或大坝，以维持河流的自然状态。在河岸线发展方面，河岸线基本保持原始状态，很少或没有人类活动的迹象。允许存在具有历史或文化价值的建筑物，少量的家畜放牧或干草生产是可接受的。木材采伐活动要受限制或不被允许。在可进入性方面，除了小路外基本不能进入，在河流区域内没有公路、铁路或其他车辆出行设施，但一些通往河域边界的现有道路是可以接受的。保证水体质量符合联邦政府批准的标准，以确保河流栖息地的鱼类和野生动物正常繁殖。对于直接接触水体的游憩活动（如游泳），水质必须符合相应标准。

（2）风景型。在水资源利用方面也禁止蓄水。在河岸线发展方面，河段大体上是原始的和未开发的状态；没有人类活动的实质性证据，只有一些小社区、分散的住宅或农场构筑物，以及一些家畜放牧、干草生产或不影响美观的农作物；过去或正在进行的木材采伐也是可以接受的，但前提是保持从河岸看起来很自然的森林景观。在可进入性方面，允许一些地方通过公路进入；可以在河上建桥；可以接受短的、显眼或较长的、不显眼的公路或铁路。在水体质量方面，《荒野风景河流法案》没有规定标准，但 1972 年《联邦水污染控制法案修正案》提出了一个国家目标：美国所有的水域可钓鱼和游泳。因此，纳入 NWSRS 的河流，其水体质量必须至少满足可钓鱼和游泳，高于中国的Ⅲ类地表水质标准。

（3）游憩型。在水资源利用方面，NWSRS 允许保存现有的细微工程，但不能影响河流水体的自然流动外观。在河岸线发展方面，允许一定程度的开发，包括人类活动的实质性证据、广泛的住宅开发和一些商业建筑的存在，土地可为农业和林业全方位使用，可能显示过去和正在进行的木材采伐的证据。在可进入性方面，要求较为宽松，可以很容易地通过公路或铁路进入；在河道的一侧或两侧，允许平行于河道的公路或铁路以及桥梁通道等接入点。在水体质量方面，必须至少可满足可钓鱼和游泳。具体分类标准如表 3-1 所示。

表 3-1　美国国家荒野风景河流分类

属性	荒野型	风景型	游憩型
水资源利用	禁止蓄水	禁止蓄水	允许保存现有的细微工程，但不能影响河流水体的自然流动外观

续表

属性	荒野型	风景型	游憩型
河岸线发展	基本上是原始的； 很少或没有人类活动的证据； 一些不起眼的构筑物存在，尤其是那些具有历史价值或文化价值的构筑物是可以接受的； 数量有限的家畜放牧或干草生产是可以接受的； 周边很少或没有过去木材采伐的证据，没有正在进行的木材采伐	河段大体上是原始的和未开发的； 没有人类活动的实质性证据； 小社区、分散的住宅或农场构筑物，家畜放牧、干草生产或不影响美观的成排农作物是可以接受的； 过去或正在进行的木材采伐是可以接受的，前提是森林从河岸看起来很自然	允许一定程度的开发，以及人类活动的实质性证据； 广泛的住宅开发和一些商业建筑的存在也是允许的； 土地可为农业和林业全方位进行使用； 可能显示过去和正在进行的木材采伐的证据
可进入性	除了小路外基本不能进入； 在河流区域内没有公路、铁路或其他车辆出行设施； 一些现有的通往河域边界的道路是可以接受的	允许一些地方通过公路进入； 可以在河上建桥； 可以接受短的、显眼或较长的、不显眼的公路或铁路	可以很容易地通过公路或铁路进入； 在河道的一侧或两侧，允许平行于河道的公路或铁路以及桥梁通道等接入点
水体质量	确保适应河流栖息地的鱼类和野生动物正常繁殖； 保证可以开展一次接触或者在水中的游憩活动（如游泳）； 水体质量必须符合或超过联邦政府批准的标准	《荒野风景河流法案》没有规定标准， 1972 年《联邦水污染控制法案修正案》已将“所有的水域可钓鱼和游泳”作为美国水治理的国家目标。 只要存在或正在制定符合联邦、州法律的水质改善规划，河流不会因为研究时水质差而被排除在风景型或游憩型河段之外	

注：根据 IWSRCC 的技术报告 *The Wild and Scenic River Study Process* 进行整理。

此外，在研究过程中，若一段河流由于水质较差而不能被纳入风景型及游憩型的分类，则需提供并实施一个适应联邦和州法律的水质改善规划。

需要提出的是，NWSR 分类是一种平行分类，各种类型之间不存在价值梯度，不同类型的河流享受同级的保护待遇。

3. 类型数量

NWSRS 中河流管理单元数量和长度数量与管理机构的使命密不可分。四个联邦政府机构管理单元数量和河段长度都远远大于地方政府，分别占到 93.4%和 92.1%。美国林务局隶属于农业部，主要保护国家森林，保护森林免遭破坏，以“多用途持续利用”对待自然资源，其管理 NWSR 长度占比高达 38.8%，单元数量占比更是达到 54.9%（表 3-2）。这意味着在 NWSRS 中，美国林务局拥有更多的话语权，起到了一定的主导作用。

表 3-2　美国国家荒野风景河流体系管理情况

管理机构	长度/km			长度占比/%	数量/段	数量占比/%
	荒野型	游憩型	风景型			
美国林务局	3037.2	3200.3	2130.8	38.8	124	54.9
美国国家公园管理局	2831.6	1298.6	1342.5	25.4	35	15.5

续表

管理机构	长度/km			长度占比/%	数量/段	数量占比/%
	荒野型	游憩型	风景型			
美国土地管理局	2639.3	964.2	723.9	20.0	45	19.9
美国鱼类与野生动物管理局	1678.5	0.0	12.9	7.8	7	3.1
州政府	216.3	810.0	559.9	7.3	15	6.6
其他	8.0	112.7	18.7	0.6	0	0
小计	10410.9	6385.8	4788.7			
总计		21585.4		100	226	100

注：数据截至 2021 年 12 月底；数据来源 www.rivers.gov；一个国家荒野风景河流单元一般有一个主要的管理机构，还可以包含多个管理机构。

美国国家公园管理局、美国土地管理局、美国鱼类与野生动物管理局都隶属于美国内政部，它们的职责都涉及国家自然资源和文化、遗产资源和土地资源管理，三家机构管理的长度占比也很大，达到 53.2%，单元数量占比为 38.5%。州政府与其他管理机构（如印第安人保留地、陆军工兵团等）管理的长度占比则较小，只有 7.9%，管理的单元数量占比只有 6.6%。

NWSRS 不同的河段类型也与其管理机构有着密切的关系。总体上看，由于荒野型 NWSR 不能有任何破坏河流生态系统的活动，一般地处自然保护地（如国家森林、国家公园等）周边，其管理以联邦政府机构为主；而游憩型 NWSR 和风景型 NWSR 允许存在低强度的利用和开发，一般地处城市和乡村周边，因此有一部分管理权限下放给地方政府管理。

从具体的管理机构来看，美国鱼类与野生动物管理局管理的荒野型 NWSR 的长度明显大于另外两种类型的 NWSR 长度。该机构的职责就是保存、保护鱼类、野生动物、植物和改善它们的栖息地，这也与荒野型河流旨在保护栖息地的目标相匹配。

4. 游憩安排

NWSRS 对不同类型河流的游憩活动有不同的要求。虽然游憩设施、管理区、进入设施（如码头）都可以建在接近河流的地方，但是就算是游憩型 NWSR 也要求不要建设大量的游憩设施。任何有可能影响河流自流状态的游憩项目都将被视为水资源利用项目。

（1）对于游憩型 NWSR，可以建设大型露营地、解说中心、管理区等公共使用场所，但都应建在河流廊道之外。

（2）对于风景型 NWSR，可以建设中型露营地、简单的卫生及便利设施、信息中心、管理区等公众设施，都允许建在河流廊道范围内。但所有这些设施的建设都必须与当地的自然文化景点相和谐，不影响河流价值的保护，并尽可能地保证在河流中心的这些设施不在视线范围内。

（3）对于荒野型 NWSR，只能建设小型的设施，在与当地的原始条件相适应的情况下，可建在廊道之内。必要的卫生及便利设施应该建在与河床有一定距离的地方，并保证在河流中心的这些设施不在视线范围内。另外，这类设施都必须是有利于保持和提高河流价值的。

3.1.3　空间分布

NWSRS 的建立改变了美国河流开发和保护之间的平衡（Palmer，2017），也引起了学术界对 NWSRS 的广泛关注。由于缺少有关 NWSR 空间分布的系统研究，NWSR 空间分布特征尚不完全清楚。在将 NWSR 抽象成点状单元的基础上，本节探索河湖保护地空间特征的分析方法，运用核密度、线密度计算探讨 NWSR 的空间数量分布，并耦合美国自然地理与社会经济主要表征，对 NWSR 空间分布特征及其影响因素进行多角度分析。

1. *研究方法*

NWSR 空间分布数量分析。基于 NWSRS 官网（www.rivers.gov）提供的工作地图，借助谷歌地图（Google Earth），将 NWSRS 线状河流进行质心抽象化，处理为点状单元，并赋予这些点长度、建设时间等属性（朱里莹等，2017）。基于点状单元，从时空角度对 NWSR 发展进行数量分析。

NWSR 空间分布线密度计算。目前，面积密度是计算保护地分布密度的主要方法。IUCN 在比较世界各洲及不同国家和地区陆地保护地分布情况时，都采用面积密度法，即保护地面积占整个区域面积的比例，反映某一区域内保护地分布的整体情况（Nigel，2008）。河流线状形态决定了河湖保护地呈线状分布，与其他类型陆域保护地呈片状或带状分布明显不同。因此，对于线状分布的河湖保护地，不宜用面积密度表征其空间分布，而用线密度更能准确地描述出河湖保护地的空间分布情况。

河流密度是指单位面积内的河流长度，它是分析区域河流分布特征的一个重要指标（曹卫斌等，2015）。借鉴此概念，用单位面积内的 NWSR 长度，即河湖保护地线密度，来描述 NWSR 的空间分布。NWSR 线密度（D）的计算方法为区域内所有 NWSR 的总长度（L）除以该区域总面积（A），公式为

$$D = L/A \tag{3-1}$$

将 NWSR 空间分布数量、核密度、线密度等数据，进一步与自然生态分区（地理、生态、河流）和社会经济条件［人口密度、地均国内生产总值（gross domestic product，GDP）、大坝密度等］进行叠加分析（付励强等，2015；潘竟虎和张建辉，2014；刘国明等，2010；王远飞和何洪林，2007），探讨 NWSR 空间分布特征和影响 NWSR 空间分布的主要因素。

2. 总体状况

NWSR 数量分布。NWSR 单元在美国各个州之间的空间分布极为不均（图 3-2）。从数量来看，NWSR 单元数量较多的是俄勒冈（59）、阿拉斯加（25）、加利福尼亚（23）三个州，占到各州 NWSR 单元数量总和的 51.44%。全美有 18 个州的 NWSR 单元数量仅为 1 个，这些州大多位于东部地区。另外，印第安纳、艾奥瓦、堪萨斯、马里兰、内华达、北达科他、俄克拉何马、罗得岛、弗吉尼亚及夏威夷 10 个州没有 NWSR 单元，这些州主要集中在中部大平原区域。

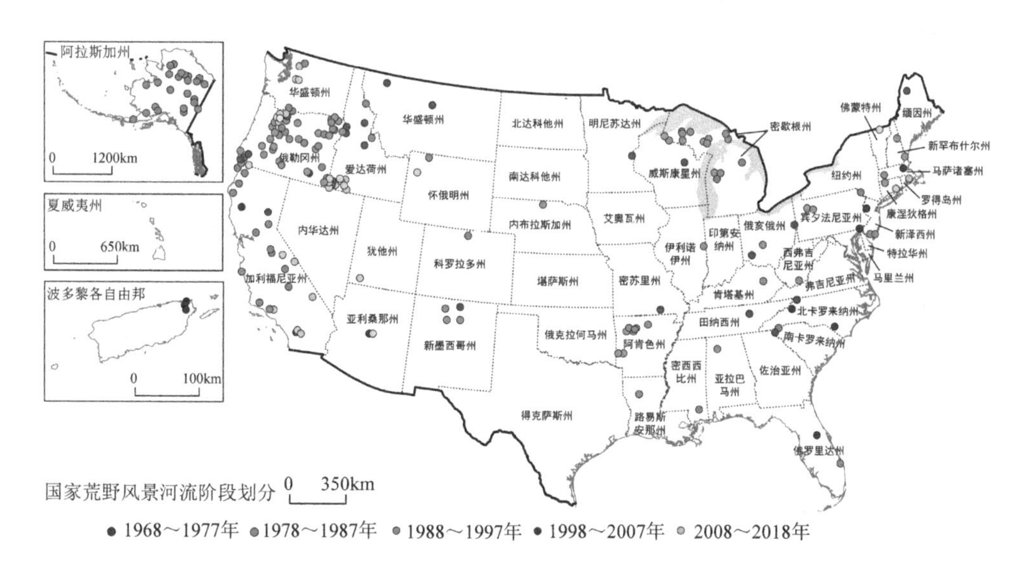

图 3-2　美国国家荒野风景河流体系州尺度空间分布特征及阶段发展

从 NWSR 长度来看，排前三位的是阿拉斯加（5164.89km）、加利福尼亚（3217.36km）、俄勒冈（3083.97km），3 个州 NWSR 长度之和占全国 NWSR 总长度的 54%。NWSR 长度最短的是新英格兰地区，6 个州 NWSR 长度之和仅有 584.07km。另外，波多黎各有 3 个 NWSR 单元，但总长度不到 10km。

美国河流总长度为 5711691km，其中 NWSR 长度为 21261.81km，仅占全美河流总长度的 0.37%。NWSR 长度占州域河流总长度比例最高的州是特拉华（4.34%）、新泽西（4.08%）、马萨诸塞（1.79%）和俄勒冈（1.73%），绝大部分州

NWSR 长度占州域河流总长度的比例不到 1%。特拉华和新泽西两个州 NWSR 长度比例较高，缘于州域河流较短，特拉华州域河流长度只有 3512km，是美国本土河流最短的州，新泽西（10378km）、康涅狄格（9377km）也是河流长度较短的两个州。

美国国土面积约为 962.90 万 km^2，NWSR 长度为 21261.81km，NWSR 线密度为 $0.0022km/km^2$，每 $1000km^2$ 土地上只有 2.2km 的 NWSR。NWSR 线密度较高的州依次是特拉华（$0.030km/km^2$）、新泽西（$0.022km/km^2$）、俄勒冈（$0.012km/km^2$）。特拉华和新泽西州域面积较小，因而 NWSR 线密度较高。俄勒冈州有 59 个 NWSR 单元，长度为 3083.97km，NWSR 长度占州域河流总长度的 1.727%，NWSR 线密度较高，为 $0.012km/km^2$，各项指标居前。

NWSR 集聚分布。通过点状单元的核密度计算分析，NWSR 空间集聚分布有一定规律性，由低到高可以分为稀疏、次稀疏、中等、密集、高密集五个等级（图 3-3）。

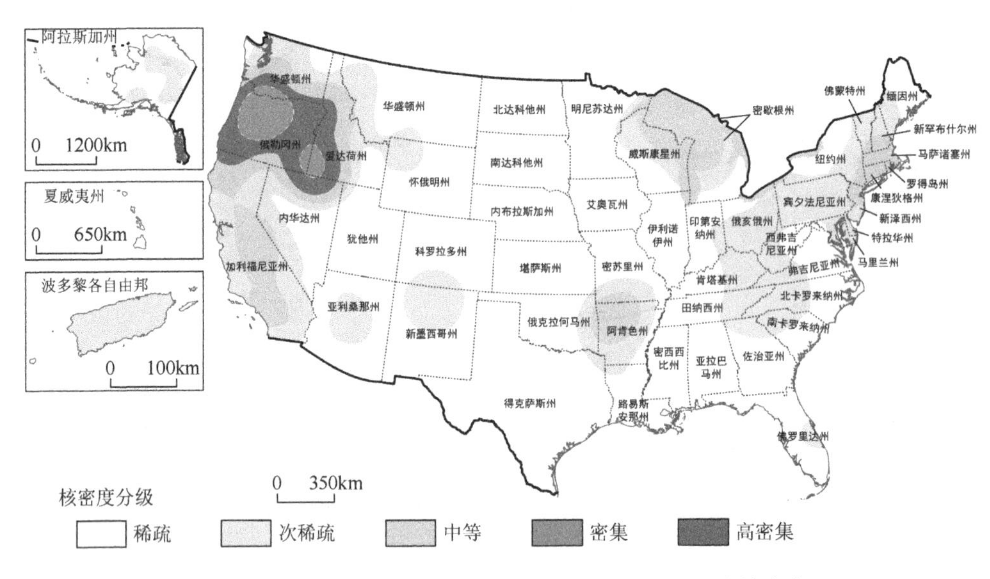

图 3-3　美国国家荒野风景河流体系在全美的空间分布核密度

NWSR 高密集区主要集中在两个区域：一是俄勒冈、华盛顿两州交界区域；二是俄勒冈、爱达荷与加利福尼亚三州交界区域 NWSR 密集区分布于俄勒冈、爱达荷、加利福尼亚；NWSR 中等区扩展到太平洋海岸、五大湖区域、阿拉斯加；NWSR 次稀疏区扩展到太平洋区域、五大湖区域、阿拉斯加、阿巴拉契亚山脉；NWSR 稀疏区主要集中在大平原和山间高地区域。

NWSR 时空格局。为了探讨相同时间范围内 NWSR 在全美不同空间发展的情况，将 50 年发展历程分为五个阶段（表 3-3），结果表明：不同阶段，NWSR 的空间发展方向不同（图 3-2），但西部地区始终是 NWSR 发展的重点区域。

表 3-3　不同阶段美国荒野风景河流体系发展数量及重点发展区域

发展阶段	增加单元数量/个	重点发展区域
第一阶段（1968～1978 年）	18	爱达荷
第二阶段（1979～1988 年）	51	阿拉斯加、加利福尼亚
第三阶段（1989～1998 年）	85	俄勒冈、密歇根
第四阶段（1999～2008 年）	11	波多黎各
第五阶段（2009 年至今）	43	俄勒冈、爱达荷、加利福尼亚
总计	208	

第一阶段：NWSR 在全国都有分布，单元数量较多的区域是西部的太平洋海岸、山间高地、落基山脉区域，以及东部的阿巴拉契亚高地周边。

第二阶段：重点发展区域是阿拉斯加州和西部太平洋海岸，NGO 和联邦机构发挥了重要作用。其中，重点州是阿拉斯加、加利福尼亚，尤其是阿拉斯加州在 1980 年就将 25 段河流纳入 NWSRS 之中，完成了该州全部 NWSR 建设。早在 1970 年，阿拉斯加谢拉俱乐部（Sierra Club's Alaska）就致力于宣传阿拉斯加州河流的独特与原始；来自国家公园管理局的 John Haubert 也强调“50000 英亩[①]（约合 202.5km^2）的河流比 50000 英亩的荒野或国家公园重要得多”（Palmer，1993），他的努力使河流保护计划在内政部获得通过。这些工作推动了《阿拉斯加国家利益土地保护法》（*Alaska National Interest Lands Conservation Act*）的颁布，该法案使 NWSR 总长度陡增 1.4 倍。

第三阶段：NWSR 单元数量发展最多的时期，全国共增加 85 个 NWSR 单元，重点发展区域是俄勒冈州和密歇根州。尤其是俄勒冈州，在 1988 年被国会指定了 37 个 NWSR 单元，地方政府和 NGO 功不可没（Bonham，2000）。1988 年，俄勒冈州的环保主义者运用“公共河流保护”（public-land river protection）概念成功说服州议会通过了《全州综合法案》（*Statewide Omnibus Bill*）。同时，州政府、NGO 为了响应美国林务局保护公共土地上河流的政策，说服美国林务局优先将其州内的河流纳入研究范围，并促成国会通过《1988 年俄勒冈州综合荒野风景河流法》（*Omnibus Oregon Wild and Scenic Rivers Act of 1988*）。

第四阶段：NWSR 单元数量发展最少的时期，全国只增加了 11 个 NWSR 单

① 1 英亩≈0.405hm^2；1hm^2≈0.01km^2。

元，主要位于东部大西洋沿岸地区及波多黎各。西部区域只划定了 2 个 NWSR 单元，中部区域基本没有。

第五阶段：NWSR 单元数量发展主要集中在西部太平洋海岸的俄勒冈、爱达荷、加利福尼亚三个州。东部地区只增加了 3 个 NWSR 单元，中部地区基本没有增加。

3. NWSR 空间分布与自然地理表征

自然地理分布特征。美国自然地理分区包括大西洋平原、阿巴拉契亚高地、内陆平原、内陆高地、落基山脉、山间高地、太平洋山地、加拿大地盾 8 大分区（不包括阿拉斯加及夏威夷）（Atwood，1940）。将 NWSR 空间分布与自然地理分区进行叠加分析，得出 NWSR 单元在不同自然地理分区的数量分布特征（图 3-4）：西部密集，中部零散，东部稀疏。NWSR 分布比较集中的区域是西部的太平洋海岸、山间高地、落基山脉三个自然区域，区域面积占全国的 38.73%，NWSR 单元数量却占到全国的 67.32%（表 3-4），特别是太平洋海岸的 NWSR 单元数量占到全国的 28.85%，但区域面积仅占全国的 7.52%。与此相反，内陆平原区域面积占到全国的 36.49%，但 NWSR 单元数量只占全国的 13.46%；加拿大地盾、海岸平原及阿巴拉契亚高地三个自然区域总面积占全国的 24.51%，NWSR 单元数量只占全国的 17.78%。

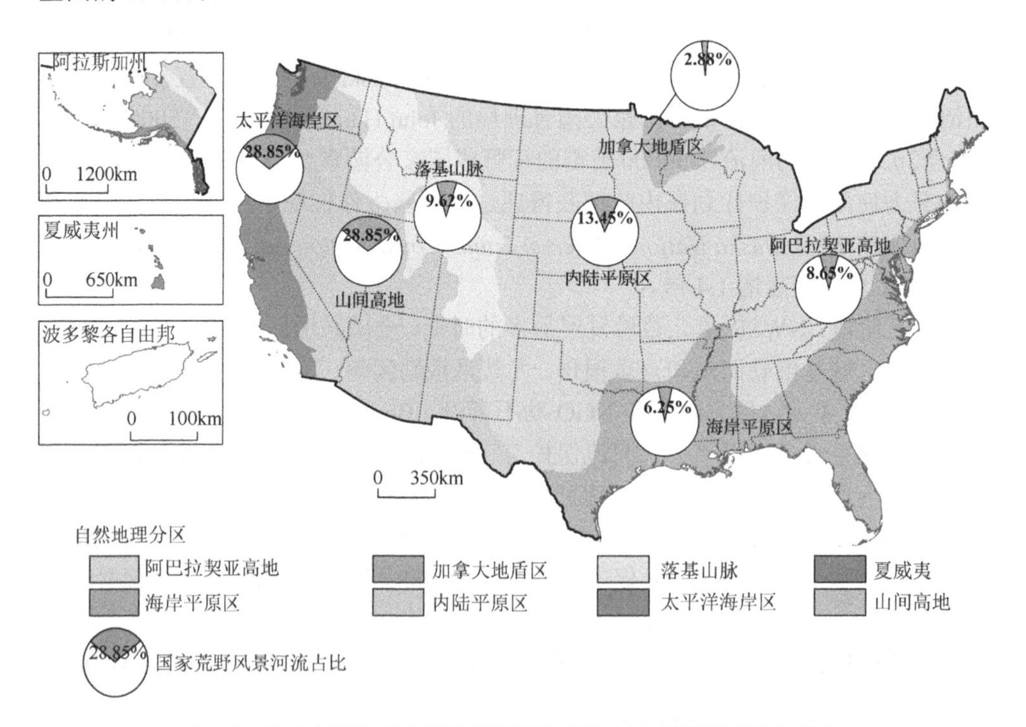

图 3-4　基于自然地理分区的美国国家荒野风景河流体系空间分布

表 3-4　美国荒野风景河流体系在不同自然地理分区中的数量分布

自然区域	面积/万 km^2	面积占比/%	单元数量/个	数量占比/%
太平洋海岸	72.41	7.52	60	28.85
山间高地	209.64	21.77	60	28.85
落基山脉	90.93	9.44	20	9.62
内陆平原	351.44	36.49	28	13.46
加拿大地盾	12.45	1.29	6	2.88
海岸平原	145.77	15.13	13	6.25
阿巴拉契亚高地	77.94	8.09	18	8.65
夏威夷	1.66	0.17	0	0
波多黎各	0.91	0.09	3	1.44

生态分区分布特征。根据美国全境陆地表面气候、植被、土壤等因素，建立了 I 级（大区，domain）- II 级（亚区，division）-III级（小区，province）三级生态分区体系（孙小银等，2010；Bailey，1988），NWSR 在不同层级不同类型生态分区内的数量分布不同。生态大区的控制因子是气候（降水和气温），四个生态大区分别为极地、温湿润、干旱和热湿润。四个 I 级生态区内的 NWSR 分布数量依次为 25 个、121 个、58 个和 4 个。热湿润区仅占国土面积的 0.5%，NWSR 数量也非常少。

II 级生态区主要基于植被分类(如草原或森林)和土壤分带，除沙漠亚区(320)外，其余 II 级生态区均分布有 NWSR。其中，温暖大陆性气候（210)、热带（220)、海洋（240)、地中海（270）等生态亚区内的 NWSR 单元数量较多。III级生态区的控制因素为演替顶极植物群系，地形也是重要的划分因子。NWSR 单元比较集中的生态小区是联混交梯级混交林（242M)、劳伦森混交林（212L)、山间半沙漠(342)，三个小区总面积只占全国的 10.94%，但 NWSR 单元数量占到全国的 38.4%。

河流分区分布特征。美国河流主要分为太平洋、大西洋两大水系，落基山脉以西属太平洋水系，落基山脉以东属大西洋水系。两大水系又可以进一步分为 21 个流域（图 3-5)。从数量分布来看，NWSR 主要集中在西北太平洋沿海、加利福尼亚、阿拉斯加及五大湖流域，四个流域 NWSR 单元总数约占全国的 72.12%，但流域面积只占全国的 30.60%。其中，西北太平洋沿海流域是 NWSR 单元分布数量最多（占比为 39.42%）的流域，但该流域面积只占全国的 7.58%。加利福尼亚、阿拉斯加两个流域的 NWSR 单元数量占比均超过了 10%，但两个流域面积占比均未到全国的 5%。这几个流域的河流都是山地型河流，具有较高的生态价值。

从长度分布来看，NWSR 也主要集中在阿拉斯加、西北太平洋、加利福尼亚及五大湖流域，这四个流域 NWSR 长度约占全国的 71.45%，NWSR 长度占比与数量占比基本一致。阿拉斯加流域是 NWSR 长度占比最高的区域（25.21%)。

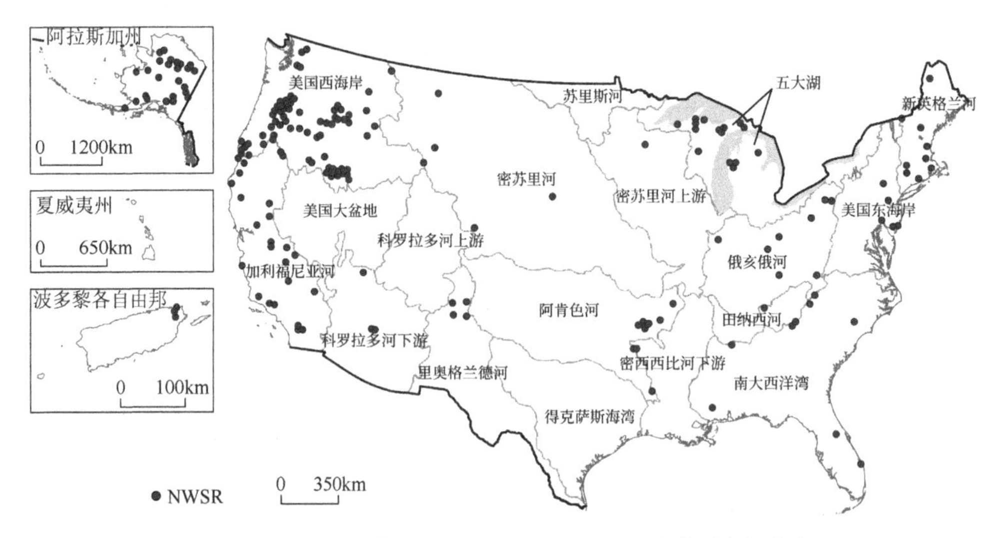

图 3-5　基于不同流域的美国国家荒野风景河流体系空间分布

密西西比河是世界第四大河流、美国第一大河流，其流域面积占全国的39.57%，NWSR 数量只占全国的 12.02%，NWSR 长度只占全国的 14.36%。密西西比河中下游地势平坦，人类活动干扰强，且河流形态单一，观赏和游憩价值不高，使其成为 NWSR 分布最为稀疏的流域。另外，得克萨斯海湾、大盆地内陆、科罗拉多河上游三个流域面积都很大（合计约占国土面积的 12.03%），却没有 NWSR 分布，因为这些流域大多地处大平原，河流功能以生产、生活为主。

4. NWSR 空间分布与社会经济表征

人口密度分布特征。人口密度是一个区域重要的社会指标。研究表明，州域的人口密度与 NWSR 线密度之间没有显著的相关性（图 3-6）。俄勒冈（OR）和马萨诸塞（MA）两个州的人口密度相差很大，分别为 15.41 人/km^2 和 322.46 人/km^2（美国

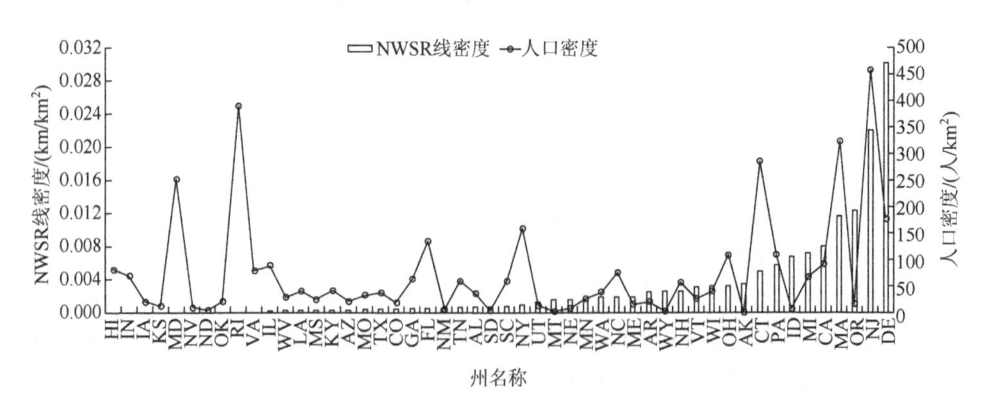

图 3-6　不同州的人口密度与 NWSR 线密度比较

全国平均水平为 33.69 人/km²），但两个州的 NWSR 线密度相当，在 0.012km/km² 左右。

为了进一步验证两者之间的相关性，采用斯皮尔曼（Spearman）等级相关系数进行检验。首先，对人口密度、NWSR 线密度两个变量数值进行标准化，通过 P-P 图检验，其变量均不服从正态分布特征，在对 Spearman 等级相关系数和皮尔逊（Pearson）简单相关系数的选取中，考虑用 Spearman 等级相关系数进行变量间的相关性检验。结果表明，人口密度和 NWSR 线密度之间没有显著相关性（图 3-6）。

地均 GDP 分布特征。GDP 是衡量区域经济发展水平的重要指标。但某一个行政区域的面积大小会影响区域经济总量。因此，地均 GDP 能更为客观地反映区域经济水平，即每平方米面积上产生百万美元 GDP。从图 3-7 可以看出，各个州的地均 GDP 与 NWSR 线密度之间没有明显的相关性。俄勒冈和马萨诸塞两个州的地均 GDP 也相差很大，分别为 0.025 亿美元/km² 和 0.673 亿美元/km²，但两个州的 NWSR 线密度相当，在 0.012km/km² 左右。

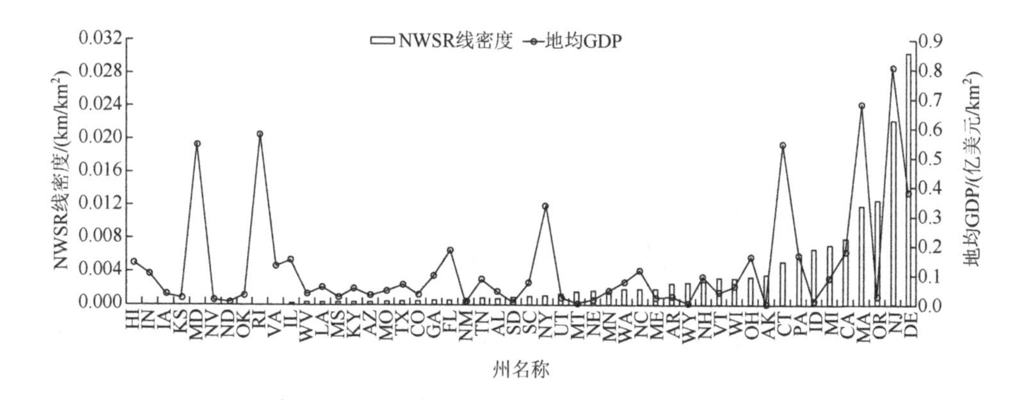

图 3-7　不同州的地均 GDP 与 NWSR 线密度比较

对地均 GDP 变量数值标准化后，因地均 GDP 变量不服从正态分布，故采用 Spearman 等级相关系数进行变量间的相关性分析。结果表明，地均 GDP 和 NWSR 线密度之间没有显著相关性。

水坝密度分布特征。流域内的水坝数量，尤其是单位河长的水坝数量（即水坝线密度）是水资源丰富程度和利用程度的重要表征。截至 2018 年 6 月底，美国拥有水坝 90580 座，平均每 100km 河流有水坝 1.59 座，但其中超过 100ft（ft 表示英尺，1ft = 30.48cm）的水坝只有 1687 座，占比不到 2%，绝大部分为 15m 以下的低坝（约占 93%）。以两者的平均值（水坝平均密度为 1.59 座/100km，NWSR 平均长度占比为 0.37km/100km）作为分界线：水坝密度大于 1.59 座/100km 则为高，小于 1.59 座/100km 则为低；NWSR 长度占比高于 0.37km/100km 则为大，低于 0.37km/100km 则为小。通过绘制散点图及象限图（图 3-8），形成四种组合关系，探讨水坝密度和 NWSR 长度占比之间的关系。

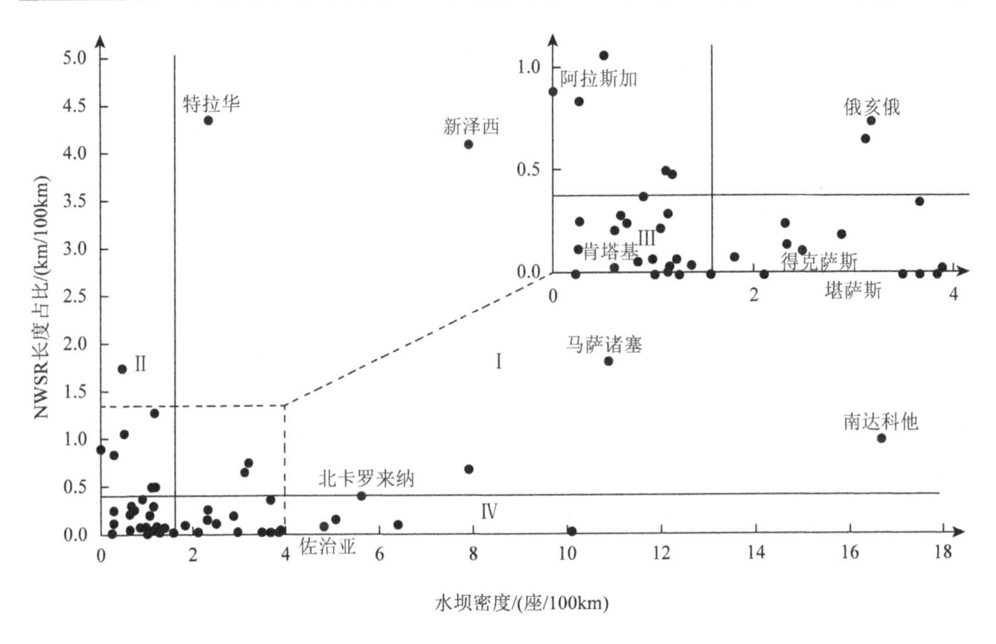

图 3-8　水坝密度与 NWSR 长度占比之间的关系

第一种类型：水坝密度高、NWSR 长度占比大的州，如第一象限中的新泽西等。该类型中的 8 个州拥有的 NWSR 单元数量为 16 个，长度为 1674.16km。该类型的 8 个州均在东部地区，由于人口较多、面积较小，河流开发程度较高，从而水坝密度较大。同时，州域内的河流长度较短，NWSR 建设容易使其占比较大。

第二种类型：水坝密度低、NWSR 长度占比大的州，如第二象限中的阿拉斯加等 8 个州，是 NWSR 数量和长度最集中的 8 个州。在数量方面，该类型的 8 个州拥有 150 个 NWSR 单元，约占 NWSR 全部数量的 72%；在长度方面，该类型的 8 个州拥有的 NWSR 长度为 15715.10km，约占 NWSR 总长度的 74%。

第三种类型：水坝密度低、NWSR 长度占比小的州，如第三象限的肯塔基等。该类型中的 17 个州拥有的 NWSR 数量单元为 30 个，长度为 2624.60km。该类型的州水坝建设和 NWSR 均较少，主要是自然原因（如降水偏少）导致河流不发达或者河流长度较短。以内华达州为例，其水坝密度仅为 0.24 座/100km，NWSR 长度占比为 0。

第四种类型：水坝密度高、NWSR 长度占比小的州，如第四象限的得克萨斯等。该类型中的 17 个州拥有的 NWSR 单元数量为 9 个，长度为 1233.62km。中部的得克萨斯（7395 座）、堪萨斯（6403 座）、佐治亚（5420 座）是全美水坝数量较多的三个州，这些水坝都以低坝为主，主要服务生产和生活，但该区域的河流生态价值不明显，NWSR 总长度分别为 307.64km、0km、79.16km。

从 NWSR 单元数量和长度占比最集中的第二象限可以看出，水坝密度与 NWSR 长度占比之间存在一定的此消彼长的关系，水坝建设必定改变河流的自流状态，而 NWSRS 旨在保护河流的自流状态，并且往往在争夺自然价值突出的相同河流。从历史来看，水坝建设尤其是美国西部大坝建设对 NWSR 发展有十分重要的促进作用。1900 年开始，美国大力推进“把荒漠变成花园”（make the desert bloom）的“西进运动”，开始在西部地区修筑水坝、修凿运河和导管等一系列水利工程建设（孙小银等，2010）。水坝建设虽然推动了美国西部经济发展，但使一部分河流不断遭到破坏，生态环境问题接踵而至。两次世界大战之后，美国迎来了建坝的第二次高潮，西部是美国坝高超过 100m 的大坝最集中的区域，该区域成为保护河流“反坝运动”的主战场，也是 NWSR 建设的重点区域。1968 年，第一批 8 个 NWSR 单元中就有 5 个单元位于该区域。

3.2　加拿大遗产河流体系的发展

加拿大国土广阔，有着独特的自然景观以及众多作用突出的河流或航道。河流对于加拿大的政治和经济发展至关重要[①]。

3.2.1　发展阶段

受 NWSRS 的影响，1984 年，由加拿大联邦、省和地方政府共同提出了国家河流保护计划，对具有代表性、独特性与完整性的河流授予国家认证，从而建立了 CHRS。截至 2023 年底，加拿大共有 41 条遗产河流，总长超过 10000km[②],还有 2 条处于提名阶段。

依据加拿大遗产河流委员会发布的《建立一个全面且具有代表性的加拿大遗产河流系统的空缺分析》（*Building a Comprehensive and Representative Canadian Heritage Rivers System*: *A Gap Analysis*），CHRS 30 多年的发展历史分为 3 个阶段。

1. 关注河流自然价值的阶段（1984～1993 年）

虽然 CHRS 并非由河流筑坝矛盾和事件所推动，但 CHRS 的命名也遵循严格的“完整性方针”，要求河流满足无人工拦蓄设施并保持完整的水生生态系统（周语夏和刘海龙，2020）。

① https://www.canada.ca/en/environment-climate-change/services/water-overview/sources/rivers.html。

② https://chrs.ca/en/about-chrs。

在这一阶段，CHRS 主要关注河流的自然价值。纳入 CHRS 的有 14 个河段，其中，9 个单元位于加拿大北部的国家公园或者省立公园之内，如贾斯珀国家公园的阿萨巴斯卡河、班夫国家公园中的北萨斯喀彻温河、塞隆野生动物保护区的塞隆河等。这些河流之所以纳入 CHRS 中，是因为其有突出的自然价值，并且许多河流已经在现有自然保护地之内，管理规划已经编制，管理机构已经到位，进行简单调整就可以适应 CHRS 的指定要求。

2. 关注河流文化价值的阶段（1994～2003 年）

随着 1994 年安大略省南部的大河（Grand River）纳入 CHRS，接下来 10 年 CHRS 发展的重点转移到加拿大南部有人定居的地区。这 10 年是 CHRS 历史上纳入河流数量增长最快的 10 年，指定了 17 条加拿大遗产河流体系单元。许多河流被指定为加拿大遗产河流，主要是基于河流的文化价值，而且这些河流大多流经居民区，河流管理复杂性远高于以前指定的流经自然保护地的河流。例如，安大略省的里多运河（Rideau Waterway）是流经城市的世界文化遗产，以及英属哥伦比亚省长达 1375km 流经温哥华大都市的弗雷泽河（Fraser River）等。

2000 年，加拿大遗产河流委员会提出了《加拿大遗产河流文化评估框架》（*A Cultural Framework for Canadian Heritage Rivers*），该文件对于 CHRS 价值评估和遴选工作具有重要的指导意义。

3. 关注河流多元价值的阶段（2004 年至今）

从 2004 年开始，随着 CHRS 的成熟，加拿大遗产河流委员会采纳了多项新的关键优先事项，重点是保护现有加拿大遗产河流的自然、文化和游憩价值以及价值完整性。2004 年至今，CHRS 已经指定了 9 条河流。

2007 年 9 月，加拿大公园管理局部长理事会在温尼伯通过了《加拿大遗产河流体系十年战略规划（2008～2018 年）》。该战略规划要求建立一个典型的、全面的、可识别的加拿大遗产河流体系，保护加拿大遗产河流体系全面的、有代表意义的河流价值和完整性，使团体和个人参与者在加拿大遗产河流项目中最大化地联合起来，建立卓越的河流管理体系。该战略规划有 7 项原则和 4 个优先领域。

（1）认可的原则：CHRS 对加拿大的河流进行遴选，以确定其是否可以纳入遗产河流体系。但是遗产河流指定没有立法依据，遗产河流流经的司法管辖区和土地业主仍然保留他们原有的管理权限和责任。

（2）尊重的原则：CHRS 尊重社区、土地所有者和个人在遗产河流的提名、指定和管理中的权利和关注。CHRS 承认原住民的权利和利益，该计划尊重原住民社区与河流之间的特殊关系。所有加拿大人都享有访问和欣赏加拿大河流遗产的权利——河流适合所有人。

（3）自愿参与的原则：CHRS 是一个公共信托机构。当地居民支持该计划。所采取的行动由基层驱动，各级政府给予支持和指导。

（4）领导的原则：联邦、省和地区政府坚定致力于 CHRS。合作伙伴支持 CHRS 的推广，并对指定河流进行持续监测，以及在其管辖范围内开展遗产河流的长期运营和管理。

（5）协作与伙伴关系的原则：CHRS 致力于向加拿大人提供信息，激励并提供参与机会，鼓励公众与加拿大河流遗产建立联系并分享其安全保护措施。教育、意识和行动对于建立成功的河流合作共管模式、实现明智的管理至关重要。

（6）完整性的原则：系统中河流的指定和管理符合加拿大遗产河流委员会制定的遗产价值和准则。CHRS 重视科学和传统知识。

（7）可持续性的原则：CHRS 认识到健康的河流对于地球上的生命至关重要。成功的河流管理必须保护河流健康，以便为当代和子孙后代带来全方位的生态、经济和社会效益。

上述 7 项原则涉及 CHRS 的多个方面，对所有人来说都是不可或缺的，也是实施该计划的核心和保障。

CHRS 未来建设的 4 个优先领域：①构建全面和有代表性的体系，承认加拿大的河流遗产；②保护河流的自然、文化、游憩价值及其完整性；③与参与者合作，最大限度地发挥与加拿大遗产河流计划相关的全方位效益；④培养优秀人才参与河流管理。

2019 年，加拿大遗产河流委员会再次提出了《加拿大遗产河流体系：2020～2030 年战略规划》（*Canadian Heritage Rivers System：2020-2030 Strategic Plan*）（CHRS，2020）。该规划认为，CHRS 已成熟为一项有价值的全国性规划，被公认为共同管理、合作和参与的典范；一种让社会参与评估河流和河流社区的自然、文化和游憩遗产的活动，认为它们对加拿大人的身份认同、健康、经济繁荣和生活质量至关重要。在《加拿大遗产河流体系：2018～2028 年战略规划》的基础上，《加拿大遗产河流体系：2020～2030 年战略规划》提出了 8 项原则和 4 个优先领域。

8 项原则是在原有 7 项原则的基础上，增加了理解的原则。理解的原则：CHRS 承认原住民的权利和利益，尊重原住民与河流之间的特殊关系。该计划为关于遗产河流的对话营造了相互尊重的空间，并为原住民和非原住民提供了共同努力实现共同目标的机会。

4 个优先领域有较大的变化：①促进各个族裔在加拿大遗产河流上的和解。需要更全面地将地方性知识和协作纳入网络活动的各个方面，以创建一个真正具有代表性和包容性的国家体系。②加强加拿大遗产河流网络建设。让河流管理者和参与团体维持双向对话，确保他们的想法和经验得到利用，最大化地付诸实施。强大的项目参与者网络和巨大的支持者的数量，对于成功保护整个系统河流价值和完整性至关重要。③卓越的河流管理和保护。有效的保护行动要以适应性强且切实可行的规划或战略为指导。参与加拿大遗产河流体系建设，有助于培养深远关怀伦理，确保加拿大的河流世世代代繁荣发展。④激励加拿大人参与和管理遗产河流。展示加拿大遗产河流体系参与者的领导能力，可以激励其他人采取行动来管理河流。

在《加拿大遗产河流体系：2020～2030年战略规划》中，特别加强原住民参与遗产河流建设。加拿大遗产河流委员会承认许多加拿大遗产河流是原住民的特殊地方，维持了他们传统生计和地方情感。遗产河流体系为原住民和非原住民提供了一个独特平台，可以在河流遗产的背景下共同努力推进和解。该平台尊重原住民的权利和利益，尊重他们与遗产河流的关系。对共同努力的承诺反映在和解的新原则和战略重点上。

《加拿大遗产河流体系：2020～2030 年战略规划》中也提到采取一系列措施促进原住民地区建设遗产河流：提名和指定对原住民特别重要的河流；调整现有的 CHRS 价值框架，以更好地纳入原住民价值观并反映原住民历史和文化；合作治理河流系统；促进在加拿大遗产河流管理中使用原住民知识；创造机会分享基于河流的原住民故事、历史和文化；支持原住民在他们的河流中扮演传统的管理角色。

3.2.2 空间分布

根据河流入海的归属，整个加拿大有五个流域：西部太平洋流域、北部北冰洋流域、中部哈得孙湾流域、南部墨西哥湾流域和东部大西洋流域（图 3-9 和表 3-5）。

1. 太平洋流域

太平洋流域面积为 108 万 km^2，从美国边境的艾伯塔省和不列颠哥伦比亚省延伸到麦肯齐三角洲附近的育空地区，涉及五个行政区。这个流域被落基山脉从北到南的大陆分水岭隔开，将流入太平洋的河流与流入其他海洋的河流分开。弗雷泽河、育空河和哥伦比亚河是该地区较大的河流。该区域资源丰富，河流分布比较密集的南部也是加拿大人口比较密集的地区之一，分布着 14 条遗产河流和 1 条提名河流。其中，北萨斯喀彻温河位于班夫国家公园；阿萨巴斯卡河则位于贾斯珀国家公园；弗雷泽河是加拿大遗产河流体系中最长的单元，共 1375km。

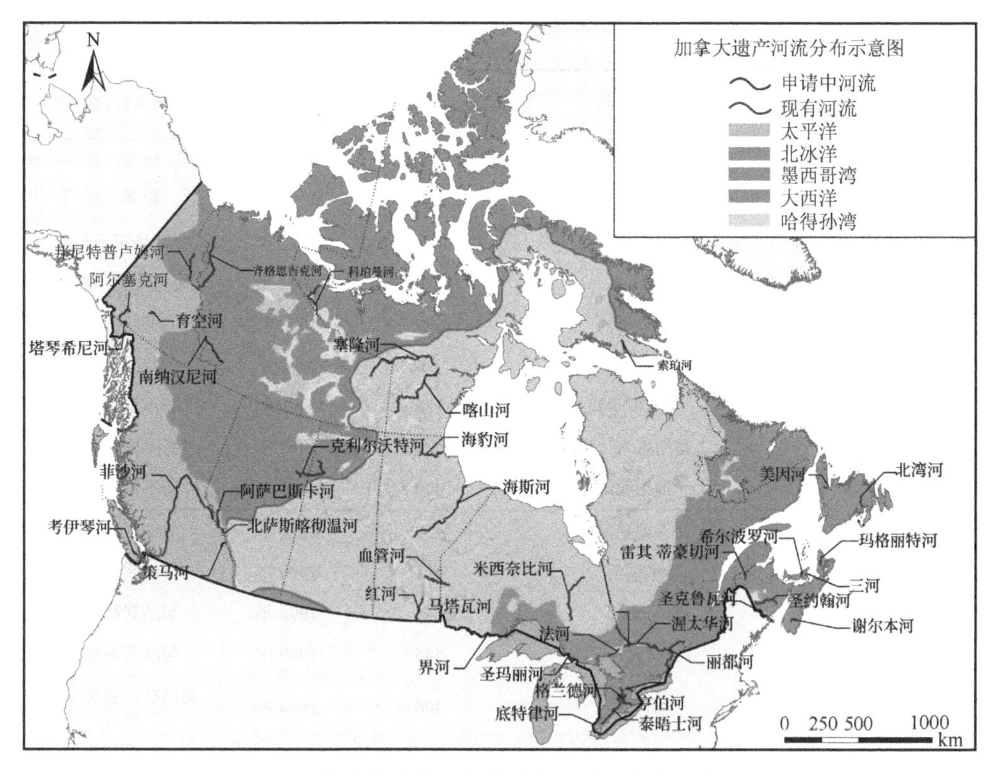

图 3-9　加拿大遗产河流体系分布图（见书后彩图）

表 3-5　加拿大主要流域及遗产河流体系分布

流域名称	流域面积/万 km^2	河流名称	河流长度/km	提名年份	所属行政区
太平洋	108	阿尔塞克河	90	1986 年	育空地区
		塔琴希尼河	45	2004 年	育空地区
		邦尼特普吕姆河	350	1998 年	育空地区
		育空河	48	1992 年	育空地区
		南纳汉尼河	300	1987 年	西北地区
		北极红河	499	1993 年	西北地区
		克利尔沃特河	326	2006 年	艾伯塔省与萨斯喀彻温省
		北萨斯喀彻温河	49	1989 年	艾伯塔省
		阿萨巴斯卡河	168	1989 年	艾伯塔省
		弗雷泽河	1375	1998 年	不列颠哥伦比亚省
		踢马河	67	1990 年	不列颠哥伦比亚省
		考伊琴河	47	2003 年	不列颠哥伦比亚省

续表

流域名称	流域面积/万 km^2	河流名称	河流长度/km	提名年份	所属行政区
北冰洋	350	美因河	57	2001 年	纽芬兰省
		北湾河	75	2005 年	纽芬兰省
		希尔斯伯勒河	45	1997 年	爱德华王子岛省
		三河	73	2004 年	爱德华王子岛省
		马加里河	120	1998 年	新斯科舍省
		谢尔本河	53	1997 年	新斯科舍省
		圣克罗伊河	185	1991 年	新不伦瑞克省
		雷斯蒂古什河	55	1998 年	新不伦瑞克省
		圣约翰河	400	2013 年	新不伦瑞克省
哈得孙湾	378	科珀曼河	450	2010 年	努纳武特地区
		卡赞河	615	1990 年	努纳武特地区
		索珀河	248	1992 年	努纳武特地区
		塞隆河	545	1990 年	努纳武特地区
		血管河	306	1998 年	马尼托巴省和安大略省
		雷德河	175	2007 年	马尼托巴省
		海斯河	590	2005 年	马尼托巴省
		锡尔河	260	1992 年	马尼托巴省
大西洋	160	弗伦奇河	110	1986 年	安大略省
		马特瓦河	76	1988 年	安大略省
		格兰德河	627	1994 年	安大略省
		亨伯河	100	1999 年	安大略省
		里多河	202	2000 年	安大略省
		泰晤士河	273	2000 年	安大略省
		底特律河	51	2001 年	安大略省
		渥太华河	590	2007 年	安大略省
		圣玛丽河	125	2000 年	安大略省
		边界水域	250	1996 年	安大略省
		米西奈比河	501	2001 年	安大略省
墨西哥湾	2	无	0		
合计	998		10521		

注：一个行政区可能涉及几个流域。

2. 北冰洋流域

北冰洋流域延伸 350 万 km^2，覆盖了艾伯塔省 2/3 的领土、不列颠哥伦比亚省北部和萨斯喀彻温省，以及育空地区、西北地区和努纳武特地区的一部分，包括北极群岛。麦肯齐河是最长的河流，其次是和平河、阿萨巴斯卡河和利亚德河。

3. 哈得孙湾流域

哈得孙湾流域是加拿大最大的流域，从艾伯塔省自西向东到魁北克省，横跨加拿大的五个省，以及西北地区和努纳武特地区。该区域的 8 段遗产河流主要分布在哈得孙湾沿岸的哈得孙平原之上，努纳武特和马尼托巴两个行政区各有 4 个遗产河流单元。

4. 墨西哥湾流域

加拿大中南部有大约 2 万 km^2 的国土属于密苏里河流域，密苏里河最后流到美国，属于密西西比河流域，密西西比河流域又构成了墨西哥湾流域的大部分。这是加拿大最小的一个流域，目前尚没有遗产河流单元。

5. 大西洋流域

大西洋流域遍布加拿大东部，面积达 160 万 km^2，主要包括北美五大湖地区和东部海洋省，整个地区有大约 2.5 万个湖泊以及全长超过 10 万 km 的河流（如圣劳伦斯河）。

北美五大湖，即苏必利尔湖、伊利湖、休伦湖、密歇根湖和安大略湖。北美五大湖地区由加拿大的安大略省和美国的 8 个州组成。安大略省密布着 11 段遗产河流，其中东南部的多伦多、渥太华及其周边区域内就密布着 8 段遗产河流。加拿大首都渥太华和人口最为密集的城市多伦多，均拥有众多的历史古迹以及文化遗产，是加拿大珍贵的文化保护区，形成了较多具有历史文化价值的河流。

加拿大东部的四个海洋省，包括新不伦瑞克省、新斯科舍省、爱德华王子岛省、纽芬兰省，是早期欧洲移民加拿大的登陆点，共分布着 9 段遗产河流。其中，希尔斯伯勒河是全国最短的遗产河流之一，长度仅为 45km。

由于政治原因，魁北克省在 2006 年退出了 CHRS，至今仍没有一段遗产河流。由于魁北克缺乏参与，影响了其与其他省份共享河流的提名和指定。1998 年，雷斯蒂古什河的新不伦瑞克省部分被指定为“雷斯蒂古什河上游”，而魁北克部分则没有被指定。2007 年，渥太华河获得提名，并于 2016 年被指定，但仅包括安大略省的部分。加拿大 13 个行政区中的其他 12 个行政区均有遗产河流分布。

3.3 新西兰国家水体保护区体系的发展

3.3.1 产生背景

新西兰位于太平洋西南部，西隔塔斯曼海与澳大利亚相望，相距1600km。由南岛、北岛及一些小岛组成，南北两岛被库克海峡隔开。其国土面积约为26.8万km^2，全境多山，山地和丘陵占全国面积的75%以上，平原狭小。南岛是新西兰面积最大的岛屿，南阿尔卑斯（Southern Alps）山脉纵贯南岛，东部地区有坎特伯雷平原（Canterbury Plains），西海岸则有山地和森林。北岛的中西部有连绵的火山区，还有众多的湖泊、瀑布、温泉，大型湖泊周围大多是平原。由于地形、气候的影响，境内的河流短而湍急，但水资源丰富。

新西兰是一个深受河流影响的国家，河流是重要的景观特征并塑造着环境，河流也被许多新西兰人视为身份的核心（NZCA，2011）。甚至，新西兰河流在2015年被赋予与人类同等的法律权利。新西兰河湖保护地发展也与环境保护运动密切相关，两次与河湖相关的环保运动是河湖保护地建设的里程碑。

一次是发生在1969～1972年的“拯救马纳普里湖运动”（save Manapouri campaign）。电站开发者的最初计划包括将马纳普里湖水位抬高30m，并将马纳普里湖和蒂阿瑙（Te Anau）湖合并。1970年，占总人口10%的新西兰人签署了反对电站修建的请愿书。但是，政府为了获得能源而发展经济，仍然选择了开发克鲁萨河和马纳普里湖。“拯救马纳普里湖运动”对提升国家和国民环保意识的作用是空前的，被视为新西兰环境保护的一个重要里程碑。而且，马纳普里湖本身最终进入了蒂瓦希普纳姆（Te Wahipounamu）世界遗产区。

另一次鲜为人知但更成功的河流保护活动是20世纪70年代“拯救莫图河运动”。莫图河（Motu River）是新西兰北岛最重要的河流之一。曾经有在河上修建两座或多座大坝的提案，这可能会破坏莫图河生态系统的完整性和可开展白水漂流（white water rafting）运动的良好条件，新西兰皮划艇协会（NZ Canoeing Association）和联邦山地俱乐部（Federated Mountain Clubs，FMC）等组织反对大坝提案。该运动最终取得了成功，促成新西兰在1981年颁布了《水土保持修正案》（*Water and Soil Conservation Amendment Act*），也称之为《荒野与风景河流修正案》（*Wild and Scenic Rivers Amendment*），标志着新西兰NWCS的正式形成。

1984年，莫图河成为新西兰第一条实施《水保护令》的河流，也是第一个国家水体保护区（national water conservation，NWC），保护了从源头到海洋115km的河流及其所有支流（Hughey et al.，2014）。

3.3.2　发展阶段

1991 年颁布的《资源管理法》(*Resource Management Act*) 为新西兰河流和水资源管理提供了主要的立法机制，而《水保护令》是《资源管理法》中河流保护的主要工具。

1984～1991 年，《资源管理法》颁布之前，新西兰颁布了 7 个河湖单元的《水保护令》，建立了 7 个国家水体保护区。在这个阶段，《水保护令》是一个单独执行的法律。

自 1991 年《资源管理法》颁布之后到 2008 年，新西兰颁布了 8 个河湖单元的《水保护令》，建立了 8 个国家水体保护区。在这个阶段，《水保护令》从属于《资源管理法》。截至 2021 年底，新西兰已经颁布了 15 个《水保护令》，建立了 15 个国家水体保护区（表 3-6）。

表 3-6　新西兰国家水体保护区名录

建立年份	名称	位置
1984	莫图河	北岛
1988	拉凯阿河	南岛
1989	怀拉拉帕湖	北岛
1989	曼加努奥特奥河	北岛
1990	埃尔斯米尔湖	南岛
1990	阿胡里里河	南岛
1991	格雷河	南岛
1993	朗伊蒂基河	北岛
1997	卡瓦劳河	南岛
1997	马陶拉河	南岛
2001	布勒河	南岛
2004	莫哈卡河	北岛
2004	莫图伊卡河	南岛
2006	朗伊塔塔河	南岛
2008	奥雷蒂河	南岛

3.3.3　空间分布

15 个国家水体保护区中有拉凯阿河（Rakaia River）等 13 条河流，以及怀拉拉帕湖（Lake Wairarapa）和埃尔斯米尔湖（Lake Ellesmere）2 个湖泊。其中，有 10 个国家水体保护区在南岛，5 个国家水体保护区在北岛（图 3-10）。

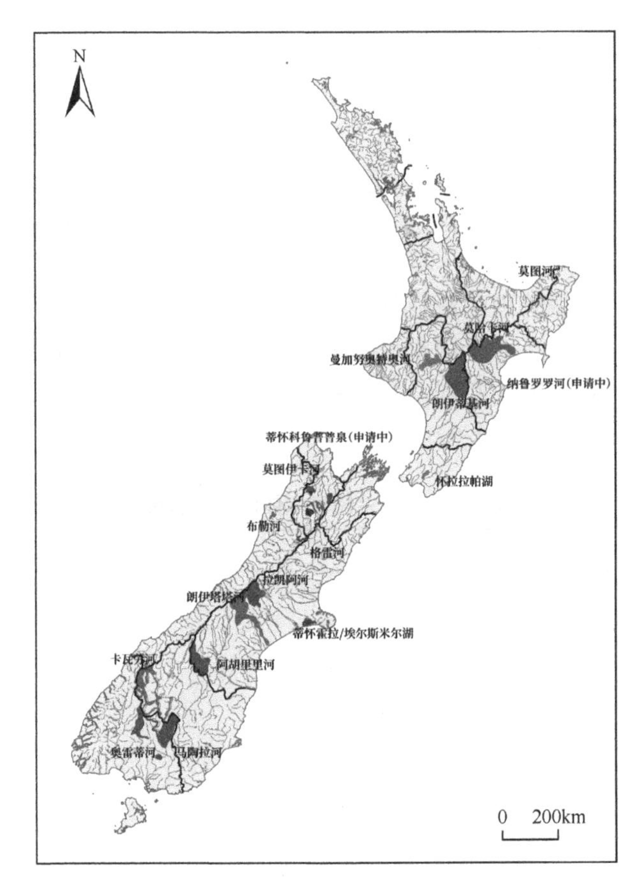

图 3-10　新西兰国家水体保护区分布示意图

资料来源：新西兰环境部（2022）

3.4　澳大利亚荒野河流项目

3.4.1　产生背景

与美国一样，澳大利亚荒野河流项目也是在“反坝运动”的影响下，民众的河流保护意识增强而逐步开展起来的。1979 年，塔斯马尼亚荒野协会（Tasmanian Wilderness Society）以及其他环保组织在塔斯马尼亚州反对在戈登（Gordon）河和富兰克林（Franklin）河建坝。

1992 年 12 月，时任澳大利亚总理保罗·基廷发表了“环境声明”演讲，承诺联邦政府将认可澳大利亚所有近乎原始的河流，鼓励政府机构和人民更有效地保护和管理这些河流。这一承诺促进了澳大利亚遗产委员会荒野河流项目（Australian Heritage Commission Wild Rivers Project）的诞生，也标志着“反坝运动”取得成功，河流保护意识上升到国家层面（Dixon，2005；Stein et al.，1998）。

澳大利亚遗产委员会荒野河流项目以保护荒野河流为目的，该项目成员来自联邦、州和地区政府机构的利益相关者，涵盖水资源管理和自然保护部门、地方政府、农民、保护团体、原住民和科学界。项目主要有三个目标：识别澳大利亚的荒野河流，制定荒野河流自愿守则和管理指南，促进对荒野河流价值的认识（Stein et al.，2001）。

尽管荒野河流项目都是为了实现三个目标，但是各州提出的概念有所不同。昆士兰州（Queensland）和新南威尔士州（New South Wales）均提出了“荒野河流”（wild rivers）；维多利亚州（Victoria）提出了“遗产河流”（heritage rivers）（Kingsford，2005）。

3.4.2　项目特点

尽管荒野河流保护受到澳大利亚联邦政府的重视，但是真正将河流保护地的概念落实到实处取决于各个州政府，昆士兰州最具代表性。2005 年，昆士兰州议会通过了《荒野河流法案》，成为澳大利亚第一个立法保护荒野河流的州，并在 2007～2010 年提名了 13 条荒野河流（Stein et al.，2001）。

《荒野河流法案》作为保护河流的规划和管理的依据，它与昆士兰州可持续规划法案、水资源法案以及其他相关的昆士兰州立法协同运作，通过“荒野河流区域”的新项目，为保护荒野河流价值和可持续发展奠定基础（Dixon，2005）。尔后，其他各州及地区也出台荒野河流（遗产河流）的法规，如新南威尔士州的《国家公园与野生动物法》（*National Parks and Wildlife Act*）、维多利亚州的《遗产河流法》（*Heritage River Act*）、塔斯马尼亚州的《国家公园与保护区管理法》、南澳大利亚州的《环境保护法》《水质政策》等、西澳大利亚州的《环境保护法》《环境因素原则、因素指南》《自然保护与土地管理法》等、北领地的《公园与野生生物保护法》、首都领地的《水资源法》《环境保护法》等相关法规。

澳大利亚河湖保护地治理模式的治理主体以州和地区政府为主、联邦为辅。澳大利亚对河流的治理机构依州而异，如昆士兰州的环境与资源部、新南威尔士州的规划和环境部、维多利亚州的可持续发展与环境部、南澳大利亚的环境保护局、塔斯马尼亚的国家公园与野生生物局、西澳大利亚的水资源与环境规划局、北领地的保护委员会、首都领地的环保局。对于跨界河流，设立了流域间管理委员会，包括墨累-达令流域委员会、昆士兰州/新南威尔士州边界河流委员会和澳大利亚阿尔卑斯山国家公园联络委员会（温战强等，2008）。

3.4.3 项目存续

昆士兰州荒野风景河流项目受阻。2009 年 4 月，经过昆士兰州政府、保护团体和地方原住民长达三年多的协商，最终修订了《荒野河流法案》和《约克角半岛遗产法案》。但是，在原住民土地权属方面，《荒野河流法案》与《原住民土地权法》（Native Title Act）存在冲突，也遭到包括开发商在内的多方利益相关者的反对。

2014 年 6 月，在联邦法院审理案件中，昆士兰州的《荒野河流法案》中关于河流限制开发的规定被宣布无效。不再受该法案保护的区域包括阿彻（Archer）河、洛克哈特（Lockhart）河、斯图尔特（Stewart）河和文洛克（Wenlock）河四个流域。2014 年 8 月，昆士兰州政府废除了《荒野河流法案》，该法案保护荒野河流免受露天采矿、农业和水坝的影响。《荒野河流法案》原来认定的 13 条河流，将受到新的法规——《区域利益规划法》（*Regional Interest Planning Act*）的保护。以前受保护的地点将被视为“战略环境区域”（strategic environmental areas），这些区域的规划决策将由地方或州级当局做出，这将降低开发的复杂性并提供更大的社区控制权。

目前，澳大利亚还有一些州仍然保留了荒野风景河流体系，新南威尔士州保留着荒野河流的保护地类型，维多利亚州还有遗产河流体系及其法律。总体来说，澳大利亚个别州进行了河湖保护地体系建立的尝试和探索，但是每个州的情况较为复杂，没有上升为国家的总体行为，并没有形成国家的制度安排，不能算是一种保护地体系。因此，在本书后续研究涉及的保护对象、空间确定、治理模式等内容中，对澳大利亚荒野河流项目不再进行深入讨论。

3.5 中国国家水利风景区体系的发展

水利风景区是具有中国特点的河湖保护地类型，水利风景区实践也是河湖保护地概念提出的重要基础。20 世纪末，水利多种经营内容不断扩展，水利旅游成为水利多种经营的一个重要方面。1997 年，为了规范水利旅游区的管理，水利部颁布《水利旅游区管理办法（试行）》。2000 年，正式启动“国家水利旅游区”申报工作。2001 年，水利部成立了水利风景区评审委员会，并出台《关于加强水利风景区建设与管理工作的通知》（水综合〔2001〕609 号），但没有给出水利风景区的明确定义。直到 2004 年，行业标准《水利风景区评价标准》（SL 300—2004）中才正式给出水利风景区定义：以水域（水体）或水利工程为依托，具有一定规模和质量的风景资源与环境条件，可以开展观光、娱乐、休闲、度假或科学、文化、教育活动的区域（中华人民共和国水利部，2004）。2005年，水利部印发的《水利风景区发展纲要》沿袭了该定义。2013年，在《水利风景区评价标准》（SL 300—2013）修订中仍然沿袭了2004版的定义。

这是特定条件下对水利风景区进行的概念界定。在《水利风景区评价标准》（SL 300—2004）定义中，“是什么”“为什么”的内容与后来生态文明建设的时代要求存在一定的偏离，其更多的是体现水利风景区早期多种经营的特点，“如何为”的内容则没有有效阐述。当时，水利风景区是水利多种经营的载体，水利风景区名称也是在2001年时从“水利旅游区”发展而来的。从《关于加强水利风景区建设与管理工作的通知》仍然可以看出，水利风景区建设的主要目的是发展水利旅游。

从现在来看，《水利风景区评价标准》（SL 300—2004）中水利风景区定义与国际话语体系、国家时代要求和实际发展情况更是存在某些偏差：一是空间局限性，只是提及了水利风景区的建设条件要“以水域（水体）或水利工程为依托”，主要界定在水域（水体）或水利工程之上，实际工程中则更多强调水工程。只是关注水利工程是不够的，对河湖生态系统来说，水、岸线和陆地是分不开的。二是功能缺失性，该定义关于水利风景区功能的界定也是存在某些缺失的，只是表明“可以开展观光、娱乐、休闲、度假或科学、文化、教育活动的区域”，并没有阐述清楚水利风景区需要保护的对象——水资源。这种综合性开发思路与水利工程建设的初衷和生态文明建设的背景相悖，也使得社会公众难以从定义上了解水利风景区的本质特征，明确水利风景区究竟是以开发为导向还是以保护为导向。

2022年，在《水利部关于印发〈水利风景区管理办法〉的通知》（水综合〔2022〕138号）中，管理机构对水利风景区定义进行了修正：水利风景区是指以水利设施、水域及其岸线为依托，具有一定规模和质量的水利风景资源与环境条件，通过生态、文化、服务和安全设施建设，开展科普、文化、教育等活动或者供人们休闲游憩的区域。新定义部分解决了水利风景区“是什么”“如何为”等问题。但是，“为什么”的建设目的仍然没有表述，以及“是什么”中的边界清晰、“如何为”中谁来认定等要求表述不清楚或者不充分。2023年，水利部发布的水利行业标准《水利风景区评价规范》（SL/T 300—2023），仍然采纳这一定义。

3.5.1　发展阶段

中国水利风景区诞生于21世纪之初，在实践中孕育，在成长中完善，在发展中提升。李鹏和董青（2004）认为从水利旅游的角度中国水利风景区的发展可以分为自然萌芽发展、初步形成发展、快速和引导发展、规范和稳定发展 4 个阶段。2015 年，《水利风景区蓝皮书：中国水利风景区发展报告（2015）》从水利风景区发展的角度，提出自发萌芽、探索起步、规范管理和品牌提升 4 个阶段（兰思仁和谢祥财，2016）。但是，这些阶段的划分没有反映水利风景区近年来发展的新变化。

因此，需要根据水利风景区发展实际情况，本节对水利风景区的发展阶段进行梳理和总结。

1. 自然萌芽阶段（2001 年之前）

水利基础设施的建设为水利风景区的发展奠定了雄厚的资源基础。新中国成立以来，中国建成了一大批水利基础设施，形成了防洪、排涝、灌溉、供水、发电等工程体系，在抗御水旱灾害、保障生产和维护社会稳定等方面发挥了重要作用。20 世纪 80 年代初，在全国经济体制改革的浪潮下，一些基层水管单位为促进体制改革，解决基层水管单位运行管理经费不足、职工经济收入缺乏保障等问题，尝试依托水利工程设施，开展种植、养殖、农副产品加工多种经营，并取得了一定成效。到 90 年代中后期，随着改革步伐的加快，在国内市场总量短缺的状态下，开展水利多种经营的热情空前高涨，水利多种经营的内容也逐渐延伸到供水、发电、机械、建筑、旅游和服务等多个行业，为水利旅游开发创造了条件，积累了一定经验，发挥了积极的示范效应（兰思仁和谢祥财，2016）。

针对水利旅游开发活动中出现的资源抢占、水生态环境破坏等问题，水利部从水土资源合理开发利用、促进水利旅游事业有序发展出发，对涉水旅游活动进行了规范，于 1997 年先后印发了《关于加强水利旅游工作的通知》和《水利旅游区管理办法（试行）》。《水利旅游区管理办法（试行）》明确了水利旅游区是指利用水利部门管理范围内的水域、水工程及水文化景观开展旅游、娱乐、度假或进行科学、文化、教育活动的场所。水利旅游区景物具体包括江、河、湖、库、渠、池等天然或人工形成的具有旅游价值的水域及所属岛屿、滩、岸地；堤防、水利枢纽、渠闸、水电站等工程建筑；水文化遗迹等景观；区内的自然景观、人文景观等。《水利旅游区管理办法（试行）》还对水利旅游区的管理单位、开发原则、申报条件、申报流程等事项进行了明确规定。

这一时期是水利风景区的自然萌芽阶段，为后续水利风景区的蓬勃发展和规范化管理奠定了基础。此阶段，发展水利旅游也为水利工程管理单位体制改革创造了有利的条件。一方面，水利工程管理单位可以发挥水利系统的行业优势，为社会提供新的旅游产品，展示水利建设的成果，促进地方经济的发展；另一方面，水利旅游在探索水利工程单位体制改革、实现管养分离和安置职工再就业等方面也发挥了积极的作用。

2. 规范管理阶段（2001～2014 年）

为科学合理地开发利用和保护水利风景资源，水利部于 2001 年成立了水利部水利风景区评审委员会，并将水利旅游区更名为水利风景区，标志着国家水利风景区进入了规范管理阶段，也体现了水利风景区的发展内涵由最初的以发展水经济为主向水工程维护、水资源保护等方面拓展。

2004 年，国务院将“设立水利旅游项目审批”明确为政府管理事项，行政主体为县级以上水行政主管部门。水利部进一步加大了水利风景区建设管理工作的力度，并启动了重大水利旅游项目的审批工作。与此同时，为使水利资源综合开发与保护管理工作规范化，相关部门制定了《水利风景区管理办法》（2004 年）、《水利风景区评价标准》（SL 300—2004）、《水利风景区发展纲要》（2005 年）、《水利旅游项目管理办法》（2006 年）、《水利旅游项目综合影响评价标准》（SL 422—2008）等一系列规章和技术标准。

2009 年，水利部水利风景区建设与管理领导小组成立，确定了“以评代管”的工作思路。

2010 年，水利部发布《水利风景区规划编制导则》（SL 471—2010）。2011 年，水利部水利风景区建设与管理领导小组办公室加大对国家水利风景区的监督检查和复查力度，开展动态评估，逐步建立国家水利风景区退出机制（动态监管），意味着水利风景区步入质量提升与品牌化建设阶段。景区的开发建设者开始注重基础服务设施的升级和服务质量的提升，注重生态环境的保护、有吸引力的特色项目的打造等。

2001～2014 年，全国批准了 658 家水利风景区，年均增加 47 家，尤其是 2013 年、2014 年，年增加量均达到了 70 家。2001～2003 年东部地区数量高于中西部；2004～2012 年，中部高于东西部；2013 年及之后，东部数量又超过中西部（表 3-7）。

表 3-7　中国水利风景区历年发展数量及区域分布　（单位：家）

年份	东部	中部	西部	总计
2001	9	6	3	18
2002	21	18	16	55
2003	31	31	23	85
2004	41	55	43	139
2005	58	70	64	192
2006	71	84	79	234
2007	86	97	89	272
2008	99	115	100	314

续表

年份	东部	中部	西部	总计
2009	120	136	114	370
2010	142	154	127	423
2011	160	167	148	475
2012	177	181	160	518
2013	201	199	188	588
2014	228	219	211	658
2015	252	239	228	719
2016	275	257	246	778
2017	289	279	264	832
2018	304	295	279	878
2021	314	306	282	902

3. 博弈观望阶段（2015 年至今）

随着生态文明建设的深入，中国开始了国家公园体制建设和自然保护地体系建设，水利风景区发展也由此进入了博弈观望阶段。

2015 年 1 月，国家发展改革委同中央编办、财政部等 13 个部门联合印发了《建立国家公园体制试点方案》，开启了国家公园的试点建设，先后确定在青海三江源、福建武夷山等地开展国家公园试点。建立国家公园体制是党的十八届三中全会提出的重点改革任务，是我国生态文明制度建设的重要内容，对于推进自然资源科学保护和合理利用，促进人与自然和谐共生，推进美丽中国建设，具有极其重要的意义。2017 年 9 月，《建立国家公园体制总体方案》中明确指出“改革分头设置自然保护区、风景名胜区、文化自然遗产、地质公园、森林公园等的体制，对我国现行自然保护地保护管理效能进行评估，逐步改革按照资源类型分类设置自然保护地体系，研究科学的分类标准，厘清各类自然保护地关系，构建以国家公园为代表的自然保护地体系”“构建统一规范高效的中国特色国家公园体制，建立分类科学、保护有力的自然保护地体系”。

国家公园试点提出的早期，中央和地方水利部门的管理者试图让水利风景区成为国家自然保护地体系的一部分。2016 年，全国人大代表、四川省人大常委会副主任刘道平建议，设立国家河流公园，建立国家河流公园管理体系，并将四川省列入试点范围；2018 年，全国人大代表、山东省水利厅副厅长曹金萍建议，在国家公园体制、自然保护地的顶层设计和实质推进中，将水利风景区列入自然保护地类型，并给予相应政策支持[①]，国家林业和草原局给予了回复（2018 年第 2199 号）；同年，国家林业和草原局对四川省部分人大代表提出的“关于将安宁河流域河湖公园建设纳入‘以国家公园为主体的自然保护地体系’开展‘国家河湖公园试点’建设”进行了回复（2018 年第 7099 号）[②]。这些议案的提出表明，水利部门存在将水利风景区纳入自然保护地的想法。

2018 年之后，随着国家机构改革的推行，一方面，水利部与新成立的自然资源部、生态环境部、农业农村部之间存在管理权限的调整，其行政职能削减。水利部的水资源调查和确权登记管理职责划归自然资源部；水旱灾害防治划归应急管理部；编制水功能区划、排污口设置管理、流域水环境保护职责划归生态环境部；农田水利建设项目划归农业农村部。另一方面，《建立国家公园体制总体方案》提出“建立统一管理机构。整合相关自然保护地管理职能，结合生态环境保护管理体制、自然资源资产管理体制、自然资源监管体制改革，由一个部门统一行使国家公园自然保护地管理职责”。水利风景区大多有水利工程建设和运行的特殊性，水利风景区管理权仍然保留在水利部门，风景名胜区、世界遗产等的管理权已经从住建部门调整到自然资源部门。但是，在随后的地方机构调整过程中，云南、安徽两个省的水利风景区管理由水利部门调整到林草部门。

2019 年 6 月，《关于建立以国家公园为主体的自然保护地体系的指导意见》提出“制定自然保护地分类划定标准，对现有的自然保护区、风景名胜区、地质公园、森林公园、海洋公园、湿地公园、冰川公园、草原公园、沙漠公园、草原风景区、水产种质资源保护区、野生植物原生境保护区（点）、自然保护小区、野生动物重要栖息地等各类自然保护地开展综合评价，按照保护区域的自然属性、生态价值和管理目标进行梳理调整和归类，逐步形成以国家公园为主体、自然保护区为基础、各类自然公园为补充的自然保护地分类系统”。在这一文件中，并没有将水利风景区纳入自然保护地体系中。

2018 年之后，水利部门更加倾向于水利风景区自身具有非自然保护地的特点和定位，围绕“三新”要求，其研究制定《关于推动水利风景区高质量发展的指导意见》，加紧修订出台《水利风景区管理办法》，并试图将其上升到部门规章，也开展《水利风景区评价标准》和《水利风景区规划编制导则》两个行业标准的修订工作。2022 年 3 月，水利部印发了《水利风景区管理办法》；2022 年 8 月，水利部印发《关于推动水利风景区高质量发展的指导意见》；2023 年 12 月，水利部批准发布《水利风景区评价规范》（SL/T 300—2023）。

---

① http://news.cnr.cn/native/gd/20180313/t20180313_524163595.shtml。

② http://www.forestry.gov.cn/main/4861/20180914/171655518953345.html。

这一阶段，主管部门对水利风景区的发展主要从追求数量转变为追求质量，开始控制国家水利风景区的申报和审定，在年增量上有下降趋势，年均增长 37 家，其中，由于多种原因，2019 年、2020 年水利风景区新增处于停滞状态。2021 年，又新增了 24 家国家水利风景区。

据不完全统计，除了 902 家国家水利风景区之外，中国还有将近 2000 家省级水利风景区。本书主要讨论国家水利风景区。

3.5.2　主要类型

目前，中国有 6 种类型 902 家国家水利风景区，水库型和河湖型加起来占到总数的 89%。其中，水库型约占 44%，城市河湖型、自然河湖型加起来约占 45%，是国家水利风景区的主体（表 3-8）。

表 3-8　中国国家水利风景区类型与区域分布

类型	特点	东部		中部		西部		总体数量	比例/%
		数量/家	比例/%	数量/家	比例/%	数量/家	比例/%		
城市河湖	水生态、生态护岸	120	59	43	21	40	20	203	23
自然河湖	河湖自然特点	56	28	64	32	80	40	200	22
水库	水工程、生态修复	99	25	170	43	128	32	397	44
湿地	水生态、生物多样性	16	40	13	33	11	27	40	4
水土保持	水土流失、生态修复	17	46	6	16	14	38	37	4
灌区	综合体、服务农业	8	32	7	28	10	40	25	3
	合计	316		303		283		902	100

注：统计数据截至 2021 年底；表中水利风景区特点根据《水利风景区发展纲要》提取；本书将水工程与水利工程视为同义，不作区分。

1. 构成与特点

水库型水利风景区数量最多，而且中西部地区的水库型水利风景区数量明显多于东部地区。一是水库是水利风景区建设的基础。中国水库数量众多，新中国成立以来，先后修建了近 10 万座水库，为水利风景区建设奠定了良好的物质基础和地理空间。二是自然因素的影响，中国中西部地区的地形特点适合水库建设，如湖南省水库有13737座[①]、四川省水库超过8000座，大量的水库可以有效支撑水利风景区建设。三是水利风景区是一种部门认定。水库有专门的管理机构，甚至有相应的行政级别，大多属于水利系统管理，其对水利风景区的申报情况较为熟悉，因而申报流程相对容易，申报积极性较高。

城市河湖型水利风景区主要集中在东部地区，占到全国城市河湖型总量的59%，也是水利风景区与人们生活关系最为密切的地区。这是因为东部地区经济发展速度较快，城市发展整体水平较高；通过对城市内部或周边的河湖进行治理，城市河湖能够满足水利风景区的要求，表现出人水和谐的特点。

自然河湖型水利风景区大多地处西部地区，数量占比最大，达到西部地区数量的40%。一是与所处地理位置关系密切，中国河流流向大多自西向东，西部尚保存一部分没有开发的河源区域和上游区域。二是西部的城镇化水平较低，城市建设对所在区域河湖的人为干扰较小，存在的自然河湖数量自然比较多。

湿地、水土保持、灌区三种类型的国家水利风景区数量占比不到总数的13%，主要原因有：①2015年之前，湿地型国家水利风景区与林草部门主导建设的国家湿地公园之间存在重叠和交叉。2015年之后，遴选水利风景区时，水利风景区主管部门有意避开与湿地公园有交叉的潜在对象；而且湿地公园被社会接受的程度高，还有一定经费支持，地方政府对湿地公园申报更有积极性，减少了水利风景区的申请数量。②水土保持工程一方面本身数量较少，另一方面水利风景资源的品位较低，难以满足水利风景区建设的要求。③灌区工程风景质量偏低，主要是满足农业灌溉等生产功能，生态功能比较弱，自然水利风景资源的品位较低，难以满足水利风景区遴选的要求。

2. 存在的问题

在实际工作中，存在一部分水利风景区无法准确进行分类的情况。

（1）水利风景区的价值和特点可能被屏蔽。黄河小浪底水利枢纽和黄河万家寨水利枢纽是水利部直属的两个水利风景区，最突出的特点是依托规模宏大的水利枢纽工程，但二者均被列为水库型水利风景区，无法突出其核心价值。四川省都江堰水利风景区所在区域的突出特点是具有世界遗产价值的无坝引水工程，但其被列为灌区型水利风景区。根据《水利风景区发展纲要》，灌区型水利风景区是典型的工程、自然、渠网、田园、水文化等景观的综合体，这对一些小型灌区是适用的，但是对于一些大型灌区就不合适。如都江堰灌区涉及四川盆地中西部地区7市（地）37县（市、区）1043万余亩农田，显然不合适。都江堰最有价值的

① 湖南省水利厅关于《湖南省水库名录》的公示. http://slt.hunan.gov.cn/slt/xxgk/tzgg/202012/t20201215_14029995.html。

或者说最引人关注的对象是渠首枢纽部分，包括鱼嘴、飞沙堰、宝瓶口三大主体工程。

（2）管理要求与实际情况难以匹配。江苏江都水利枢纽水利风景区是国家南水北调东线工程的源头，其抽水站规模和效益为远东之最，被归为城市河湖型水利风景区。浙江省绍兴市曹娥江大闸水利风景区，最突出的特点是该水利工程为中国河口地区第一大闸，工程以防潮（洪）、治涝为主，也被列入城市河湖型水利风景区。如此分类，导致主管部门难以制定差别化的管理措施，不能满足实际管理的需求。

（3）容易形成交叉关系。现有分类体系中，国家水利风景区有湿地、城市河湖、自然河湖、水库 4 种类型，容易形成交叉关系。自然河湖型水利风景区与城市河湖型水利风景区之间并不相斥，自然河湖型水利风景区中的自然并不代表乡村，而是指河流的自然流动特性；城市河湖型水利风景区的河流也可能具有自然流动性，因而也可能属于自然河湖型水利风景区。例如，湖南省长沙市的湘江水利风景区，流经长沙城市建成区故可以认定为城市河湖型水利风景区，而湘江这一段又保持较好的自然流动特性，故也能归类于自然河湖型水利风景区。水库型、城市河湖型、湿地型三种类型的水利风景区之间也并非互斥关系。

（4）普通公众难以辨识。在水利风景区分类体系中，既有以依托的工程特点为标准划分的类型，如水库型、灌区型、水土保持型，又有依据水利风景区的保护对象为标准划分的类型，如湿地型、自然河湖型、城市河湖型。一个体系存在工程和资源两种分类标准，必然造成分类结果的交叉和重叠。对大多数普通公众而言，他们能够接受河、湖、湿地等科学概念和自然属性，而不是水库、灌区和水土保持等工程概念和行业属性术语。对既是国家水利风景区又是国家湿地公园的对象而言，人们往往记住的是湿地公园而不是水利风景区。

水利风景区现有分类体系存在的问题，既有水利行业特点的影响，又有顶层设计的局限性。从水利行业来看，大部分水利风景区都依托工程而建，而水利工程是多种水工建筑物组合起来的能发挥单项或综合功能的系统（中华人民共和国水利部，2017，2014），既有交叉又有从属关系。例如，水库具有防洪、发电、灌溉和供水等多种功能，造成水利工程分类困难。从顶层设计来看，《水利风景区发展纲要》的颁布时间较早，当时全国水利风景区数量有限，各地水利风景区的共性、特点还未被充分挖掘和认识，难以对全国各种水利风景区共性进行总体概括，也导致对水利风景区不同类型特点提炼不足。

3.5.3　空间分布

除港澳台外，中国国家水利风景区在各省（自治区、直辖市）均有分布，东部和中部数量较多，分布较密集。根据等降水量线等地理分界线，可以发现中国国家水利风景区的空间分布特点。

1. 降水分布

中国年降水量的空间分布规律是由东南沿海到西北内陆逐渐减少。这是因为中国从东南沿海到西北内陆距海洋的距离越来越远，受海洋的影响越来越小，所以降水量由东南沿海向西北内陆递减，而水利风景区正是以水域（水体）或水利工程为依托，与降水量关系甚大。所以，选择中国有代表性的 400mm、800mm 等降水量线对国家水利风景区单元的空间分布进行分析。

400mm 等降水量线是中国一条重要的地理分界线。其大致走向是经过大兴安岭—张家口—兰州—拉萨—喜马拉雅山脉东部，这是半湿润区与半干旱区的分界线。800mm 等降水量线的大致走向是青藏高原东南沿线—秦岭—淮河一线重合，是湿润区与半湿润区的分界线，也是中国南方和北方的地理分界线。这两条等降水量线将中国版图分为三个区域。

（1）年降水量小于 400mm 的区域。主要包括西北干旱区和青藏高寒区，这些地区地处内陆地区，面积为 219 万 km^2。该区域降水较少，主要依靠高山冰雪融水形成地面径流，河湖也较少，且受季节影响大。所在区域建造水库主要用于灌溉等，用于景观等用途的水资源较少，所以水利风景区数量较少，只有 75 家，占国家水利风景区总数的 8.3%（表 3-9）。

表 3-9　中国年降水量不同区域的国家水利风景区分布数量

年降水量/mm	区域面积/万 km^2	面积占比/%	主要省（自治区、直辖市）	数量/家	数量占比/%
＜400	219	22.8	新疆、西藏、青海、甘肃、宁夏、内蒙古	75	8.3
400≤X≤800	417	43.4	黑龙江、吉林、辽宁、河南、山西、四川、陕西、湖北、河北、安徽、山东、北京、天津	398	44.1
＞800	324	33.8	江西、湖南、安徽、江苏、福建、浙江、云南、四川、广西、广东、贵州、湖北、海南、重庆、上海	429	47.6
合计	960	100		902	100

注：个别省份涉及两个区域，如四川、湖北、安徽；未统计港澳台。

（2）降水量处于 400mm 和 800mm 之间的区域。这两个等降水量线之间的区域基本上是中国的半湿润地区，主要包括秦岭—淮河以北的华北平原、黄土高原南部、东北平原以及青藏高原东南部地区，面积为 417 万 km^2。该区域水资源量一般，有国家水利风景区 398 家，占国家水利风景区总数的 44.1%。两线之间的省域，接近 400mm 等降水量线的山西省拥有国家水利风景区的数量较少，仅有 21 家；而接近 800mm 等降水量线的河南省有 57 家国家水利风景区。

（3）年降水量大于 800mm 的区域。800mm 等降水量线以东以南的省域，主要包括长江中下游地区和东部沿海地区。该区域面积为 324 万 km^2，水资源较为充沛，水利风景区数量明显高于其他两个区域，有国家水利风景区 429 家，占总数的 47.6%。

2. 地势分布

中国地势西高东低，呈三级阶梯状逐级下降。第一级阶梯主要分布在青藏高原，平均海拔在 4000m。第二级阶梯主要分布在中国主要盆地，海拔为 1000～2000m。第三级阶梯主要分布在中国主要平原，海拔在 500m 以下。

中国地势的三级阶梯状分布有利于海洋上的暖湿气流深入内陆，在东部季风区形成丰沛的降水。在三级阶梯中，第一级阶梯和第二级阶梯所在区域的国家水利风景区数量明显较少，分别只有 27 家和 272 家，与第三级阶梯所在区域的 603 家国家水利风景区相比差距较大。处于第一级阶梯的青海、西藏两省（自治区），其国家水利风景区数量分别为 13 家、3 家。第二级阶梯中国家水利风景区数量较多的省份为四川和贵州，分别为 45 家和 34 家，但数量与第三级阶梯的省份（如江苏、山东等）相比差距仍较大。

3. 人口分布

胡焕庸线又称瑷珲—腾冲线（黑河—腾冲线），是一条贯穿中国版图的假想直线段。该线从东北边境的黑龙江省黑河市（原名“瑷珲”）一直延伸到西南边境的云南省腾冲市，大致划分出中国人口在区域上的差异分布，表明中国在东南和西北区域因自然条件巨大不同而导致人口分布的悬殊差异。胡焕庸线与中国 400mm 等降水量线基本符合。

这条线不仅仅是人口的分界线、适宜人类生存地区的分界线，更是农牧交错带和众多江河水源地的地理分界线。胡焕庸线西侧地区包括内蒙古、宁夏、甘肃、青海、新疆、西藏 6 省（自治区），东侧地区包括北京、山东等 25 省（自治区、直辖市）（未含港澳台）。胡焕庸线的西北侧是草原、沙漠和雪域高原的世界，自古是游牧民的居住区，人口密度极低；胡焕庸线东南侧以平原、丘陵、喀斯特地貌和丹霞地貌为主，自古以农耕为经济基础。胡焕庸线以东区域的国家水利风景区数量为 664 家，胡焕庸线以西的区域只有国家水利风景区 238 家（图 3-11）。

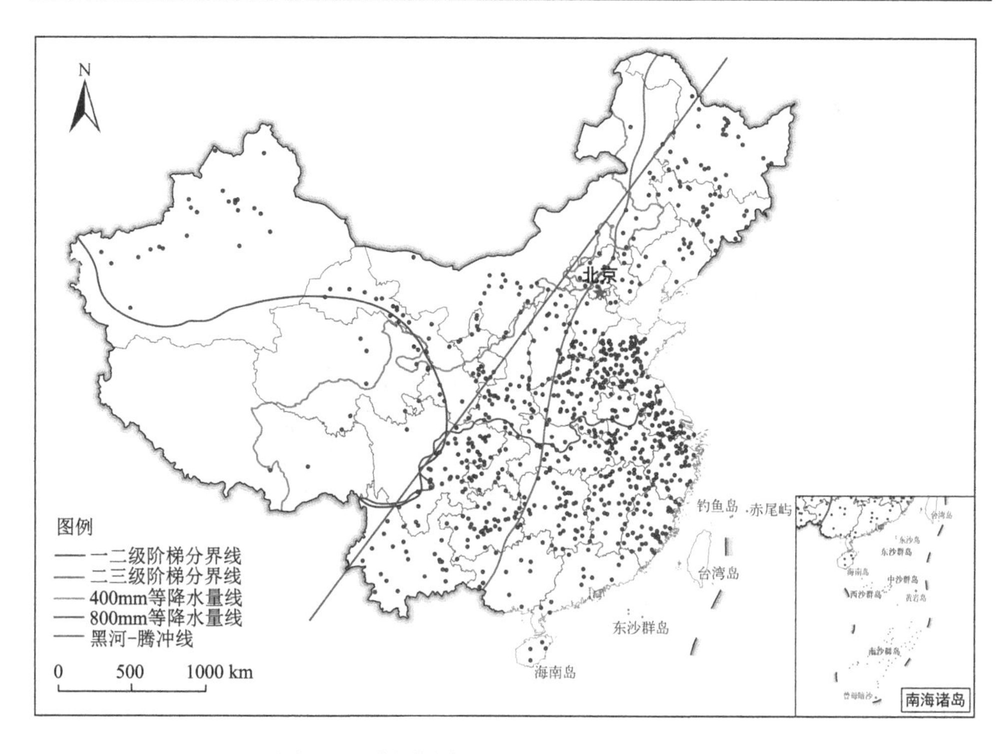

图 3-11　中国国家水利风景区分布与胡焕庸线

4. 经济分布

按经济区域分布，中国水利风景区呈现出东中部数量较多、西部逐步发展的特点。根据 1985 年国家发改委的经济带划分：东部包括北京、天津、河北、辽宁、上海、江苏、浙江、福建、山东、广东和海南；中部包括山西、吉林、黑龙江、安徽、江西、河南、湖北、湖南；其余省份归西部[①]。

中部和西部经济带的国家水利风景区发展速度在不断加快。例如，2001 年，国家水利风景区有 18 家：东部有 9 家，占 50%；中部有 6 家，约占 33%；西部只有 3 家，约占 17%。而到 2004 年，中部和西部经济带的国家水利风景区占全国总数的比例已大幅上升，分别达到 40%和 31%，而东部比例大幅下降，只占 29%。经过 20 多年的发展，三个经济带的国家水利风景区分布数量已趋于平衡（图 3-12）。截至 2021 年底，东部、中部、西部经济带国家水利风景区所占比例分别达到 35%、34%、31%。一方面是因为在中国水利风景区审批过程中，可能对中西部地区政策有所倾斜；另一方面也体现了中西部省（区、市）对国家水利风景区建设和申报的重视和热情。

① https://www.ndrc.gov.cn/fggz/fzzlgh/gjfzgh/200709/P020191029595672223126.pdf。

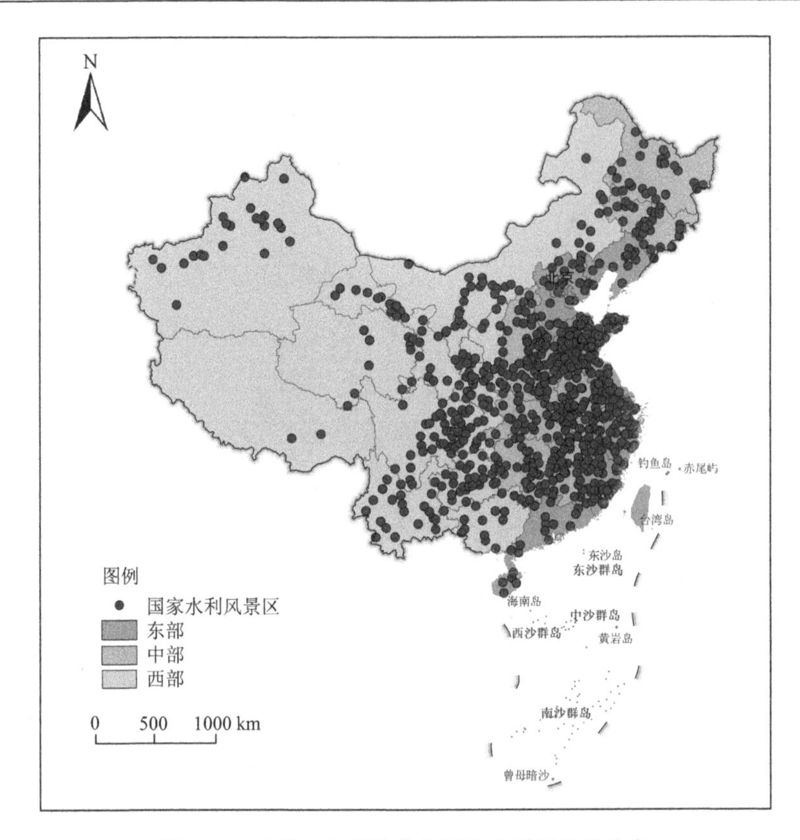

图 3-12　中国三大经济带的国家水利风景区分布

第 4 章　河湖保护地保护对象

因为价值取向和建设目标不同，河湖保护地体系的保护对象存在很大差异。美国国家荒野风景河流体系、加拿大遗产河流体系、新西兰国家水体保护区体系和中国国家水利风景区体系的保护对象各有侧重点。

4.1　美国国家荒野风景河流体系

4.1.1　自流状态

1. 自流状态的含义

美国 NWSRS 保护河流的自由流动。“自由流动”是指在自然条件下存在或流动，没有蓄水、改道、拉直、撕裂或其他改变水道的情况。然而，在任何河流被提议纳入 NWSRS 时，不应因低坝、分流工程和其他小型建筑物的存在而禁止其纳入 NWSRS，但不得解释为授权、打算或鼓励未来在 NWSRS 的组成部分内建造此类结构。因此，NWSR 并不要求完全处于自流状态，也不要求其上下游没有任何人为干扰。处于大型水库之间的河段，如果其具备需要纳入系统进行保护的价值，就没有必要将其排除在体系之外。在现代科技高度发展的背景之下，保护和维持河流的自由流动是人类在水资源开发上的主动舍弃，在河流利用上表现出有所为和有所不为，是一种可持续利用的表现，也反映了人类社会的巨大进步。

需要指出的是，此处所指的自由流动状态并不是绝对的。《荒野风景河流法案》的第 16 章，将“河流”定义为流动的水体或河口或其中的部分、河段或支流，包括河流、溪流、小溪和小湖等形态。因此，流动水的任何部分都符合自由流动的技术定义，即使在该河段的上下游都有蓄水，也都可以纳入 NWSRS 中。

NWSR 可以是夹杂在电站和库区之间的河段。斯卡吉特河（Skagit River）是华盛顿州的 NWSR，是流经北喀斯喀特国家公园（North Cascades National Park，也称北瀑布国家公园）和贝克山-斯诺夸尔米国家森林（Mount Baker-Snoqualmie National Forest）之间的一条河流。当地能源公司——西雅图城市之光（Seattle City Light）在河上建有峡谷电站（建于 1921～1924 年）、代阿布洛（Diablo）电站（建于 1927～1930 年）和罗斯（Ross）电站（建于 1940 年）三座电站。在规划斯卡吉特荒野风景河流体系（Skagit wild and scenic river system）的时候，管理机构并没有将这三座电站的大坝纳入到 NWSRS 之中。后来，三个大坝建设后形成了罗斯湖、代阿布洛湖和峡谷湖三个水面，三者共同构成了罗斯湖国家游憩区（Ross Lake National Recreation Area），这是另一种保护地类型。

地处加利福尼亚州的克恩河（Kern River）被纳入 NWSRS，包括南福克和北福克（South Fork 和 North Fork）两支流。北福克支流经红杉国家公园（Sequoia National park）和红杉国家森林（Sequoia National Forest），在伊莎贝拉湖和约翰逊代尔桥之间的河段被纳入 NWSRS 之中。伊莎贝拉湖（Isabella Lake）是美国陆军工程兵团（United States Army Corps of Engineers，USACE）在克恩河上兴建伊莎贝拉湖大坝（Isabella Dam，建于 1953 年）之后形成的水库。

这些案例表明：一方面，NWSRS 尊重历史，因为很多水坝都是在 NWSRS 建立之前（1968 年）修建的。实际上，美国大多数水坝都是在 1968 年之前建设完成的。20 世纪 60 年代是美国水坝建设最多的时期，10 年间修建水坝数量达 19576 座，修坝数量占 20 世纪 100 年所建水坝总数的 25%以上（郭军，2007）。另一方面，反映 NWSRS 发展中务实和因地制宜的做法。要使完整的一条河流完全保持自流状态，意味着要放弃所有河道及其周边区域所有的水资源利用，这是很难实现的。NWSRS 要求河流自然流动，就只关注了河流部分河段，而不考虑河流上其他部分的工程、库区等。

《荒野风景河流法案》对河段的最小水流量并没有明确要求，但该河段必须保证其有足够的水量来保持或恢复其被保护的突出价值。如果河流具有杰出的生态价值，作为荒漠生态系统的代表，即使这些河段存在断断续续的状态，也可以考虑纳入 NWSRS。一般来说，具备资格的河段，其流量必须是一定的或可预测的，即使有季节性甚至会中断，这意味着河段的流动状态不能仅持续在雨季的几天时间。水量的确定应立足于对自然环境（如来自地下水层的水量、季节冰雪融化量、正常的降水量等）的分析。对水量的确定应该着眼于正常年份，综合考虑正常年份的干旱或多雨情况。

如果可能，对自由流动条件的描述还应包括使用河流的流量过程线。这些信息有助于理解和保护河流自然变化的重要性。流量过程线应代表整个水年，并尽可能多覆盖。通常沿指定河段的几个地点测量、计算或估计平均每月或每周流量。流量过程线对于了解其他与河流相关的值如何受流量影响也很重要，可以帮助理解河流的自然变化过程。良好的历史数据对于确定保护河道和洪泛区特征所需的流态至关重要。

2. 自流状态的保护

为了长久保持风景河流的自然流淌状态，《荒野风景河流法案》的第七部分对河流及其周边资源利用和开发建设做了很多限制。美国联邦能源委员会（The

Federal Power Commission，FPC）禁止在国家荒野风景河流及沿途修建对河流产生负面影响的大坝、输水渠、水库、泵站、水电站、输电线路或其他工程，不允许其他部门机构审批许可这样的建设项目，也不允许联邦政府的任何部门及所属机构向可能对风景河流的价值产生直接或不良影响的水资源工程建设项目提供贷款或拨款。水利工程项目对有可能被指定为国家荒野风景河流的价值产生直接的不利影响，将由内政部长或者农业部长负责对其进行研究和审批决定。

此外，在备选河流进入 NWSRS 的考察评定过程中，即使是已经获得联邦电力委员会批准的工程项目，也可能会因工程可能对河流价值产生负面影响而暂缓建设。直至资格考察评定结束，才能明确河流是否入选 NWSRS。需要特别指出的是，联邦电力委员会的禁令仅适用于那些可能对河流自然流淌状态产生负面影响的工程项目，而对那些不会对河流的自然、风景及游憩价值产生负面影响的开发项目并不适用。

对于由其他联邦机构批准的水资源利用项目，只有其对特定河流的价值有直接或不利影响时才会被明令禁止。而对于不影响河流自流状态及突出价值的工程可获批准，如大坝、引水工程、渔业的栖息地及流域恢复/改善工程、桥梁和其他巷道施工/重建项目、河床稳定项目、渠化工程、堤防建设、游憩设施等。在河流由国家授权研究时就已存在的水电工程，也可以保留。但适合河段建造大坝和其他设施的既定政策应在保护河流其他河段自由流动的前提下执行，用以保护这些河流水质及达到其他重要保护目的。

4.1.2　良好水质

《安全饮用水法》于 1974 年通过，旨在保护和改善美国的饮用水质量，确保公众获得安全、干净的饮用水。该法案规定了对饮用水质量的标准和监管要求，包括对饮用水中污染物的监测和控制，管辖范围包括从水源到水龙头的整个供水系统。《清洁水法》最初于 1972 年通过，主要规定包括：污水排放标准和监管要求；实施许可证制度，规定了对废水排放的管制措施，支持废水处理工厂的建立和运营，防止和减少向水体排放污染物；非点源污染控制；保护湖泊、河流和湿地等水体生态系统的措施。

为了执行《清洁水法》和《水质标准法规》的规定，美国国家环境保护局发布了《水质标准手册》，作为指导各州执行并制定水质标准的技术指南。国家制定水质标准的目的和意图是根据公众健康或福利的要求提高水质和防止污染。水质标准的内容包括四个部分：指定用途（designate uses）、水质基准（water quality crieteria）、反退化政策（antidegradation policy）和通用策略（general policy）（EPA，2010；宋国君等，2013；苏海磊等，2021）。

1. 指定用途

指定用途是为水体设定目标。为了公共利益，水体有合理和必要的多种用途。《清洁水法》规定了水体的指定用途，包括六大类：公共供水；鱼类、贝类和野生生物的保护和繁殖；游憩；农业和工业；航运；其他用途。前面的几种用途与中国《地表水环境质量标准》（GB 3838—2002）比较接近。但中国水质标准尚未关注水质的游憩用途。一个水体往往具有多种指定用途，一成不变的水质要求是不可取的或不合理的，政府可以根据社会经济情况，确定水体应该达到的用途。若州政府希望移除水体的某一个用途，则必须通过“用途可达性分析”（use attainability analysis，UAA）提供证明材料，说明这些用途无法实现的原因。

满足游憩需要的水体又可以进一步分为一次接触游憩（或称直接接触，primary contact）的水体和二次接触游憩（或称间接接触，secondary contact）的水体。一次接触游憩活动要求水体水质能够保护人们身体健康，避免人们因摄入或浸入水中活动而生病，通常包括游泳、滑水、潜水、冲浪和其他可能使人体沉浸的活动，这些活动过程中人体在水中（in the water）。二次接触游憩活动对水体水质的要求是要在身体不太可能沉浸到水体之中时，身体健康不受影响，如划船、涉水，这些活动过程中人体在水上（on the water）。这两种广泛的用途在逻辑上可以细分为几乎无限数量的子类别（如涉水、钓鱼、航行、动力艇、漂流）。

2. 水质基准

美国水质标准体系不同于中国。中国水质标准体系由中央政府统一制定水质国家标准，地方政府只是负责落实和执行。美国水质标准体系分“基准”和“标准”两个层次，水质基准由美国国家环境保护局公布，水质标准由各个州参照水质基准和本州的水体功能制定。基准是制定标准的科学基础，决定了水质标准本身的科学性和适用性，主要包括人体健康基准、水生生物基准、营养物基准、生态基准、野生生物水质基准、优控污染物基准等。水质基准有叙述性和数值型两种形式，其中数值型水质基准又包括基准量级、持续时间和最大允许超过频率等 3 个要素。

而水质标准以水质基准为依据，在考虑特定地域差异的基础上，又兼顾了技术上的可行性和经济上的合理性。其用来描述水体支持用途所具备的条件，可以用污染物的浓度、温度、pH、浊度、毒性等指标表示。然而，美国国家环境保护局经常将其大部分权力下放给州政府。因此，河流管理者必须通过联邦保护地管理机构和州环境保护机构共同努力，提供污染控制和减排措施。河流单元管理机构的实地规划，通常侧重于识别、监测和向联邦或州相关机构报告违反水质标准的行为。联邦管理机构与当地团体和政府合作，确保有利于保护水质的分区可能是有效的，尤其是在不受管制的径流导致水污染的地区。

3. 反退化政策

反退化政策既是州政府和部落在水质管理和保护方面的一项政策，也是水质标准体系的一部分。它设定了一系列规则，当要采取的措施可能使高水质水体水质降低时，就要采取这些政策。高水质水体是指水体的状况好于指定用途的水体。反退化政策强调当前良好的水体水质不得再恶化，此规定划定了水污染防治的红线，在严格保护水质方面发挥了重要作用。美国国家环境保护局反退化法规描述为“维持和保护水体的不同水平水质和用途的三级方法”。

一级（tier Ⅰ）要求保护和维持水体的现有用途。这是对所有水域实施的最低级别保护。环境部门必须确定计划排放是否会降低水质，以至于不足以保护和维持某一水体的现有用途。当任何改变现有用途的排放都与水体反降解规则不一致时，都将确保现有用途得到维护和保护。在这种情况下，必须避免计划排放，或者必须采取充分的缓解或预防措施，以确保维持水体现有用途并保护它们的水质。

二级（tier Ⅱ）保护高品质水体。高品质水域是指达到或超过支持鱼类、贝类和野生动物繁殖所需水质水平的水域，具有水上和水上游憩以及其他指定的有益用途。它们“应得到维护和保护”，除非州政府发现在规划执行过程中，如果要完全满足关于政府间协调和公众参与的规定，的确有必要为重要的经济和社会发展而允许水质降低。在允许水质退化或者降低的过程中，州政府要确保水质仍可完全满足当前用途。另外，州政府应当保证有针对新的和现存的污染点源达到最高法令和法规的要求，有针对非点源控制的低成本和合理的最佳管理方案。

三级（tier Ⅲ）严格保护杰出的国家资源水域（outstanding national resource waters，ONRW），如国家和州立公园、野生动物保护区的水域以及具有特殊游憩或生态意义的水域。作为美国国家资源保护政策的一部分，ONRW 被认为是美国水质最高的水域，并受到最高级别的保护。人们必须通过有效管理来获得更高质量的水域，以便对其进行维护和保护。不允许水质退化，除非退化是短期和暂时的。ONRW 是反退化政策的重要组成，但是《清洁水法》中并没有提到 ONRW，只是联邦反退化法规中提到了 ONRW：“高质量水域构成杰出的国家资源，如国家公园和州立公园、野生动物保护区的水域以及特殊游憩场所或具有生态意义的水域，即应维持和保护水质。”

反退化政策的目的就是防止高水质水体退化，“水质只准变好，不能变坏”。也就是说，当某些水体的自然水质要好于水质标准的要求，在接受一定程度内的污水排放后也可以满足水质标准时，反退化政策就将起到作用，限制会导致水体水质降低的排放行为。反退化政策是对水体利益相关者的基本约束，避免人们仍旧热衷于“充分利用水环境容量”的想法，认为只要水质还在当前划定的标准以上，就还可以继续利用其容纳污染物，或者降低标准，以使环境容量扩大（宋国君等，2013）。既使水体水质仍在规定标准以上，也不应该容忍污染。

NWSRS 严格执行反退化政策。严格限制水利工程设施；制定和实施水质水量战略规划；限制对河流有负面影响的活动，保持或提高现有水质。风景、游憩型河流属于高品质水体，执行二级保护政策，至少保持和维系河流具有突出价值的水质；自然型河流属于国家杰出自然资源水域，执行三级保护政策，不允许水质出现降级，严禁出现任何影响原有水质的行为活动。NWSRS 还特别注意河流水质与河流杰出显著价值（outstandingly remarkable value）之间的关系。例如，良好水质有助于开展有游泳和激流划船等一次接触游憩活动，可以彰显河流杰出显著价值体系中的游憩价值；水的颜色或透明度可能有助于提升河流杰出显著价值体系中的风景价值；而寒冷、充氧良好的水可能对河流杰出显著价值体系中的鱼类价值至关重要。

4. 一般规则

除指定用途、水质基准和反退化政策等 3 个核心要素外，水质标准还包括影响水质标准应用和实施的一般规则。州和授权部落可以在水质标准中采取一般规则，它们会影响使用和执行水质标准。这些一般规则包括混合区、临界低流量和水质标准特殊许可(苏海磊等，2021)，这些都是一些解决河流污染的措施和手段，在 NWSRS 中的体现并不充分。

（1）混合区。混合区是一个有限区域或一定体积的水域，排放物在这里进行初始稀释且可能超过某些数值型水质基准。美国国家环境保护局认为，在有限的明确水体区域中水生生物的暴露短时间内超过基准，可能不会影响整个水体指定用途的维持。这种情况下，可以允许某污染物的环境浓度超过基准值。

（2）临界低流量。为确保所采用基准能够保护指定用途，州和部落通常建立临界低流量值，以支持通过国家污染物排放清除系统（NPDES）许可证计划实施基准。临界低流量条件对水生生物群落的完整性和人体健康的保护提出了特殊挑战。低流量时可用于稀释的水较少，从而导致污染物的浓度较高，加剧废水排放的影响。

（3）水质标准特殊许可。水质标准特殊许可是指特定污染物或水质参数的有时限的指定用途和基准，反映了水质标准特殊许可期间可达到的最高条件。也就是在无法达到水质标准的情况下，州所批准的有时限的特殊许可。水质标准特殊许可适用于国家污染物排放清除系统允许的排放者或水体/水体段。特殊许可须被纳入水质标准并经美国国家环境保护局批准。特殊许可旨在作为一种机制，为州、部落和利益相关者提供时间，以便水体在当前指定用途未得到满足的情况下，在确定的时间段内采取行动改善水质。

《荒野风景河流法案》只针对自然型河流水质提出了描述性要求。水质要确保河流栖息地的鱼类和野生动物的正常繁殖，保证可以开展主要的游憩活动（如游泳），这个标准相当于或者高于中国地表水Ⅲ类水质标准；水质还必须符合或超过联邦政府批准的国家审美标准。

《荒野风景河流法案》中没有风景型以及游憩型河流水质的相关规定。随着美国国家环境保护局成立，以及 1972 年《清洁水法》的诞生，对《水污染控制法案》进行了修订，要求 NWSRS 联邦管理机构与环境保护局以及其他相关的国家机构合作，来识别和解决水质问题。1972 年的《水污染控制法案修正案》中提出了一个国家目标：美国所有的水域可钓鱼和游泳。1977 年的《清洁水法》进一步细化了这个国家目标，“恢复和维护化学、物理和生物等属性完整的国家水域”，通常表示为使所有水域“可钓鱼”“可游泳”；到 1983 年，全美的水质要实现可垂钓、可游泳；1985 年，要实现污水零排放（IWSRCC，2018）。因此，纳入 NWSRS 的河流水质至少必须是可钓鱼和可游泳的。此外，在河流单元的研究过程中，若河流由于水质较差而不能被纳入风景型及游憩型的分类，需提供并实施一个水质改善计划以适应联邦和州法律。

四个联邦机构对 NWSRS 的水质和水量还有自身的要求（IWSRCC，2003），如美国国家公园管理局的《管理政策 2006》（*Management Policies 2006*）有保护地表水和地下水、水权和水质等内容，概述了美国国家公园管理局对本机构管理的各种单位（包括国家荒野风景河流单元）水量和水质的指导。点源和非点源对地表水和地下水的污染可能损害水生和陆地生态系统的自然功能，并减少公园水域供游客使用和享受的效用。美国国家公园管理局将确定公园地表水和地下水资源的质量，并尽可能避免公园内外发生的人类活动对公园水域造成污染。

另外，一些州也对 NWSRS 河流的水质和水量进行了明确要求（IWSRCC，2003）。NWSRS 建设的标杆——俄勒冈州，其环境质量部门还制定了管理规划，以对 NWSRS 的水质进行明确。

4.1.3　杰出显著价值

《荒野风景河流法案》要求在指定的 NWSRS 中保护杰出显著价值，以造福于今世后代，但该法案并没有具体定义或明确列出哪些方面构成了这种杰出显著价值。直到 1999 年，荒野风景河流管理机构间协调委员会在《荒野风景河流研究过程》（*The Wild & Scenic River Study Process*）文件中给出了用于评估河流价值（独特、稀有或模范）的解释标准[①]。杰出显著价值通常在授权立法文件或河流综合管理规划中提出。

1. 要求

建立国家荒野风景河流，其杰出显著价值必须具有最低阈值，必须在一定程度上可以代表国家。杰出显著价值是指指定的河流及其周边土地上拥有的独特的、罕见的价值，或者在比较区域或国家范围内具有示范意义，这个独特价值必须在具有类似价值的河流中是独树一帜的。“独特”和“稀有”这两个词的字典定义表明，这样的价值将是许多类似价值中的一个显著例子，这些价值本身并不常见或非同寻常（IWSRCC，1999b）。关于河流杰出显著价值的描述应满足以下条件。

杰出显著价值与河流密切相关。在确定河流价值时需要分析的资源种类是十分广泛的，但分析的每一个特征必须都与河流直接相关。也就是说，这些资源或价值载体必须在河流及其 0.25mile（约 0.4km，1mile≈1.609km）的河岸范围内；对河流生态系统功能有很大促进作用；这些价值都是因为河流而存在的（IWSRCC，1999b）。

应为每个国家荒野风景河流单元的杰出显著价值指定可以比较的区域，即要求河流的某个自然、文化或具有突出价值的资源必须是基于一定尺度具有典型意义的。比较的尺度或者范围并不是固定的，可以是一个区域或者是一个地区，但应该定义比较分析的基础；合理的尺度可能决定河流价值。通常一个“区域”可以是行政单位、国家或者是国家的一部分；也可以按照自然地理（如地理分区）或者水文单元进行定义（如流域）（IWSRCC，1999b）。基于国家尺度的河流杰出显著价值，就可以认定是非同寻常（extraordinary）；基于区域尺度的河流杰出显著价值，就可以认定是不寻常（uncommon）。

杰出显著价值要针对河段进行评价。在提名文件或者河流综合管理规划中，需要完成的杰出显著价值评价包括：一是要判断是否存在价值，阐明河段内是否存在与杰出显著价值相关的有形资源；二是要阐明杰出显著价值如何因河段差异而有所不同；三是要区分一种价值类型是跨越多个河段，还是只存在于某一个河段（NPS，2016；Walker，2014）。

杰出显著价值描述必须准确、具体。纳入国家体系的河流要求河流及其周边的土地拥有一个或多个杰出显著价值。杰出显著价值定义清楚地阐明了河流对于国家的意义，以及对公众的重要性，说明或解释荒野风景河流在自然或文化主题方面具有特殊的价值或品质。

---

① http://www.rivers.gov/documents/study-process.pdf

杰出显著价值认定必须经得起推敲。杰出显著价值定义可以基于现有文献或者相关专家的专业观察得出。学科团队对河流价值的确定必须建立在比较分析的基础上；一旦某个河流单元确定被纳入 NWSRS 中，那么其价值就是可分析和可描述的；这是一个建立在客观分析基础上，跨学科团队进行的专业判断过程；作为流程的一部分，应寻求并记录熟悉特定河流资源的组织和个人的意见。该团队的分析结果需要形成报告，说明河流价值及其价值的重要性。

2. 构成要素

《荒野风景河流法案》规定，河流的杰出显著价值包括景观、游憩、地质、鱼类、野生生物、历史、史前价值和其他价值（表 4-1）。

表 4-1　美国国家荒野风景河流价值评价构成要素

价值类型	价值构成内容
景观价值	景观的多样性、独特的自然特征、景观要素季节性变化及文化景观
游憩价值	以水为基础的游憩机会、其他相关机会、体验质量、利用水平
地质价值	地质特征丰度及多样性、教育或科学意义
鱼类价值	鱼类丰度、自然繁殖能力、重量与活力、物种多样性、物种价值、生境质量、文化或历史意义、游憩意义
野生生物价值	物种多样性、物种丰度、自然繁殖能力、大小与活力、生境质量、文化或历史意义、游憩意义
历史价值	遗址的完整性、教育或解释意义、已成为或有资格成为国家史迹名录、指定为国家历史地标
史前价值	文化遗址的数量及其完整性、教育或解释意义、已成为或有资格成为国家史迹名录、指定为国家历史地标
其他价值	虽然“其他价值”范畴没有具体的国家评估准则，可能的开发对象包括但不限于水文、古生物及植物资源

景观价值。地貌、植被、水体、颜色和相关因素的景观要素导致明显或示范性的视觉特征和/或吸引力。在分析景观价值时，也需要考虑其他因素，如植被的季节性变化、文化改造的规模以及负面入侵的时间长度。大部分河流或河流段的景观和视觉景点可能高度多样化。

游憩价值。河流提供的游憩机会是独一无二的或者是区域内罕见的，已经具有足够能力或潜力吸引来自整个竞争区域或者竞争区域以外的游客。为了游憩的目的，游客愿意经过长途跋涉前往该河流。与河流相关的游憩机会包括但不限于观光、野生动物观察、露营、摄影、徒步、垂钓、狩猎和划船。竞争区域指一个州或一个流域。河流提供游憩机会的能力主要体现在两个方面：一是，游憩机会可能是特殊的，可以吸引或有可能吸引来自竞争区域以外的游客。二是，河流可能或有潜力为国家或地区竞赛活动提供场所。

地质价值。河流及其廊道内包含一个或多个在竞争区域内独特、罕见的地质特征、过程或现象的范例。这些地质特征可能处于异常活跃的发展阶段，具有“教科书”的示范意义，和/或代表独特或罕见的地质特征组合，如侵蚀、火山、冰川或其他地质结构。

鱼类价值。根据鱼类种群、栖息地或这些相关条件的组合来判断鱼类价值。鱼类种群可以根据水生野生动物种群、栖息地的相对优势以及这些因素的组合来判断。物种多样性是评估鱼类价值的重要考虑因素；河流或河流廊道内区域包含国家或地区重要的土著野生鱼类种群，特别重要的被认为是独特的物种，或联邦、州所列或候选的受到威胁、濒危和敏感物种的种群；河流及其廊道为具有国家或区域意义的野生动物提供高品质的栖息地，或者可以给联邦、州所列的或提名受到威胁、濒危和敏感的物种在栖息条件方面提供独特的栖息地或关键环节；连续栖息条件就是该物种的生物需求能够得到满足。

野生生物价值。野生生物价值应该考虑野生生物种群、栖息地和美洲原住民文化的利用，或这些因素的组合价值。河流及其廊道内可能包含具有国家或地区重要意义的本土野生动物种群，特别是被联邦、州列出的独特物种，以及受到威胁、濒危和敏感的候选对象；物种多样性是评估野生生物价值的重要考虑因素；河流及其廊道为具有国家或区域重要性的野生动物提供了异常优质的栖息地，也可能为联邦、州列出或候选的受威胁、濒危和敏感物种提供独特的栖息地或栖息地条件的关键环节；毗邻的栖息地条件可以满足物种的生物需求。

历史价值。河流及其廊道内包含与重大事件、重要人物或过去在该地区发生的罕见或独一无二的文化活动相关的场所或风貌。许多这样的场所都被列入国家历史名胜名录。在大多数情况下，历史遗址和/或风貌应具有 50 年或更久的历史。

史前价值。河流及其廊道存在美洲原住民占有和使用的证据。遗址必须有罕见或不寻常的特征或特殊的人类利益价值；遗址对于解释史前史可能具有国家或地区的重要性；遗址可能是罕见的，代表一种文化或首次被识别和描述的地区的文化时期；遗址可能被两个或多个族群同时使用；遗址和/或可能已被文化群体用于罕见的神圣目的。许多这样的场所都被列入由美国国家公园管理局进行管理的国家史迹名录。

其他价值。虽然没有为“其他类似价值”类别制定具体的国家评估指南，但可以制定与上述指南一致的其他河流相关价值的评估，包括但不限于水文、古生物学和植物学资源。这是一个包罗万象的类别（Diedrich and Thomas，1999）。

国会批准之前，需要研究河流廊道内外及其支流上的水资源利用项目，评估这些项目与该区域的相容性及削减河流价值。处于干流及支流上的建坝、引水等工程最有可能影响河流的景观、游憩、鱼类及野生生物等价值。

3. 评价方式

每条河的价值构成都有少许不同，对于杰出显著价值评价，《荒野风景河流法案》和荒野风景河流机构间协调委员会均没有规定统一的评价方式。在实践中，有三种比较常见的评价方式。

第一种方式：分段赋分。针对某一条河的不同河段，根据河段价值的 8 个方面进行赋分，如表 4-2 所示。

表 4-2　美国国家荒野风景河流分段赋分

价值类型	A 段	B 段	C 段	D 段	最高值
地质水文特征价值	2	1	2	2	2
植被价值	2	3	2	2	3
土著鱼类价值	2	3	3	3	3
溯河鱼类价值	0	0	0	0	0
野生动物价值	2	2	2	2	2
景观价值	2	2	2	3	3
游憩价值	0	1	2	2	2
考古、历史价值	4	4	0	0	4
以上最大值	4	4	3	3	3
是否符合自然度阈值？	否	是	是	是	

注：0 代表目前没有；1 代表低价值（不显著）；2 代表中等价值（部分显著）；3 代表明显价值（区域显著）；4 代表突出价值（区域显著）。

自然度是指现实河流的自然状态与天然状态的距离和相似程度，人类对其干扰度越高，其环境受到的破坏和影响就越大，自然度就越低。表 4-2 中的自然度阈值指的是自然度的界限。

第二种方式：价值构成。针对河流价值构成的独特性、稀有性、典型性三个维度，从八个方面对河流进行价值评价（表 4-3）。如果该河段具有三种价值特性中的任意一种，就在其对应方格中打钩，如果不具有就空缺。最后，根据所有河段的整体情况，对相应的河段做出相应的评价。

表 4-3　美国国家荒野风景河流突出显著价值评价指标

价值类型	A 段			B 段			C 段		
	独特性	稀有性	典型性	独特性	稀有性	典型性	独特性	稀有性	典型性
景观价值	√	√	√	√	√	√	√	√	√
鱼类价值	√	√	√	√	√	√	√	√	√
野生生物价值	√	√		√	√			√	
地质价值	√	√	√	√	√	√	√	√	√
游憩价值	√		√	√		√	√		√
文化价值	√	√		√	√		√	√	
史前价值		√			√			√	
其他价值	√	√	√	√	√	√	√		

第三种方式：根据实际情况，也有机构和个人采用其他方法，如社会脆弱性方法（social vulnerability approach）和 *Q* 方法等对河流价值进行描述和评估[①]。

4.2　加拿大遗产河流体系

为给加拿大遗产河流的提名、评估提供一致标准，CHRS 制定了一套框架《加拿大遗产河流体系：原则、程序和操作指南》（*Canadian Heritage Rivers System: Principles, Procedures and Operational Guidelines*），主要强调遗产河流的自然、文化及游憩价值。其中，自然、文化价值的评定分别依据《加拿大遗产河流自然价值评估框架》（*A Framework for the Natural Values of Canadian Heritage Rivers*[②]）、《加拿大遗产河流文化价值评估框架》（*A Framework for the Cultural Values of Canadian Heritage Rivers*）；游憩价值的评定主要依据《游憩遗产价值遴选指南》（*Selection Guidelines for Recreational Heritage Values*）及《游憩价值完整性指南》（*Recreational Value Integrity Guidelines*）。

为了把最有价值的河流纳入 CHRS 中，加拿大遗产河流委员会提出了遗产

① https://data.nal.usda.gov/dataset/flathead-wild-and-scenic-river-planning-2019-q-methodology-data-public-perspectives-human-and-ecological-meanings-and-services-and-drivers-change。

② https://chrs.ca/sites/default/files/2020-05/natural_values_e_0.pdf。

河流价值评估框架，包含自然价值和社会文化价值两大主题。该框架的目的是：①力图通过一个标准的方法，识别、评价河流价值；②为参与 CHRS 的政府、社区和组织提供一个评估河流价值的方式；③为参与遗产河流认定的专家提供一个测度遗产河流质量和数量的工具；④通过对已有的河流价值进行分类，该框架允许管理者识别差距与重复，也允许识别系统中的特殊价值，即具有罕见、唯一、突出的价值，这对遗产河流提名、认定和理解 CHRS 的管理重点更重要。

4.2.1　自然价值

1. 评估标准

自然价值包括自然的视觉美学和物质资产（如足够的流量、通航性、可达性及合适的河岸线）。当一条河流及其周边环境具有以下自然价值时，其杰出的国家自然遗产价值将被得到认可：一是加拿大河流环境演变的突出例子，其可以证明地球演化历史中的主要阶段和过程；二是包含重要河流、地貌和生物持续变化过程中的杰出表现；三是河流及其廊道的生物和非生物自然现象、形态或特征具有独特、稀有或杰出的特点；四是河流及其廊道包含稀有或濒危动植物物种的栖息地，包括加拿大人感兴趣和重要的动植物的主要集中地。

2. 评估框架

《加拿大遗产河流自然价值评估框架》用于合理和全面地评估加拿大遗产河流的自然价值。如果要提名加拿大的遗产河流，除了满足特定的遗产价值要求之外，河流及其周边环境还须保持完整性。该分析框架的基础是水文循环。该框架对与河流相关的非生物和生物特征进行了分类，这些特征都是水文循环中的土地和水作用的结果。遗产河流自然价值的评估主要由水文、地文、河流形态、生物环境、植被和动物 6 个一级主题 18 个二级主题构成（表 4-4）。前 3 个一级主题描述的是河湖的非生物特性，后 3 个一级主题描述的是河湖的生物特性。

表 4-4　加拿大遗产河流自然价值评估框架

主题	一级主题	二级主题
自然价值	水文	河湖流域
		季节性变化
		水成分
		河湖大小
	地文	地理区域
		地质事件

续表

主题	一级主题	二级主题
自然价值	地文	水文地质
		地形
	河流形态	河谷类型
		河道类型
		河道概况
		河流地貌
	生物环境	水生生态系统
		陆生生态系统
	植被	代表性植物群落
		珍稀植物种类
	动物	代表性动物群落
		珍稀动物种类

注：根据《加拿大遗产河流自然价值评估框架》和《加拿大遗产河流文化价值评估框架》整理，下同。

（1）水文。水文一级主题主要是识别水域与陆域交界的水组分。传统的水文关注水域与陆域的关系，水文主题依据何处、何时、何物和何量对河湖进行简单划分，水文主题分为河湖流域、季节性变化、水成分、河湖大小 4 个二级主题。

（2）地文。地文一级主题可分为地理区域、地质事件、水文地质和地形 4 个二级主题：地理区域指河流流经地属于何种地理类型；地质事件指河湖流经区域的地质变化情况，以及河湖如何随时间的推进而形成；水文地质是与河流及地下水有关的地质；地形指河流区域内形成了哪些地形。

（3）河流形态。从河流形态中可以观察到水文和自然地理对河流的共同作用。河流形态是影响河流景观的主要因素之一，包括四个方面：①河谷类型。河谷不仅能反映河流系统的地质历史，还提供了河流使用者如何对河流进行利用的主要信息。②河道类型。垂直面的河道类型包括河道形态和湖泊系统。③河道概况。水平剖面的河道轮廓描述了河流提名河段的整体倾斜程度。④河流地貌。其是河流不断发展和演变的典型结果。河流流动则折射出河流整体轮廓，它可以是规则的、梯状的或各种组合。梯状河流的重要表现特征是瀑布和急流，从而具有观赏价值。

（4）生物环境。框架前 3 个一级主题描述的是河流的非生物特性。水文和地文过程的组合效应产生了河流形态，也为生态环境奠定了基础，衍生出一系列与河流有关的生态系统。因此，该框架的前 3 个一级主题是后 3 个一级主题的物质基础，后 3 个一级主题分别是生物环境、植被和动物。生物环境包括两个二级主题：水生生态系统和陆生生态系统。水生生态系统包括河道、湖泊、河口和湿地，陆生生态系统对河流的生物环境产生了深远影响。河流并不能脱离它所在的直接环境来创建孤立的生态系统，不同的自然区域都有对应的河流。河流也能改善不同的生态系统，如通过提供额外水源或小区域的气候调节。

（5）植被。该一级主题侧重于表征特殊性植物品种。由于所有植物都依赖水，并且大多数植物是与河流联系在一起的，这个一级主题潜在地包含数量巨大的植物物种数量。河流与河岸带廊道区域往往到处生长着植物，包括代表性植物群落和珍稀植物种类两个二级主题。

（6）动物。河流提供给动物赖以生存的独特环境，或为以前广泛分布的动物提供避难所。像所有的植物物种一样，动物也依赖水，该一级主题包括代表性动物群落和珍稀动物种类两个二级主题。

3. 评估方法

拟提名的河流需要符合自然价值的代表性和完整性的要求（表4-5）。

表4-5　加拿大遗产河流自然价值评价

价值评价维度	价值评价标准
自然价值 代表性准则 （满足任意一条）	1. 河流环境是受地球进化的主要阶段和过程所影响的典型； 2. 河流显著连续的冲刷、地貌和生物过程的杰出代表； 3. 自然现象、过程或特征的独特、稀有或杰出代表； 4. 珍稀或濒危植物和动物物种栖息地，具有国家意义的动植物群落
自然价值 完整性准则 （全部满足）	1. 河流具有足够的规模，包括所有的自然过程、特点或者表征河流杰出自然价值的其他现象； 2. 河流生态系统组成部分，对需要保护的物种提供栖息地有显著的贡献； 3. 河流保持自由流动的状态； 4. 河流所有的关键要素和生态系统的组成部分不受位于河流外的蓄水池影响； 5. 河水未被污染，达到水生生态系统完整性的要求； 6. 河流的自然审美特征是自由的或人类发展不会对其产生不利影响

4.2.2　文化价值

1. 评估标准

文化价值是加拿大遗产河流突出价值的重要组成。当一条河流及其周边环境具有以下文化价值时，其杰出的国家文化遗产价值将被得到认可：一是具有突出的重要性，该河流在一段时间内通过对其所在地区或其他地区产生重大影响，从而对加拿大国家历史发展产生影响；二是与具有国家意义的人物、事件或信仰密切相关；三是包含独特、稀有或非常古老的历史建筑或考古建筑、作品或遗址；四是包含代表加拿大国家历史主要主题的历史建筑或考古建筑、作品或遗址。

2. 评估框架

该框架围绕人类使用河流资源和河流对人类活动的影响而构建。与自然价值类似，文化价值的评估也采用分层的方法。文化价值框架主题划分为 5 个一级主题，再按元素组成分为 14 个二级主题（表 4-6）。一级主题、二级主题都是基于与河流有关的人类活动及产生的影响，文化价值评估包含若干个不同的选项，并对其进行最具体的描述[①]。

表 4-6 加拿大遗产河流文化价值评估框架

主题	一级主题	二级主题
文化价值	资源获取	渔业获取
		岸线资源获取
		水资源获取
	水上运输	商业运输
		运输服务
		勘探与测量
	河岸聚落	住宅选址
		滨河社区
		河流影响的交通方式
	文化与游憩价值	精神联系
		文化表达
		早期游憩
	管辖权的使用	冲突与军事关联
		边界

（1）资源获取。人类从河湖中获取各种资源。渔业获取，这是许多河流的重要产出；岸线资源获取，以多种途径获得河流提供的其他生物资源和采砂等；水资源获取，从水道中直接利用水能发电，供城市、农业和工业使用。

（2）水上运输。水上货物和乘客的运输，利用船舶在天然河道中或人工修建的航道中航行。河道内或河边的相关设施用于服务游客、疏导航道和维护交通，维修船只或帮助控制漂浮的散装货物，以及反映战争与历史事件的渡口等。

（3）河岸聚落。沿河岸线单一居住或集群居住的两种形式，是许多河流文化景

① https://chrs.ca/sites/default/files/2020-05/cultural_framework_e_0.pdf。

观的一部分，特别是在河谷地区。这种住宅以地面为基地，充分利用河流来满足经济、政治及其他方面的需要。住宅的选址以及它们的设计、位置、间距等，往往是河流对经济活动和社会活动影响的表现：个人选择在河滨地区居住，致使群体和社区沿河岸集聚发展，交通运输方式会根据河流情况有所调整。

（4）文化与游憩价值。河流为艺术的表达、精神生活及游憩活动提供了理由和场所。对许多住在河边或经常去河边玩的人们而言，相对于对水资源本身的利用或进行与水相关的经济活动，人与水之间的文化联系更加重要。对居住在河边的人们而言，河流是一种精神联系、文化表达；河湖也是传统的游憩场所和旅游景区。

（5）管辖权的使用。政府之所以要对河流进行管辖，是因为河流对任何政治单位组织而言，都具有经济、政治及社会发展等方面的重要意义。河流与政治冲突和军事行动密切关联；河流在空间和行政区域划分方面具有天然优势，尤其是当河流两岸地貌、植被、气候及可进入性等情况不同时，给人类移动带来障碍的河流就成为最方便的边界，包括省、市、县甚至乡镇的边界；管理河流以保护河岸土地使用者的资产，监管河流的使用以保护河流，包括防洪、水资源管理与水生生态系统的改善、河流的使用规定。

3. 评估方法

从两个维度对遗产河流文化价值进行评价：一是文化价值的代表性，它通常以河流环境的重要性来体现；二是文化价值的完整性，其主要表现在河流规模、文化价值观赏的连续性、文化价值的提供会不会影响河流的自然属性等方面，具体文化价值的评价标准如表4-7所示。

表4-7　加拿大遗产河流文化价值评价

文化价值评价维度	文化价值评价标准
文化价值代表性（至少满足一条）	1. 河流环境具有突出重要性，通过对其所在区域或超出区域产生影响，进而影响国家发展，包括对原住民、居住模式和运输等的影响； 2. 河流环境是与人物、事件、运动、成就、思想或具有国家意义的信仰紧密联系在一起的； 3. 河流环境包含历史建筑、考古建筑、场所或独特、稀有、非常古老的遗址； 4. 河流环境包含历史建筑、考古建筑、场所或代表国家历史的重大主题遗址的突出地点或集中地
文化价值完整性（满足全部）	1. 河流规模足够大，包括所有的特征、活动及代表河流杰出文化价值的其他现象； 2. 河流的视觉特征，至少要在河流历史价值的一个时期被不间断地欣赏； 3. 河流文化价值包括关键文物和遗址，未被人为蓄水池及人类使用土地影响； 4. 河流的水质不因文化价值提供的视觉特征或文化体验而降低

4.2.3 游憩价值

1. 认定标准

河流杰出的游憩价值具有以下情况，在加拿大国家层面将会得到认可：一是河流及其周边环境能够提供与河流直接相关的游憩机会。游憩机会包括基于水的各种活动，如独木舟和其他形式的划船、游泳和钓鱼。二是与河流间接相关的其他游憩活动机会，如露营、远足、野生动物观赏。三是自然遗产和文化遗产欣赏，这些活动也是河流游憩体验的一部分。与河流相关的自然价值、文化价值共同提供了杰出的游憩体验机会。这里的自然价值包括自然视觉美感和实物，如充足的流量、适航性、急流、可达性和合适的河岸线。

2. 价值构成

游憩机会由河流及其周围环境提供，游憩体验则需借助河流自然价值与文化价值提升。加拿大遗产河流委员会并没有给出游憩价值评估框架，但在2017版的操作指南①中建议以如下标题方式列出（表4-8）。

表 4-8 加拿大遗产河流游憩价值构成

主题	一级主题	二级主题
游憩价值	划船	白水独木舟、皮划艇和木筏
		拓展的皮划艇游憩（机动艇和非机动艇）
		一日划船和赛艇
		高速划船
		机动游船/船屋
		商业游船
		帆船
	垂钓	工作日垂钓
		周末垂钓
		假期垂钓
		飞蝇钓
		冰钓
		针对特定鱼类的垂钓活动

① https://chrs.ca/sites/default/files/2020-03/CHRS%20Principles%2C%20Procedures%20and%20Operational%20Guidelines% 20%202017%20%5BEN%5D.pdf。

续表

主题	一级主题	二级主题
游憩价值	水中项目	游泳
		滑水
		浮潜/水肺
	与水相关的活动	步道使用（远足、步行、骑自行车）
		野营
		打猎
	冬季活动	雪地摩托/狗拉雪橇
		越野滑雪
		滑冰
	自然遗产鉴赏	野生动物
		植被
		远景/风景质量
		地质特征/水体特征
	文化遗产鉴赏	历史地标
		文化景观
		体育赛事/活动
		文化活动/活动

注：根据《加拿大遗产河流体系：原则、程序和操作指南》整理；飞蝇钓是一种钓鱼方式。

3. 评估方法

自然价值、文化价值的评价标准是代表性和完整性两个方面，游憩价值以河流为核心活动空间，其评价标准分为游憩机会提供和游憩体验提升两方面。某一条河流需满足自然价值及文化价值代表性维度中至少一条标准、完整性维度的所有标准，以及游憩价值机会和体验两个维度的所有标准，方可纳入遗产河流系统。其具体的游憩价值评价方法如表 4-9 所示。

表 4-9　加拿大遗产河流游憩价值评价方法

评价维度	评价标准
游憩机会的提供（满足所有）	1. 游憩机会包括水上活动，如独木舟或其他形式的划船、游泳、钓鱼和其他活动（如露营、徒步、观赏野生动物），以及构成部分河流漫游经历的自然价值和文化鉴赏； 2. 自然价值可以提高天然的视觉美感、实物资产，如足够的流量、适航性、急流、可进入性、适宜的岸线

续表

评价维度	评价标准
游憩体验的提升（满足所有）	1. 河流的水质适合开展亲水性的游憩活动，提供游憩机会； 2. 河流的视觉外观能够为旅行者提供连续的自然体验或自然与文化组合的体验，不因现代人力入侵而显著中断； 3. 河流能够支持游憩用途，并且对其自然价值和文化价值或视觉特征没有显著的损害或影响

4.3　新西兰国家水体保护区体系

新西兰 NWCS 的保护对象与美国 NWSRS 非常相似，但是没有 NWSRS 完善和复杂。

4.3.1　主要目标

《水保护令》需要兼顾的保护目标是：各种形式的水上游憩、渔业和野生动物栖息地保护，维持河流、溪流或湖泊的荒野、风景或其他自然特征，满足第一、二产业和社会的需求，符合任何相关区域规划方案和地区方案的规定。《水保护令》需要政府承诺保护处于或接近自然状态的河流和河段，或突出的荒野、风景和宜人特征。

《水保护令》的覆盖范围，从“河流、溪流和湖泊”扩大到包括池塘、湿地、含水层和地热水。“荒野”和“风景”成为河湖受到保护的两个价值特征，还包括历史、文化、精神、生态及原住民（Watson，2012）。

1. 自然状态

自然状态（natural state）是河湖处于尚未被人为干扰或者是人为干扰比较小的状态。保护处于自然状态的水体（包括河流和湖泊），或者在水道经过改造的情况下，保护其突出的特性和允许与这些特性兼容的用途。

由于新西兰许多河流的自然状态发生了很大变化，尤其是在河流的下游河段。新西兰 NWCS 的设计者们认为：与自然生态系统相关的无形价值相比，水电开发用途更容易从经济角度进行量化（NZCA，2011）。水电开发的结果导致河流流量、水质和健康的河流功能下降。政府承诺保护那些尚未被开发的或天然河流，将防止这些高价值河流的进一步损失。一旦失去这些价值，将它们恢复到以前的状态是昂贵的，而且几乎不可能。这对后代来说将是一个糟糕的遗产。

2. 河湖价值

要被纳入 NWCS，水体本身必须在国家范围内具有突出地位，或者具有突出的特征，或者可以某种显著的方式对突出的特征做出贡献。

《水保护令》的特定目的是：将保护优秀的风景和舒适价值放在首位，其目标旨在“承认和维持其自然状态下水域所提供的舒适性”，并“确保保护河流、溪流和湖泊的荒野、风景和其他自然特征”（Oldham，1989）。保护具有贡献特征的任何水体，都需要考虑具有突出意义的毛利文化特征。

4.3.2 主要指标

国家水土保持局（National Water and Soil Conservation Authority）在 1984 年的《国家野生和风景河流名录》中，使用风景价值、游憩价值、荒野价值、生物价值、科学价值和文化价值的评价指标，将水体按重要性顺序分为三组。后来，指标又增加了渔业和旅游价值。新的《水保护令》中，指标包括陆地或淡水物种的栖息地价值，鱼类（土著、鳟鱼或鲑鱼）价值，荒野、风景或其他自然价值，科学价值和生态价值，游憩价值、历史价值、精神价值或文化价值，突出的毛利文化价值。

《水保护令》还设定诸多水质指标：水体的数量、质量、流速或水位；为水体寻求或允许的最高水位和最低水位，或者流量范围，或者水位或流量的变化率；与《水保护令》目的一致的最大取水分配或最大污染物负荷；水体中的温度和压力范围。

4.4 中国国家水利风景区体系

早期，水利风景区设立的主要目的是发展旅游，国家水利风景区的发展一直受到旅游景区发展思路的影响。与《风景名胜区总体规划标准》（GB/T 50298—2018）、《旅游资源分类、调查与评价》（GB/T 18972—2017）等国家标准类似，《水利风景区评价标准》（SL 300—2013）是一个综合评价标准，包括风景资源、开发利用条件、环境保护和管理四个方面的内容。2023 年，水利部发布了《水利风景区评价规范》（SL/T 300—2023），修订后的总体框架和评价总分基本不变，评价内容调整为风景资源评价、生态环境保护评价、服务能力评价和综合管理评价等 4 个类别，调整了赋分权值，细化量化了评价指标。

实际上，两个评价标准中的资源和环境两个部分就是水利风景区的保护对象。SL 300—2013 标准的评价体系中，风景资源评价的分数占比最大，占到 40%；开发利用条件、环境保护和管理各占 20%。SL/T 300—2023 标准的评价体系中，降低了风景资源的比重，风景资源评价分数占比由 40%下降为 30%，生态环境提高到了 25%，服务能力也提高到了 25%，综合管理评价仍然保留 20%。

4.4.1　风景资源

1. 构成内容

行业标准《水利风景区评价标准》（SL 300—2013）基于重视水利风景资源、建设旅游景区的思路，高度强调风景资源的观赏性，风景资源包括水文景观、地文景观、天象景观、生物景观、工程景观、人文景观，而且 6 个单项指标中有 4 个强调观赏性。《水利风景区评价规范》（SL/T300—2023）为了体现水利行业的特色，将水利风景资源分为 3 个单类和 1 个综合类（表 4-10），3 个单类为工程景观、自然景观和人文景观（表 4-10）。

表 4-10　2013 版和 2023 版评价标准的风景资源构成对比

<table>
<tr><th colspan="3">（SL 300—2013）</th><th colspan="3">（SL/T 300—2023）</th></tr>
<tr><th>大类</th><th>小类</th><th>构成要素</th><th>大类</th><th>小类</th><th>构成要素</th></tr>
<tr><td rowspan="7">风景资源</td><td>水文景观</td><td>种类、规模、观赏性</td><td rowspan="7">风景资源</td><td rowspan="4">工程景观</td><td rowspan="4">种类、规模、知名度、观赏性</td></tr>
<tr><td>地文景观</td><td>地质构造典型度，地形、地貌(含)观赏性</td></tr>
<tr><td>天象景观</td><td>种类、观赏性</td></tr>
<tr><td>生物景观</td><td>自然生态、动植物珍稀度、观赏性</td></tr>
<tr><td>工程景观</td><td>主体工程规模、建筑艺术效果、工程代表性</td><td>自然景观</td><td>水流景观、岸线景观、地文景观、生物景观、天象景观</td></tr>
<tr><td>人文景观</td><td>历史遗迹、纪念物，重要历史人物、事件，民俗风情，建筑风貌，文化科普</td><td>人文景观</td><td>多样性、知名度、关联性</td></tr>
<tr><td>风景资源组合</td><td>景观资源空间布局、景观资源组合效果</td><td>景观组合</td><td>组合效果</td></tr>
</table>

注：根据《水利风景区评价标准》（SL 300—2013）和《水利风景区评价规范》（SL/T 300—2023）进行整理。

2. 评价方式

两个版本的风景资源评价均采用单项赋分、最后求和的方式，主要体现在单项指标构成要素和赋分的差别。在 SL/T300—2013 中，自然景观包括水文景观、地文景观、天象景观和生物景观，四类资源占到了风景资源的 56.25%；SL/T300—2023 把水流景观、地文景观、生物景观和天象景观归纳到自然景观，自然景观资源评分占风景资源评分的比重下降了22.92%。新标准体现了对水利的高度重视：一是提升了水利景观的地位，把工程景观提到风景资源的首位；二是大幅提高了工程景观分值占比，从18.75%提高到33.33%。三是增加了岸线景观评价指标，包括水域岸线整体景观优美，自然风貌得到有效保护与修复，与周边环境、当地文化、乡村、城市建筑等协调融合。

4.4.2 环境保护

1. 构成内容

《水利风景区评价标准》（SL 300—2013）的环境保护评价中有水生态环境质量、水土保持质量、生物多样性保护、空气质量等四项内容。《水利风景区评价规范》（SL/T 300—2023）的生态环境保护中有水生态环境、陆生生态环境、节水与环保和空气质量等四项内容，进一步强调了水利风景区涉水的特点，评价指标包括了水质、水量、水生生物多样性、水土保持、节水设施等内容（表4-11）。

表4-11 2013版和2023版评价标准的环境保护构成对比

《水利风景区评价标准》（SL 300—2013）			《水利风景区评价规范》（SL/T 300—2023）		
大类	小类	构成要素	大类	小类	构成要素
环境保护评价	水生态环境质量	水质、水量、水循环、水生物、污水处理	生态环境保护评价	水生态环境	水量、水质、水生生物多样性保护
	水土保持质量	水土流失综合治理率、林草覆盖率		陆生生态环境	水土保持率、林草覆盖率
	生物多样性保护	物种保护、栖息地设置、保护措施和效果		节水与环保	节水设施、环保设施、达标排放
	空气质量	环境空气质量、负氧离子含量、舒适度		空气质量	环境空气质量、负氧离子含量

注：根据《水利风景区评价标准》（SL 300—2013）和《水利风景区评价规范》（SL/T 300—2023）进行整理。

2. 评价方式

两个版本的环境保护评价均采用单项赋分、最后求和的方式，主要体现在单项指标要素构成和赋分的差别。在SL/T300—2013中，水生态环境质量、水土保持质量、生物多样性保护和空气质量评价占比分别为37.5%、25%、25%和12.5%；SL/T300—2023中水生态环境、陆生生态环境、节水与环保、空气质量评价占生态环境保护评价分别为36%、24%、32%和8%。其中，空气质量和水生态环境的占比有所下降。

第5章　河湖保护地空间确定

本章基于小流域、省域和国家三个不同尺度，从青竹江流域、四川省域、中美两个国家探讨河湖保护地空间确定的方法，以及空间分布形成的差异。

5.1　小流域尺度——四川省青竹江流域河湖保护地空间遴选

生态系统方法能综合考虑生态系统完整性和原真性，识别生物多样性高的优先保护区（Shepherd，2004；Browman and Stergiou，2004；Spench et al.，1996）。该方法是一种技术手段但无统一实施形式，为土地资源、水资源和生物资源的综合管理提供了强有力的策略，以合理方式促进自然资源保护与可持续利用（周杨明等，2007；CBD，2004）。

5.1.1　原理

1. 河流生态系统构成要素

生态系统方法综合考虑保护地内的构成要素，筛选出生物多样性丰富、受人类影响小的区域作为保护地首选区域（Li et al.，2020）。选取河流、森林和人类活动作为河流生态系统构成要素，对应选取河流内代表性物种、流域森林覆盖状况和人类活动影响作为影响保护地建设的因素。

（1）河流水生态系统质量会影响流域结构、功能及人类社会发展。河流内生存的物种则是河流生态系统物质循环和能量流动的关键部分，尤其属于脊椎动物的鱼类和两栖类物种，能间接表征河流健康状况（朱党生等，2012；陈进和黄薇，2008）。

（2）森林是流域内陆地生态系统的重要组成，会对河流生态系统产生显著影响（蔡晓明，2002）：森林会影响水文循环，进而影响河流径流量。此外，森林会影响河流水质和形态，最终影响河流生态系统结构和功能（Allan et al.，2021；魏晓华和孙阁，2009；Hewlett，1982）。

（3）人类活动（森林采伐、污染物排放、工程建设等）会改变河流蒸散发和径流之间的平衡及径流方式（Allan et al.，2021；陈进和黄薇，2008），从而影响河流生态系统；人类活动也使环境压力不断增加，生物状态从自然状态向退化状态演变（Davies and Jackson，2006）。

在以往研究中，河湖保护地优先空间确定多以生物多样性或物种保护为基础，较少考虑生态系统完整性和原真性，也较少考虑人类社会和经济发展等因素。相比其他国家，中国飞速发展的经济使发达地区保护体系面积趋于饱和，难以建立新的自然保护地；欠发达地区的大部分用地则用于经济作物种植和旅游开发，保护与发展间矛盾突出。另外，中国土地属于国有制和集体所有制，建立保护区不需要购买土地，节省了高昂的土地购置成本，而保护地管理运营成本、保护地内的人类居住和发展才是关键问题（张路等，2015）。

2. 河流生态系统原真性

原真性概念来源于文化遗产保护领域，即遗产的真实性和可信性，强调维持其原始状态（张成渝，2010）。生态学意义上的原真性概念主要来自恢复生态学理论，存在“自然原真性”和“历史原真性”两种理解。“自然原真性”是指生态系统回到健康状态，但是不考虑生态系统是否精确地反映出它的历史结构和组成（何思源和苏杨，2019）；“历史原真性”是指生态系统需要恢复到某一个特定的历史状态。也有学者认为生态系统原真性应包括文化景观的原真性，主要体现在景观保留情况、景观修复情况、历史文化、历史事件、所依托的自然山水、与环境的交融等方面。大多数学者认为生态系统的原真性是指保存原生态的自然区域，未经受过明显的人为干扰，拥有大面积高质量荒野，生态系统和生态过程处于高质量的自然状态（徐红罡等，2012；Jones，2009；徐聪荣和张朝枝，2008）。在这两种观点的基础上，有学者进一步提出，评判原真性的主要标准在于生态系统的自我调节能力和可被预测的程度，并结合给定的历史地理条件进行预测，由此实现“自然原真性”和“历史原真性”的统一（林震，2021；杨锐，2018；虞虎等，2018；Dudley et al.，2013）。

河流原真性即河流生态系统保持自然原始的状态。在一定地理空间内，代表性物种、森林覆盖状况和人类活动影响三者形成一定的耦合关系，能表征河流生态系统的原真性。①代表性物种是河流水质状况、自流状态等方面的表征，也是河流生态系统原真性的表征。②森林覆盖状况和人类活动影响可间接表征河流及其周边环境的原生状态。森林覆盖状况越好（尤其是原始森林），表明森林系统原真性越好；而人类活动影响越小（如土地开发利用强度低、基础设施建设影响小等），生态系统受到人类干扰越少，表明所在区域原真性越好。

3. 河流生态系统完整性

生态系统完整性最早是指保护生物群落完整性、稳定性和美感等（Leopold，1949）。后来研究者普遍认为生态系统完整性是支持和保持一个平衡的、综合的、适宜的生物系统的能力，而这个生物系统与所处自然生境一样，具有物种构成、多样性和功能组织的特点（刘晓娜等，2021）。20 世纪中期，随着生态系统科学和生态伦理学理论的发展，生态群落的完整性受到广泛关注。生态学把整体性看作自然生态系统的重要特征之一，强调任何一个自然生态系统都是由多要素构成的统一整体。早期，完整性主要被用于评价原始森林和荒野区域，强调保护生物群落完整性、稳定性等，后来逐渐拓展为对区域性生态系统进行评价。一般来说，生态系统的完整性主要有两层含义：一是特定区域生态系统组成要素的完整性，二是整个生态系统的健康、韧性和自组织能力（林震，2021）。

研究河流生态系统完整性要在一定空间范围内综合考虑河流自身与周边土地、植被等环境，以及河流与人类的相互作用。一方面，河流生态系统包括水文循环、多变的河道、溶解物质、沉积物等元素（Allan and Castillo，2007；蔡晓明，2002）；另一方面，河岸区森林与流域森林（Mo et al.，2019；Barber et al.，2014）及人类活动干扰（Januchowski-Hartler et al.，2011；Pringle，2001）对河流生态系统健康、流域生物多样性保护有重要影响。

5.1.2　方法

本研究运用生态系统方法，综合考虑物种、森林和人类活动要素，将其作为优先空间格局识别的基础，能保护河流生态系统完整性和原真性。

1. 范围确定

河湖保护地完整性和原真性的目标需要基于河流生态系统一定空间范围得以实现。美国 NWSRS 是世界上第一个河流保护体系，在长期实践中，NWSRS 将河流中心线两侧 0.25mile（约 400m）范围划定为完整的河流生态系统生态区，并规定在此区域内禁止任何影响水质或水量的开发活动（McManamay et al.，2013）。研究借鉴这一做法，选取河流中心线两侧 400m 范围作为河湖保护地范围。

本研究选取物种不可替代性（irreplaceability，IR）指数、森林覆盖指数和未受人类影响指数三个指标，分别表征河流内代表性物种、森林覆盖状况和人类活动影响。经过数据处理和计算得出物种不可替代性指数图 S_A、森林覆盖指数图 S_B 和未受人类影响指数图 S_C。

2. 物种不可替代性指数计算

物种不可替代性是系统保护规划（systematic conservation planning）的核心概念，以空间单元为基础，以单元被规划模型选中的次数为量化依据。不可替代性表示该单元不可被其他单元替代的程度，是生物多样性和保护代价的综合表征，其数值能反映所有规划单元的保护优先性序列。研究运用系统保护规划方法，通过 Marxan 软件计算得出研究区域规划单元的物种不可替代性指数图 S_A。

系统保护规划综合考虑了保护区连通性、边界长度、保护代价、物种保护目标等因素，基于模拟运算模型进行保护区的选址和规划，克服了传统保护规划仅考虑自然性质和生物学范式的缺陷（Margules and Pressey，2000）。Marxan 作为保护规划软件，依据最小覆盖集模型，运用模拟退火算法将保护区优先空间选址转化为数学问题，通过计算机得出最优解。选址计算的目标函数形式见式（5-1），Marxan 在满足既定约束条件下，使目标函数值最小。

Marxan 目标函数值 = 保护地网络体系总成本 + 边缘长度调节器×保护地边界总长度 + 对代表性物种保护不充分的保护惩罚值 + 超出预设成本阈值的惩罚值　（5-1）

具体操作步骤如下：

（1）将研究区域划分为 30m×30m，共 527957 个规划单元。

（2）按照河湖保护地范围制作各物种分布图。

（3）按乡镇范围制作保护成本图层：参考相关研究（Banks and Skilleter，2007；Wilson et al.，2005）和数据可获取性，采用乡镇人口数和农村居民可支配收入作为间接保护成本，将二者值归一化后叠加得到保护成本图。

（4）运用 Marxan 软件计算流域范围物种不可替代性：参考已有研究设定保护目标为 30%，结合软件调试及敏感性分析，选取 BLM（边缘长度调节器）= 0.008，SPF（对物种保护不充分的保护惩罚值）= 9.0，超出预设成本阈值的惩罚值 = 0（因非实际项目故不考虑此项），迭代运算次数 = 100。

（5）提取得到河湖保护地范围的物种不可替代性指数图 S_A。

3. 森林覆盖指数提取

将全球森林覆盖数据集导入 GIS 中进行处理：经过投影转换后按流域范围提取栅格数据，最终得到青竹江流域森林覆盖指数图 S_B。全球森林覆盖数据集覆盖范围从 80°N 至 60°S，以约 30m×30m 的分辨率显示了 2010 年全球所有土地的树木覆盖状况，表征了每个像素在 2010 年生长旺季的树冠覆盖率估计值的最大值（GLAD，2010）。

4. 未受人类影响指数计算

潜在保护地倾向于未受人类影响的区域，其生态系统必须具有一定的原真性和完整性。目前，尚没有未受人类影响的计算方法，只有表征受人类影响的计算方法。因此，未受人类影响指数（non-human influence index，NHII）则可以定义为人类足迹指数的负数。

人类足迹指数（human footprint index，HFPI）是一种人类影响相对于各生物群落最高影响记录百分比的归一化数据。由人口密度、土地利用转变、通达性、电力基础设施 4 种类型 9 个数据层通过缓冲区叠加分析和影响力赋值生成人类影响指数（human influence index，HII）；然后根据陆地生物群落划分方法将全球划分为 15 个生物群落，计算陆地和每个群落中 HII 的最大值、最小值，对 HII 进行归一化处理后得到人类足迹指数（Sanderson et al.，2002）：

$$\mathrm{HFPI}=\frac{(X-X_{\min})\cdot(X_{\max}-X_{\min})}{Y_{\max}-Y_{\min}}+X_{\min} \tag{5-2}$$

式中，HFPI 为人类足迹指数；$X_{\min}$ 为 HII 在某一生物群落中的最小值；$X_{\max}$ 为 HII 在该生物群落中的最大值；$Y_{\min}$ 为陆地 HII 最小值；$Y_{\max}$ 为陆地 HII 最大值。

具体操作步骤如下：

（1）根据美国国家航空航天局（National Aeronautics and Space Administration，NASA）社会经济和数据中心给出的不同缓冲区影响指数，对流域数字高程模型（digital elevation model，DEM）图、人口密度图、土地利用类型图、公路图、铁路图和夜间灯光图进行重分级后，分别得到对应的重分级图 S_1、图 S_2、图 S_3、图 S_4、图 S_5 和图 S_6。

（2）在图 S_2 和图 S_4 中加入坡度元素进行优化。运用 ArcGIS 栅格代数计算工具将流域坡度图分别乘以图 S_2 和图 S_4 得到优化后的图 S_2' 和图 S_4'。优化的依据为：坡度越小的位置可达性越高，土地利用程度越大，人口密度越高，人类活动影响程度也越高；优化后能更真实客观地表征区域的人类活动状况。

（3）根据步骤（1）中缓冲区影响指数分级标准对图 S_2' 和图 S_4' 进行重分级得到图 S_2'' 和图 S_4''。

（4）未受人类影响指数图 S_C 计算。将图 S_1、图 S_3、图 S_5、图 S_6、图 S_2'' 和图 S_4'' 六个图标准化后叠加，得到流域人类足迹指数图 S_{HFPI}，对图 S_{HFPI} 取负值运算得到图 S_C。

5. 权重确定和图层叠加

传统保护区优先空间确定多依据物种不可替代性：区域不可替代性越高，生物多样性价值越高，保护优先程度也越高。生态系统完整性和原真性强调要素完整和原始状态的维持，因此，研究将综合考虑物种、森林和人类活动。

在此基础上，借鉴保护地研究中叠加处理技术（Zhang et al.，2013），本书将 S_A、S_B、S_C 三个图在 GIS 中进行叠加运算得出综合保护价值（comprehensive protected value，CPV）图 S。考虑河流、森林及人类活动 3 个要素对保护地规划和建设的影响程度具有差异性，运用专家打分法确定了 3 个要素各自的权重，并将其分别作为图 S_A、图 S_B 和图 S_C 在叠加运算时的权重，叠加公式如下：

$$S = \alpha_1 \cdot S_A + \alpha_2 \cdot S_B + \alpha_3 \cdot S_C \tag{5-3}$$

式中，S 为叠加计算结果；α_1、α_2 和 α_3 分别为各自权重，根据生态学、生物、鱼类、保护地、水利等学科专家及当地 9 位专家的评分确定（$\alpha_1 = 0.5$，$\alpha_2 = 0.3$，$\alpha_3 = 0.2$）。

整个模型构建过程运用生态系统方法，系统考虑了生态系统完整性和原真性目标。运算结果能表征河湖保护地内规划单元的综合保护价值：价值越高，生态系统完整性和原真性越高，保护的优先程度也越高。在此基础上，通过对比现有保护地体系分析保护空缺，最终识别出未被保护地保护的物种多样性丰富、森林覆盖率高、未受人类影响或受人类影响小的区域作为优先空间。四川省青竹江流域河湖保护地空间遴选技术路线如图 5-1 所示。

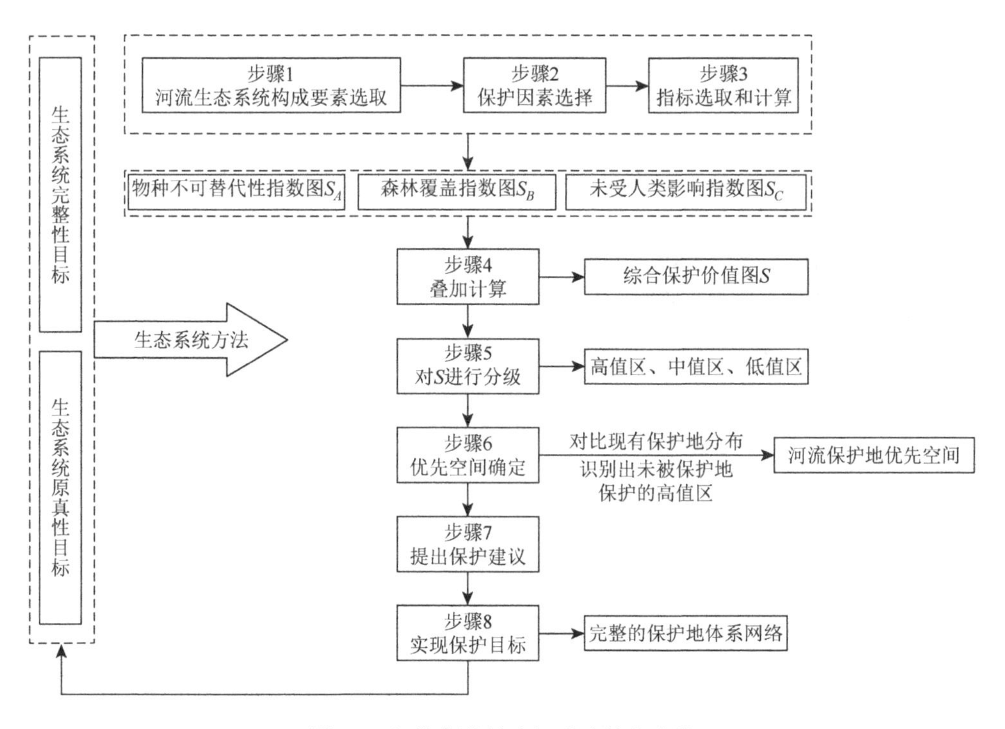

图 5-1　河湖保护地空间遴选技术路线

5.1.3　研究区概况与数据来源

1. 研究区概况

青竹江位于中国四川、陕西、甘肃三省交界处，发源于四川省青川县境内西北部海拔 3837m 摩天岭南麓及大草坪。河流全长约 204km，自西北向东南流，其中 154km 位于青川县境内，全流域面积 2873km^2。为了保证资料可获取性，研究只考虑位于青川县境内的青竹江（图 5-2）。

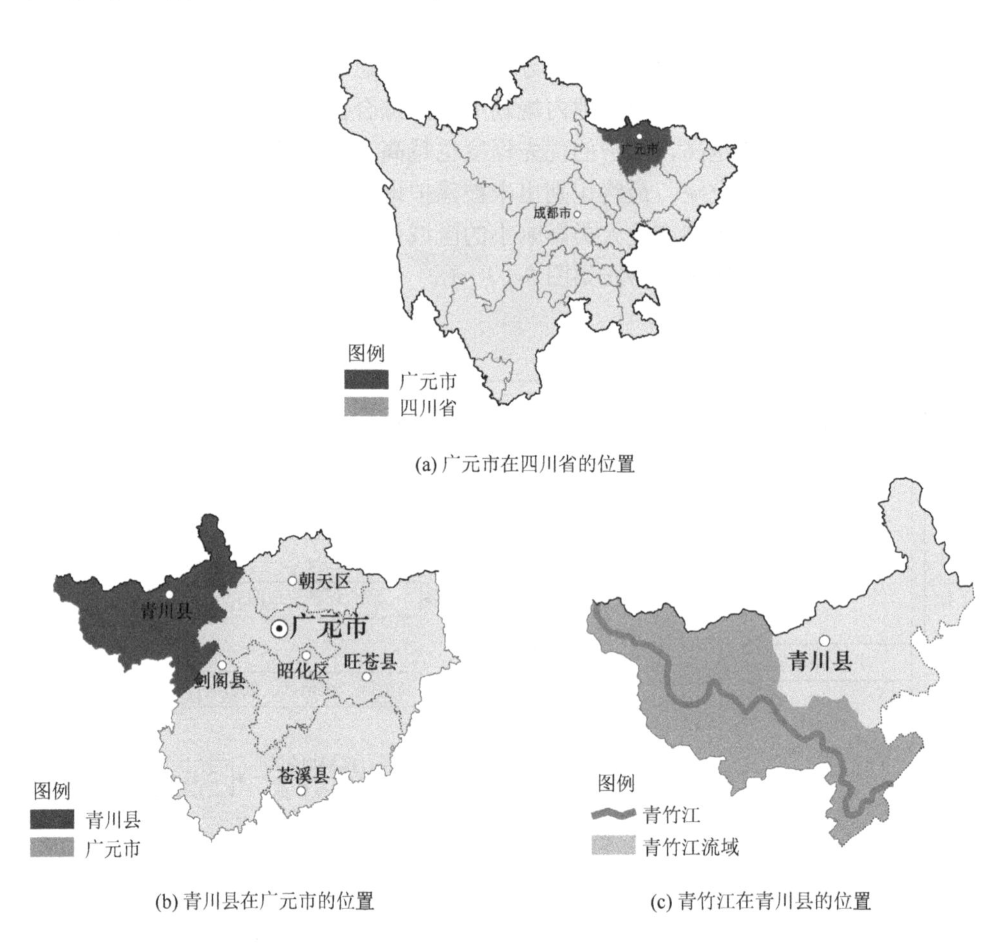

图 5-2　四川省青竹江流域区位图

青竹江地处青藏高原-四川盆地生态交错带，动植物种类丰富，有以大熊猫为代表的国家一级保护动物 13 种，以大鲵、鲶鱼为代表的二级保护动物 10 余种和以银杏为代表的国家一级保护植物 4 种。由于生物多样性价值突出，流域内已建成 5 个国家级自然保护地和 3 个省级自然保护地。此外，青竹江地处地震热区，地质运动活跃，水土流失问题突出，加之近年来人类活动的影响，其生态系统极为脆弱。

青竹江是典型的河流样本。从河源区高山草坪、上游森林区域、中游乡村区域到下游的城镇区域，原始景观、自然景观、乡村景观和城镇景观格局变化充分。流域平均坡度为 83.46°，海拔高差超过 3000m，平地和耕地面积极为有限，10 多万人口生活在河谷两侧的村镇，形成 5～6 个聚落。大部分西南山地河流都具备此特征。

2. 数据来源与处理

选取流域卫星遥感影像数据、流域 DEM 数据、流域土地利用数据、全球森林覆盖数据集和物种分布数据 5 类自然地理数据，流域路网数据、农村居民可支配收入、人口密度和夜间灯光数据 4 类社会经济数据开展研究（表 5-1）。此外，研究团队于 2015～2019 年多次对青竹江进行实地调研，考察沿河的生物多样性、产业结构和社区发展等内容，并对当地的水资源管理、鱼类保护、林业等相关部门和村民进行访谈，获取了大量信息和资料。

表 5-1　研究数据来源

数据类别	数据名称	数据特征	数据来源	年份
自然地理数据	流域卫星遥感影像数据	30m×30m 分辨率的 Landsat TM 影像数据	地理空间数据云	2009
	流域 DEM 数据	30m×30m 分辨率	地理空间数据云	2009
	流域土地利用数据	包括 6 个一级类型和 25 个二级类型	中国科学院地理科学与资源研究所	2015
	全球森林覆盖数据集	30m×30m 分辨率的全球所有土地树木覆盖情况（除南极洲和一些北极岛屿）	全球森林覆盖数据集［由 GLAD、谷歌（Google）、USGS 和 NASA 合作得出］	2012
	物种分布数据	包含 8 种淡水鱼类和 2 种两栖类物种	《四川唐家河自然保护区综合科学考察报告》和实地调研	2003
社会经济数据	流域路网数据	包括高速公路、主干道、次干道和铁路	青川县交通运输局	2015
	农村居民可支配收入	非货币成本计量	青川县统计年鉴	2017
	人口密度	1km×1km 网格的流域户籍人口空间分布数据	中国科学院资源环境科学与数据中心	2015
	夜间灯光数据	1km×1km 分辨率的 DMSP-OLS 夜间灯光时间序列数据集	美国国家海洋和大气管理局（National Oceanic and Atmospheric Administration，NOAA）	2013

注：缩写 DMSP-OLS 表示美国国防气象卫星计划（defense meteorological satellite program，DMSP）-运行线扫描系统（operational linescan system，OLS），下同。GLAD 表示全球土地分析与发现（global land analysis and discovery）。USGS 表示美国地质调查局（United States Geological Survey）

其中，流域土地利用数据基于 Landsat 8 遥感影像，通过人工目视解译的方式生成，包括耕地、林地、草地、水域用地、居住区域和未利用土地 6 个一级类型和 25 个二级类型。物种分布数据按照青竹江子流域进行统计：根据流域山脊线特征将青竹江流域划分为 23 个子流域（图 5-3），结合现有数据及实地考察筛选出物种保护对象表（表 5-2）和物种分布表（表 5-3）。

图 5-3　四川省青竹江流域子流域划分

表 5-2　四川省青竹江水生动物物种保护对象

序号	动物名称	特有种	级别	备注
1	齐口裂腹鱼（*Schizothorax prenanti*）	是		
2	重口裂腹鱼（*Schizothorax davidi*）		省级	
3	中华裂腹鱼（*Schizothorax sinensis*）	是		
4	横纹南鳅（*Schistura fasciolata*）	是		
5	短体副鳅（*Homatula potanini*）	是		
6	四川华吸鳅（*Sinogastromyzon szechuanensis*）	是	省级	
7	黄石爬鮡（*Euchiloglanis kishinouyei*）	是		
8	青石爬鮡（*Euchiloglanis davidi*）	是	省级	
9	大鲵（*Andrias davidianus*）	是	国家Ⅱ级	IUCN 中：EN（濒危）
10	安徽疣螈（*Yaotriton anhuiensis*）	是	国家Ⅱ级	IUCN 中：VN（易危）

注：根据文献（张泽钧，2017；胡锦矗，2005）和实地考察整理。

表 5-3　四川省青竹江流域物种分布

序号	物种名称	分布河段所在子流域
1	齐口裂腹鱼	1，2，3，10
2	重口裂腹鱼	10
3	中华裂腹鱼	1，2，3，10
4	横纹南鳅	3，8，9，10，13，19
5	短体副鳅	1～10，12，13，14，18，19，20，22
6	四川华吸鳅	1～10，12，13，14，18，19，20，22
7	黄石爬鮡	1～11，13，14，15，16，19，20，22
8	青石爬鮡	1～11，13，14，15，16，19，20，22
9	大鲵	1～23
10	安徽疣蝾	1～6

5.1.4　计算结果

1. 综合保护价值

经过数据处理和计算得到物种不可替代性指数图（图5-4）、森林覆盖指数图（图5-5）和未受人类影响指数图（图5-6）。在ArcGIS中对图5-5和图5-6进行重采样操作，使图5-4、图5-5、图5-6三者栅格分辨率统一为30m×30m；在此基础上按式（5-3）进行叠加运算，得出河湖保护地综合保护价值图（图5-7）。

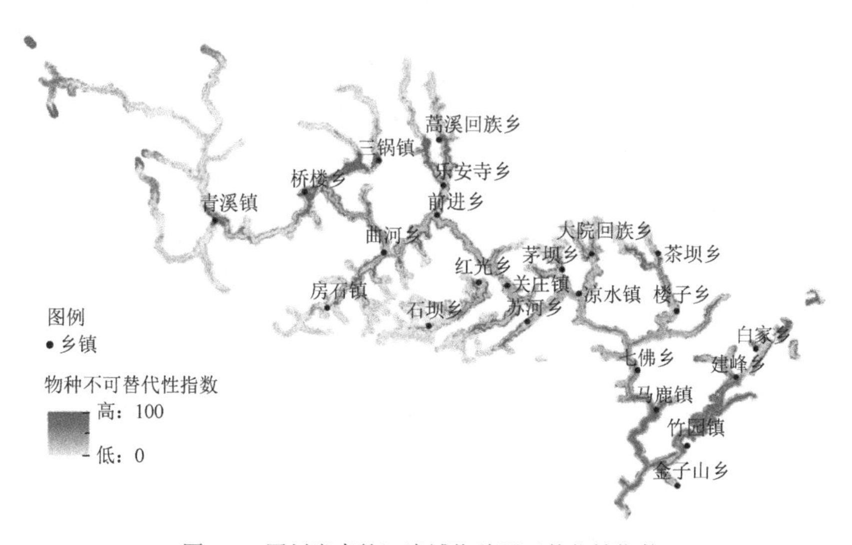

图5-4　四川省青竹江流域物种不可替代性指数

2019年撤销桥楼乡、乐安寺乡、前进乡、苏河乡、白家乡、楼子乡、茅坝乡、建峰乡、红光乡、马鹿镇、金子山乡。由于此图绘制时间在2016年前，故保留当时乡镇名称，下同

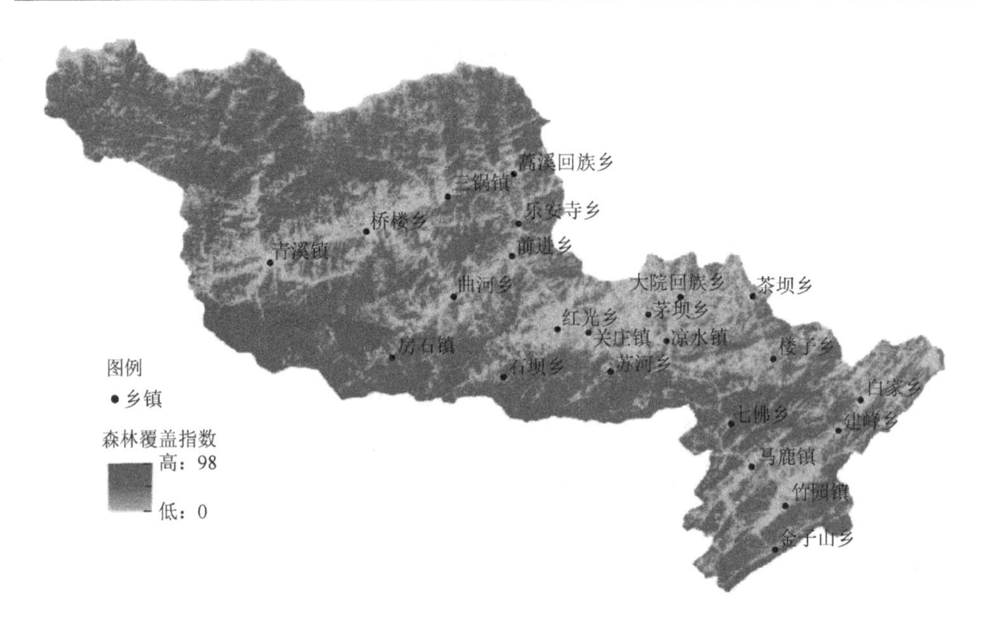

图 5-5　四川省青竹江流域森林覆盖指数

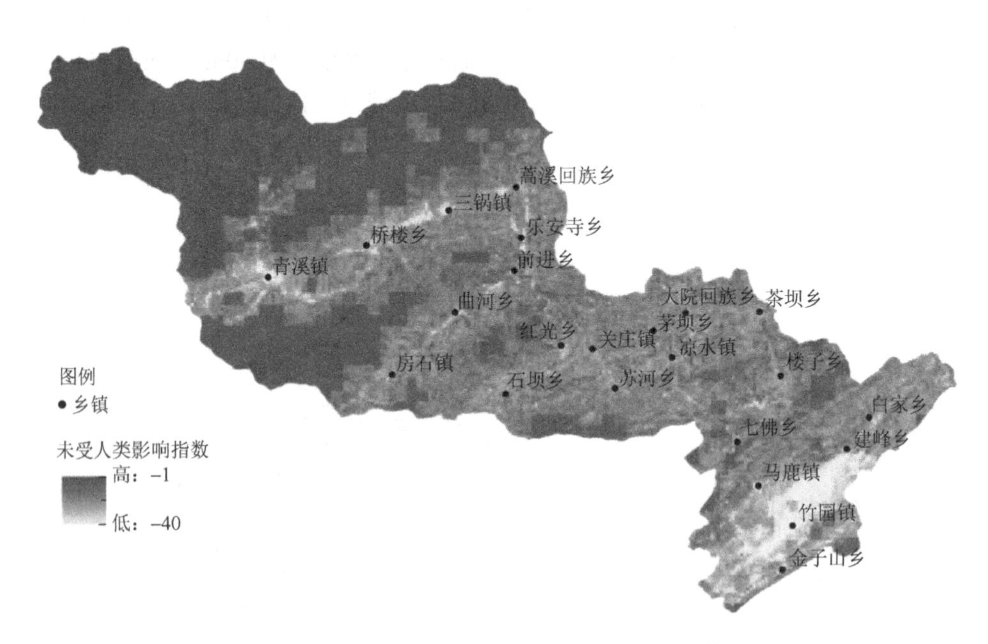

图 5-6　四川省青竹江流域未受人类影响指数

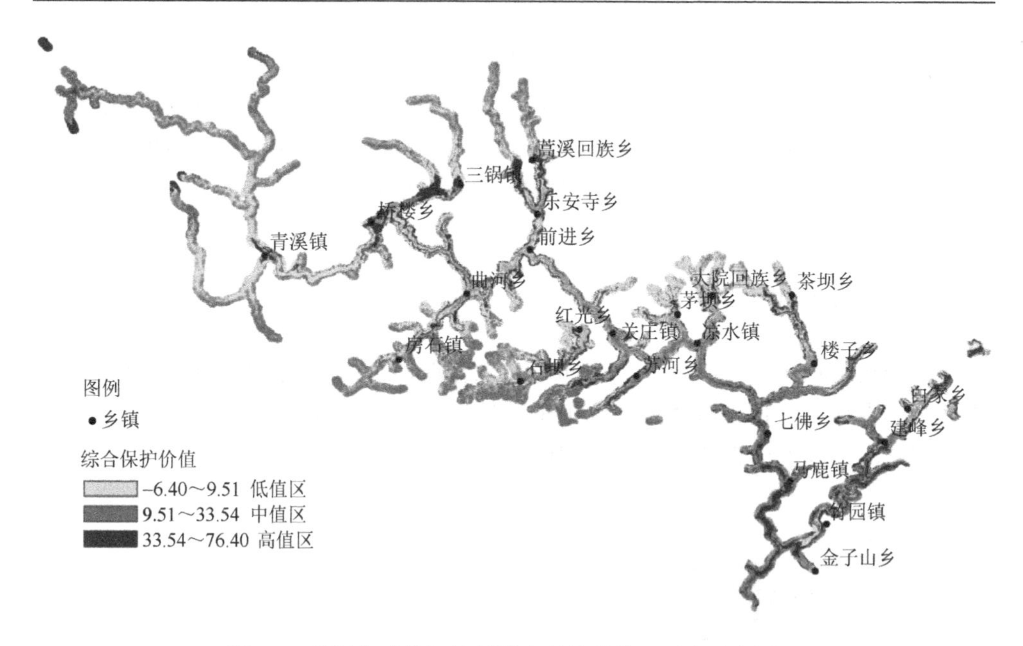

图 5-7　四川省青竹江流域综合保护价值（见书后彩图）

由图 5-4 可以看出，不可替代性指数高的区域集中分布于唐家河国家级自然保护区内的河源区；上游青溪镇、桥楼乡至三锅镇河段的河湖保护地范围；中游桥楼乡至曲河乡河段、房石镇至蒿溪回族乡河段、红光乡至石坝乡河段、关庄镇和苏河乡附近支流的河湖保护地范围；下游茶坝乡至楼子乡河段、马鹿镇至建峰乡河段的河湖保护地范围。其分布位置大多集中于物种数量较多的子流域内，所选取的 10 个物种具有较好的整体代表性，与实际情况相吻合。

由图 5-5 可以看出，流域内森林覆盖指数高的区域位于上游北部的唐家河国家级自然保护区和东阳沟省级自然保护区以及整个流域的南部区域。森林覆盖指数是区域森林覆盖率的表征，能体现区域内森林茂盛程度。经过对比分析，计算结果 S_B 和流域内森林实际生长状况吻合。

由图 5-6 可以看出，未受人类影响指数高的区域大部分位于流域上游，集中分布在自然保护区内和上游南部区域；而下游竹园镇片区未受人类影响指数值最低。经实地考察，上游自然保护区内大部分区域为禁止开发区，仅有少量保护区工作人员，人类影响极小；下游竹园镇是流域内面积最大的镇，人口数量最多，建筑分布密集，且沿江附近分布有水泥厂和废弃制药厂，人类活动影响显著。因此，计算得出的 S_C 符合现实状况。

图 5-7 为叠加计算得出的流域综合保护价值。运用 ArcGIS 自然间断点分级法将叠加结果分为 3 个区间等级，依次作为低值区、中值区、高值区，数值

区间分别为[−6.40，9.51）、[9.51，33.54）、[33.54，76.40]。运算结果包含规划单元数 527957 个，其中低值区、中值区和高值区的单元数分别为 182205 个、236313 个和 109439 个，分别占河湖保护地总面积的 34.51%、44.76%和 20.73%。高值区集中分布特征与物种不可替代性高的区域分布具有趋同性，但分布面积更小。

2. 河湖保护地优先空间

在 ArcGIS 中将现有保护地分布图和综合保护价值图进行地理配准后叠合，通过对比进行人工目视解译，筛选出未被保护地保护的综合保护价值高值区作为优先空间，最终得出青竹江流域河湖保护地优先空间格局（图 5-8）。

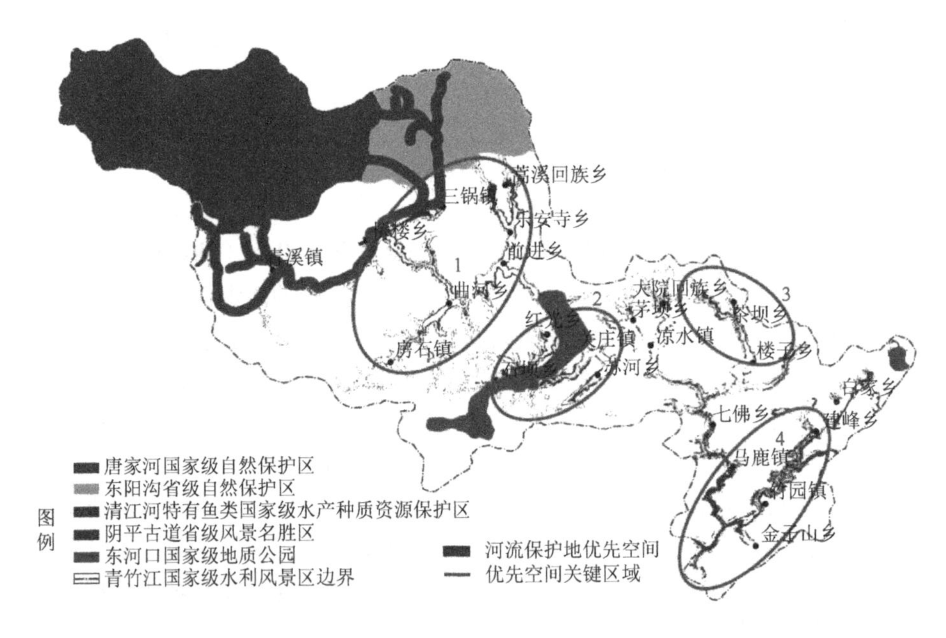

图 5-8　四川省青竹江流域河湖保护地优先空间格局（见书后彩图）

将优先空间聚集分布区划定为关键区域，在整个流域范围内共划分 4 个优先空间关键区域，按照从上游到下游的顺序对关键区域进行编号。由图 5-8 可以看出，优先空间主要集中分布于河流干流位置的保护地范围；优先空间分布聚集度区域 4 内最高，其他三个区域次之；区域 1 和区域 4 分布面积较大，区域 2 和区域 3 次之。在 4 个关键区域内有 2 个关键区域分布有自然保护区，分别是区域 1 和区域 2，但现有保护地仅仅保护了区域内少量优先空间；区域 3 和区域 4 内均无自然保护地。目前自然保护区大部分位于河流上游部分，考虑河流中游和下游人口较多，村镇分布密集，尤其是下游竹园镇区域，因此关键区域 1 和区域 4 是未来保护的重点地区。

5.1.5　讨论

1. 叠加计算可行性论证

目前，河湖保护地优先空间确定多基于生物多样性和物种保护视角：运用系统保护规划方法，借助 Marxan、Zonation 等保护地空间规划软件识别优先空间（Frederico et al., 2018; Holland et al., 2012）；通过定性分析对物种分布信息（Keith, 2000）、定量化物种分布模型 MaxEnt（Frederico et al., 2018）或 MARS（Dolezsai et al., 2015）等进行研究。部分研究则考虑人类活动、景观变化等非生物要素，在物种保护或生物多样性保护基础上进行研究（Schwartzman et al., 2013; Strecker et al., 2011）。

现有研究多基于生物多样性保护或物种保护层面，对社会和经济等非自然要素考虑较少且多偏经验性认识，这可能是由于经济发展和人类影响机制过程过于复杂而难以模拟（张路等，2015）；而且也较少考虑植被、土地利用类型等河流周边环境。本章基于生态系统完整性和原真性视角，在传统以物种不可替代性来确定优先保护区的基础上，将森林覆盖指数和未受人类影响指数进行空间量化叠加，力求寻找物种丰富度高、森林状况良好且未受人类影响的区域作为优先空间。由于未有研究在河湖保护地优先空间领域运用类似叠加技术，本章中叠加计算是否可行需进行相关论证，将对比分析考虑物种（方法 1）和综合考虑物种、森林和人类活动（方法 2）两种方法。为便于对比，在 ArcGIS 中对 S_A 计算结果重新分级，使其与综合保护价值图分级相统一，得到分级后的物种不可替代性指数图 S'_A（图 5-9）。

2. 方法 1 和方法 2 高值区空间分布差异对比

经过相关数据统计，S'_A 的高值区规划单元数为 175817 个，约占河湖保护地总面积的 33.30%，最小值为 33.54，最大值为 100.00；S 的高值区规划单元数为 109439 个，约占河湖保护地总面积的 20.73%，最小值为 33.54，最大值为 76.40。

运用 SPSS 22 对两种方法高值区统计数据进行单一样本科尔莫戈罗夫-斯米尔诺夫（Kolmogorov-Smirnov）检验，P 值均小于 0.01；同时结合 P-P 图和 Q-Q 图判定，说明两种方法高值区统计数据均不服从正态分布。为比较两种方法高值区空间分布是否具有差异，将方法 1 和方法 2 相关统计数据分别进行曼-惠特尼（Mann-Whitney）U 检验、Moses 极端反应检验和 χ^2 检验，P 值均小于 0.01，说明两种方法的高值区数据分布特征、数值分布范围及构成比均具有极显著差异性。

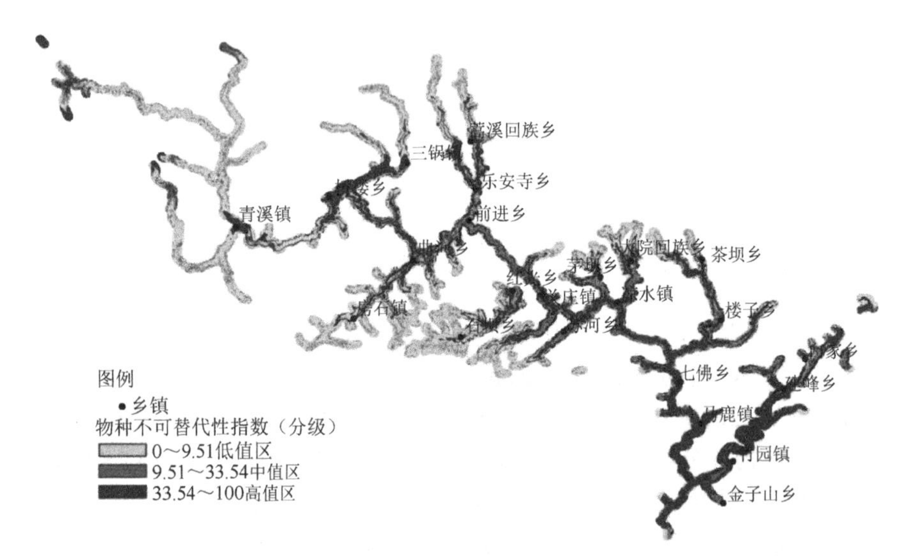

图 5-9　四川省青竹江流域分级后的物种不可替代性指数

综上所述，将 S_A、S_B 和 S_C 三者叠加计算和仅计算 S_A 时所得结果，高值区空间分布具有明显差异。对比图 5-7 和图 5-9，综合保护价值高值区聚集区和物种不可替代性指数高值区聚集区分布具有趋同性，但综合保护价值高值区面积显著减小。这说明物种不可替代性在优先空间格局确立中具有主导作用，而综合考虑森林和人类活动将使优先空间潜在区域减少。这是由于能满足生态系统完整性和原真性的区域更少，由此推知叠加计算能提高保护区优先空间的选址精确度。

3. 方法 2 叠加计算合理性分析

方法 2 将 S_A、S_B 和 S_C 进行空间量化叠加后，高值区总面积约占整个流域河湖保护地面积的 20.73%，方法 1 中物种不可替代性指数高值区面积约占 33.30%，面积比例较高。Margules 和 Sarkar（2007）通过对多个保护地规划案例进行研究和分析指出，保护 5%～20%的物种栖息地面积能够实现 50%以上的物种保护，设立过多保护地不利于资源高效利用和成本节约，这也符合系统保护规划的核心思想。本书考虑生态系统完整性，假设整个河湖保护地内都有物种分布，所以流域内河湖保护地范围相当于物种栖息地。在 20.73%比例的综合保护价值高值区内设立保护区，能实现河流及其 400m 生态带内 50%以上的物种保护，达到较理想的效果。同时，由于方法 2 高值区面积比方法 1 小，采取相关保护措施的成本也将降低，有利于节约资源。因此，整体来看，叠加计算能在降低成本的同时对大部分物种进行保护，能在物种保护和成本之间达到更好的平衡。

此外，从河流上游、中游和下游区域选取 3 个叠加后高值区聚集区空间分布变化明显区域进行比较和分析（图 5-10）。对选取的 3 个区域的相关数据进行处理

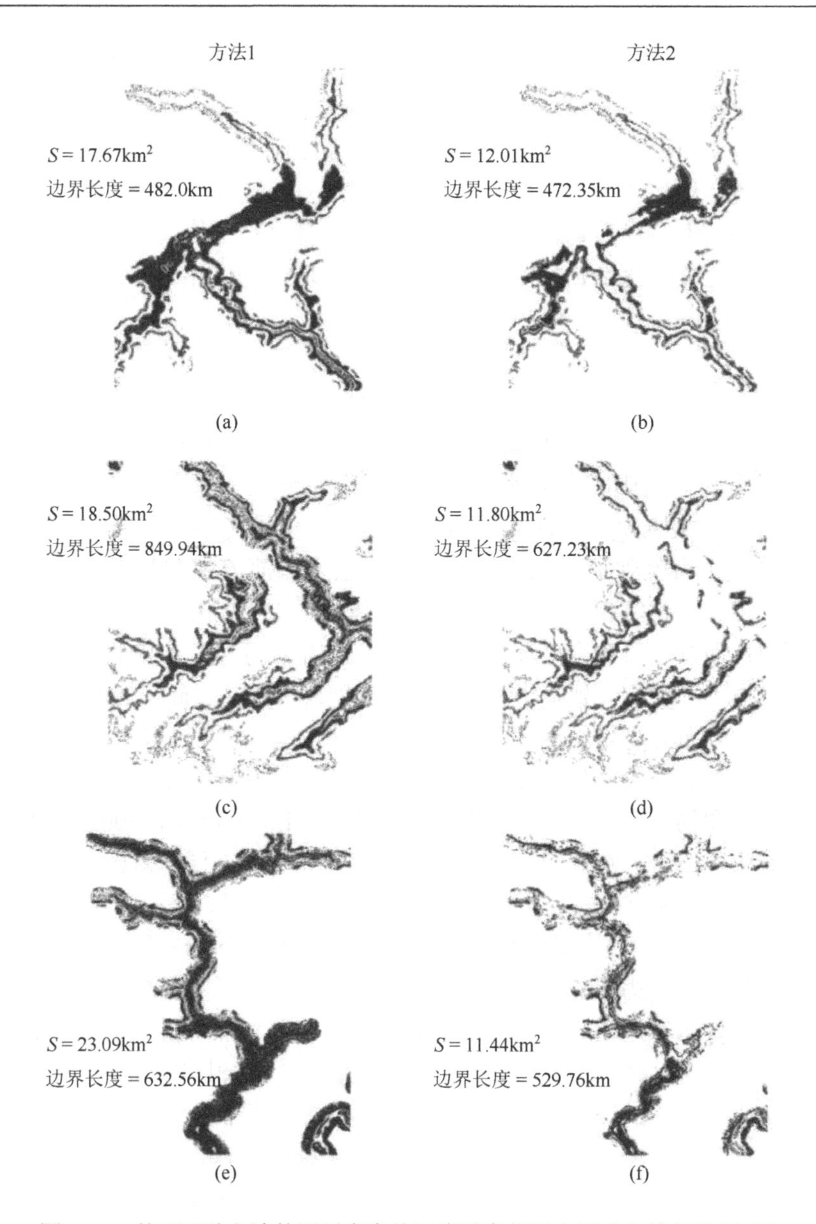

图 5-10　基于两种方法的四川省青竹江流域高值区空间分布特征局部对比

和统计，方法 2 叠加计算后的高值区总面积和总边界长度均减小。根据系统保护规划相关理论，边界长度越短，保护区聚集度越高，形状越紧凑和完整，越有利于管理和保护物种；边界长度越长，则保护区形状越零散，不但管理效率低，而且不利于应对外来物种入侵（Margules and Sarkar，2007）。方法 1 所得物种不可替代性高值区是综合考虑物种和成本，在较理想的边界长度条件下得出的最优运算结果；方法 2 在此基础上叠加 S_B 和 S_C 后减小了高值区边界长度，使其聚集度更高，同时也减小了其面积。因此，相应地也减小了未来在优先空间中设立保护区的边界长度和面积，有利于降低保护成本，提高保护区管理效率。

综上所述，无论在整体还是局部，叠加计算适用于河湖保护地优先空间确定。其能降低保护成本，提高管理效率，更好地对物种进行保护；同时筛选出物种多样性高、森林生长状况良好且受人类影响小的区域作为优先空间，实现保护地精准保护，维持生态系统完整性和原真性。

4. 未来保护措施

河湖保护地优先空间具有较高的综合保护价值，是物种多样性高、森林生长状况良好、受人类影响小的区域，生态系统完整性和原真性较高，也是未来重点保护区域。根据研究团队多次对青竹江进行实地考察的结果，河流上游大部分区域被多个自然保护地保护，保护现状最好；河流中游和下游区域则保护现状较差。由于道路等相关基础设施施工与建设，中下游存在较多采砂工程，造成水体浑浊；而过度采砂会破坏河流物理系统与生物环境，影响物种繁衍，对生物多样性产生不利影响（魏晓华和孙阁，2009；Padmalal et al.，2008）。此外，中下游河流周边分布有少量水泥厂、制药厂和废弃水库，可能对水体造成化学污染；村民在河边种植农作物时施用化肥也可能污染水体，化肥会使水体富营养化，不利于水体保护和物种多样性保护，尤其是氮污染（Baker et al.，2001）。根据优先空间计算结果并结合河流现状，有针对性地提出如下生态保护措施。

（1）适当扩建现有自然保护区范围。上游三锅镇河段、蒿溪回族乡附近河段，中游关庄镇、石坝乡附近河段的河湖保护地范围内高值区分布密集，且距离现有自然保护区较近。考虑保护成本和保护管理效率，建议适当扩建东阳沟省级自然保护区和东河口国家地震遗址公园，更好地保护河流自然价值和文化价值。

（2）划定生态红线或新建自然保护区。“生态红线”由中国政府于 2011 年首次提出（蒋大林等，2015），并于 2013 年提升为战略层面，旨在提高生态环境质量，同时作为确保环境可持续发展的重要工具（Zhang et al.，2017）。除生态类型的空间范围外，“生态红线”将一些普通但对全区域生态环境稳定和平衡起着重要作用的自然景观和生态系统也划入其空间范围（蒋大林等，2015）。对于河流中游三锅镇至曲河乡、房石镇至乐安寺乡，以及河流下游的优先空间，建议新划定“生态红线”范围、扩大现有“生态红线”范围或新增自然保护区进行保护。

（3）辅以生态修复措施。目前河流中下游水生态系统受到一定程度的污染，对此建议采取相应生态修复措施进行保护。①上游区域要结合国家政策，推进和完善以国家公园为主体的自然保护地体系建立，发展养蜂业等地域生态特色产业。②加强中下游农业生产的面源污染治理、城乡生活点源污染治理，最大限度减少生产和生活废水污染。③加大采砂工程监管力度，控制开采强度，避免盲目开采，减少采砂机械及采砂活动对水源的污染。④加强防治和治理泥石流、滑坡等自然地质灾害。⑤在全流域内建立客观、公正的水质动态监测标准和生态补偿机制。

5.1.6　结论

本研究基于生态系统完整性和原真性视角，运用生态系统方法构建了一种量化的河湖保护地优先空间模型；将叠加运算得出的综合保护价值图与现有保护地体系进行对比分析，以识别河湖保护地优先空间；最后结合计算结果和河流现状，进一步提出相应的保护与规划建设措施。

选取河流、森林、人类活动作为河流生态系统较为完整的构成要素，在此基础上构建河湖保护地优先空间模型。对传统系统保护规划中以物种不可替代性识别优先保护区的方法进行了改进，克服了单纯基于评估生物多样性等自然因素确定优先空间的缺陷，扩充了保护地优先空间确定的评估维度。

通过量化叠加识别河湖保护地优先空间，有利于实现保护地精准保护；同时能减小保护地单元边界长度，增加聚集度，进一步降低保护成本和提高管理效率。筛选出的优先空间具有较高的综合保护价值，并具有较好的生态系统完整性和原真性，在这些区域实施保护能有效维持河流生态系统完整性和原真性。

对人类足迹指数计算方式进行了改进和优化，以适应山地需要。在人口密度和道路中加入坡度元素进行优化，最终得出能反映研究区实际情况的人类足迹指数。在此基础上通过 NHII 负向指数表征区域中未受人类影响程度的大小。

在探索过程中仍存在一些不足之处，受数据收集难度和相关条件限制，仅选取了 10 个旗舰物种作为系统保护规划的指标物种，物种数量较少，在生物多样性全面性方面存在欠缺。此外，未深入探讨和分析优先空间区域实施保护的可操作性、沿河村镇发展与保护关系的协调，以及土地所有权等现实因素对河流保护的影响等问题。

因此，后期研究工作中对于指标物种的选取可以更加丰富，并建立更为完善的河湖保护地规划的指标体系。另外，由于研究选取的要素在某些河流生态系统和河湖保护地应用中依旧不够完善，未来研究中对生态系统构成要素的选取也可以更加完善和系统。未来研究可结合地区特征综合考虑，如将文化景观、游憩功能、社区发展、工业影响等多方面因素纳入研究中；通过分析社会关系探讨在优先空间内采取保护措施可能产生的社会问题，丰富内容和保护维度，以期建立更为完整的保护规划方案。同时，对长期性保护的考虑仍有欠缺，未来需结合区域的动态变化，适时调整保护目标和保护策略，实现动态保护，逐步形成完备的保护网络体系，以保护河流生态系统完整性和原真性。

5.2　省域尺度——四川省多个流域空间遴选

如何在河流生态系统原真性与完整性的基础上进一步确定多个流域保护地优先空间，这无疑是值得进一步深入研究的重要问题。连通性为跨流域的河流保护地空间确定提供新的思路。

5.2.1　原理

1. 生态系统连通性

连通性是拓扑学中的基本概念，引入生态学后被定义为“从表面结构上描述景观中各单元之间相互联系的客观程度”，即“生态连通性”（ecological connectivity），被广泛应用于物种、群落、生态系统以及海洋景观等不同的尺度（杜建国等，2015）。连通性由两个部分组成：一是结构连通性（structural connectivity）或景观连通性（landscape connectivity），指景观中不同类型生境或生境斑块的空间安排，是通过分析景观格局来衡量的，没有明确提及生物体运动或进程的流量，可以通过设计各种空间统计数据衡量景观破碎度，并描述植被斑块的空间结构。二是功能连通性（functional connectivity），指的是具有空间依赖性的生物、生态和进化过程的变化，可以通过生境连通性（对一种物种而言是适宜生境的不同斑块间的连通性）与生态连通性（生态进程在多个尺度上的连通性）来衡量（何思源和苏杨，2019）。

2. 河流水系连通性

对河流而言，连通性主要是指河流水系连通性。早在 19 世纪 20 年代，Pinchot（1928）就关注到河流水系连通性保护问题：大坝建设对河流危害较大，需对河流进行系统保护。在水资源开发中，由于水电站工程过度建设，坝体、闸体等构筑物阻断了河流生物迁移，极大改变了河流水文特征，对纵向连通性产生了显著影响，严重破坏了河流水系连通性，进而影响城乡、农业等开发区域（Amaia et al.，2020），威胁人类可持续发展与河流生态系统健康。因此，从河流水系连通性的角度考虑河流保护地建设具有重要意义。

河流水系连通性是河流生态系统的基础属性，也应成为河流保护地优先空间确定的重要依据（Baturina，2019）。现实中，大尺度的河流保护地很少只涉及单个流域，往往需要针对多个流域河流生态系统进行考虑。

3. 树状连通性指数

通过指标量化河流连通性，从而全面评估河流连通程度已经成为十分重要的手段。树状水系是地球上最广泛存在的河流水系发育类型（李宗礼等，2011），多分布于山地和丘陵区域。Cote 等（2009）首次提出树状连通性指数（dendritic connectivity index，DCI），基于障碍物对河流的阻隔程度，表征河流纵向连通性（longitudinal connectivity）（Perkin and Gido，2012）。根据河流连续体理论，DCI 与河流干扰度相类似（张益章等，2020），其具有累积效应，即通过将各支流连通性累积到干流，进而累积到整个水系得出其连通性的量化表征。由于河流生态系统的四维连续体特征，河流连通性也包含纵向、横向、垂向、随时间变化的连通动态性四个层面（夏继红等，2017）。在水资源开发中，水电站工程过度建设，水坝、水闸等构筑物阻断了生物迁移，极大改变了河流水文特征，对纵向连通性产生了显著影响，严重破坏了河流生态系统完整性。DCI 正是依据该影响机制，基于障碍物对河流的阻隔程度进行构建。

DCI 的最大优势在于其具有较好普适性（王强等，2019），适用于任何级别的流域范围，可用于计算任意级别河流的连通性。需注意的是，该指标仅适用于树状的河流水系，而不适用于网状河流水系。树状河流水流方向具有单向性（夏继红等，2017）。因此，该指标考虑了水流方向，即通过将各支流连通性累积到干流，进而累积到整个水系得出其连通性的量化表征。

5.2.2　研究区概况与数据来源

1. 研究区概况

四川省地处中国西南地区，位于长江流域上游，地理坐标介于 97°21′E～108°12′E，26°03′N～34°19′N。四川省位于中国大陆地势三大阶梯中第一级阶梯和第二级阶梯的过渡区，全省地貌东西差异较大，呈现西高东低的整体特征，西部以高原和山地为主，东部则以丘陵和盆地为主（图 5-11）。

独特的地形地貌特征造就了四川省丰富的河流水系，其有“千河之省”之称（图 5-11）。全省约 46.66 万 km^2 的区域属于长江流域，约占总面积的 96%。另外，约 1.94 万 km^2 的区域属于黄河流域，约占总面积的 4%。境内流域面积超 $50km^2$ 的大小河流共有 2816 条（中华人民共和国水利部，2020），全省河流水系具有杰出的多元价值，自然生态、历史文化、游憩观光等价值相互耦合，形成独特的河流价值。

四川大部分地区属于全球 34 个生物多样性热点区域之一的中国西南山地，生物资源众多，生物多样性价值极高。全省拥有超万种的高等植物，占全国总数的 1/3。其中，84 种为国家珍稀濒危保护植物；拥有脊椎动物近 1300 种，接近中国的 1/2；有国家重点保护野生动物 145 种，居中国第一。除此之外，全省自然保护

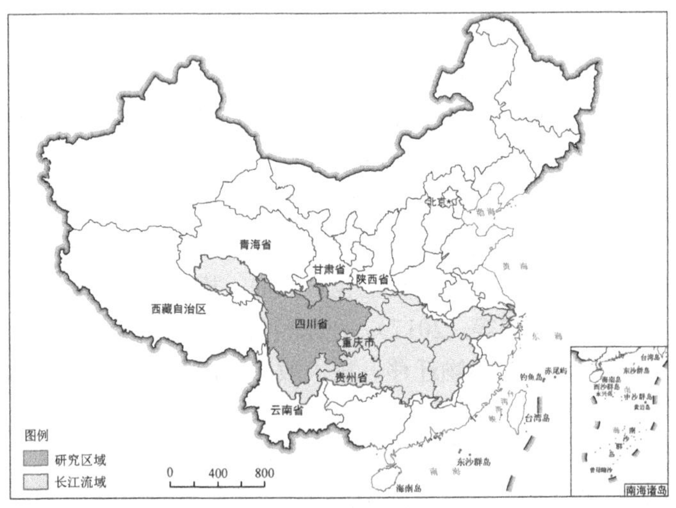

(a) 四川省地理区位

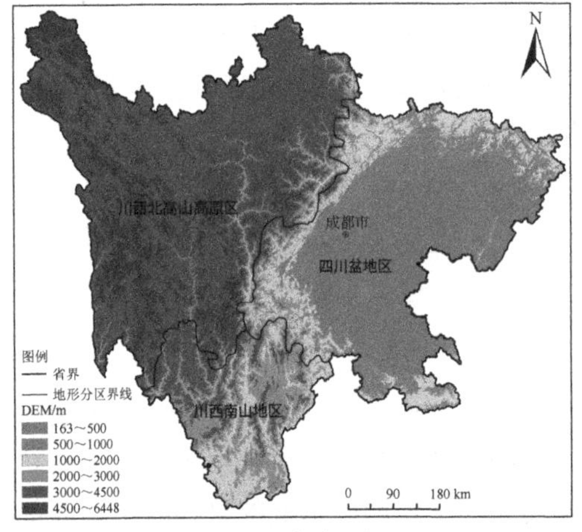

(b) 四川省地形分区

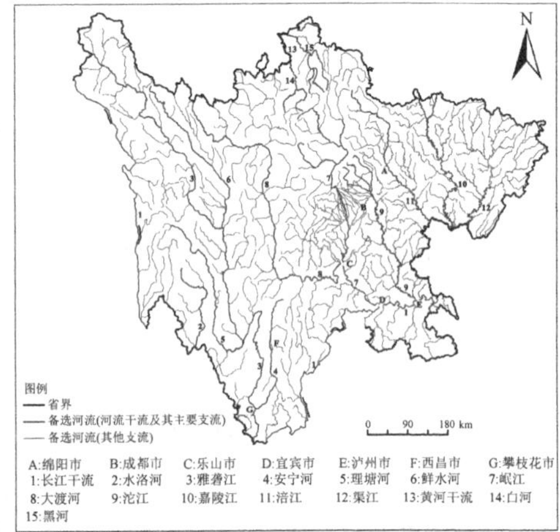

(c) 备选河流空间分布

图 5-11　研究区域的地理信息

地建设基础良好，至今已取得较好效果，有效保护了全省约 80%野生动物和 70%高等植物物种①。

四川省水电建设工程数量较多，在省内干流已建成各种电力水坝共 201 处，水电总装机突破 8000 万 kW。电站大坝建设将对河流生态系统及流域生态环境产生严重的负面影响，对河流保护也将产生巨大影响（Wu et al.，2019）。特别是大坝阻断了河流水系的纵向连通性。水系连通性已经成为河流保护需要解决的一个突出问题，其应在河湖保护地优先空间确定中被考虑。

① http://sthjt.sc.gov.cn/sthjt/swdyxbh/2021/5/21/616b01085be540c696d0604f5dfd2f14.shtml。

2. 已建成的保护地

四川省是中国自然保护地数量最多的省份之一。依托世界保护区数据库（World Database of Protected Areas，WDPA）和四川省相关网站，绘制四川省内已有的国家级自然保护地系统[图 5-12（a）]，作为河湖保护地优先空间确定的基础。从保护地类型来看，存在国家地质公园、国家森林公园、自然保护区等九种类型的自然保护地，几乎涵盖了中国所有的保护地类型。其中，大熊猫国家公园范围涉及四川、陕西、甘肃三省，图中仅绘制位于四川省内的大熊猫国家公园。在这些保护地中，河流也得到了较好的保护，如大熊猫国家公园中的唐家河等。

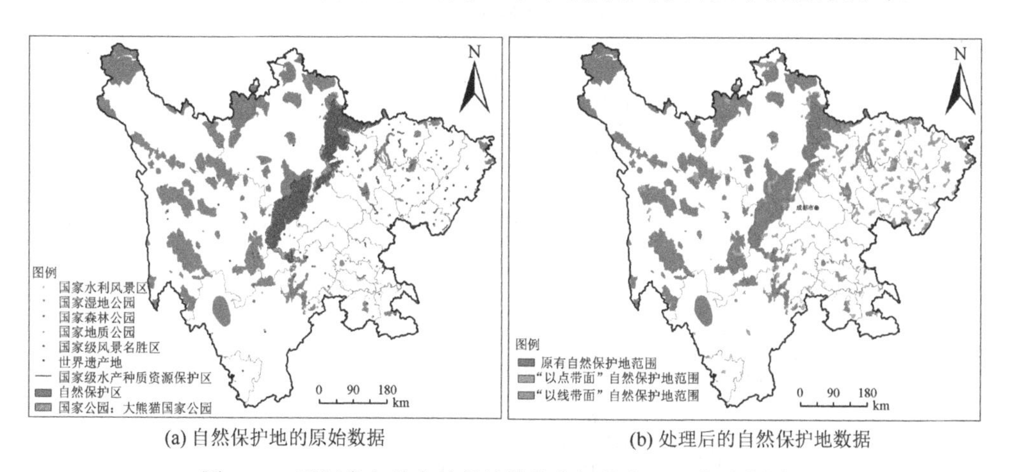

(a) 自然保护地的原始数据　(b) 处理后的自然保护地数据

图 5-12　四川省九种自然保护地的空间分布（见书后彩图）

由于目前还未形成全面且系统的保护地空间数据，本书中除部分自然保护区和国家公园两类保护地数据能确定清晰的边界范围外，其余类型保护地边界数据均难以获取，这会影响优先空间识别。基于此，运用“以点带面、以线带面”的思想对点状、线状保护地数据进行处理[图 5-12（b）]。以物种不可替代性指数计算时划分的规划单元为基础，存在“点”或“线”的规划单元区域即视为该保护地的保护范围。据此运用 ArcGIS 将点状、线状保护地数据用面状数据代替，得到用于优先空间识别的保护地空间分布。

3. 数据来源与处理

研究所用数据主要包括自然地理数据和社会经济数据两大类，一部分数据源于实地调研考察、访谈和专家咨询等途径。2014～2021 年，研究团队多次对四川省大渡河、涪江、嘉陵江、岷江等典型河流进行实地调研，考察沿河生物多样性、产业结构和社区发展等内容，并与当地水资源管理、鱼类保护、林业等相关部门和村民进行访谈，获取了大量信息和资料。

大部分数据从相关权威网站直接下载获取，主要源于中国科学院资源环境科学与数据中心（Resource and Environment Science and Data Center，RESDC）、全国地理信息资源目录服务系统（National Catalogue Service for Geographic Information）、相关政府部门官方网站（中华人民共和国水利部、四川省人民政府）等（表 5-4）。

表 5-4　数据来源

类型	数据/资料名称	特征	来源	年份
自然地理数据	全球土地覆盖数据集	全球土地覆盖精细分辨率观测与监测（FROM-GLC）数据集；30m×30m 栅格数据	清华大学	2017
	全国 DEM	源于 SRTM V4.1 数据产品；1984 年世界大地坐标系（WGS84）椭球投影；250m×250m 栅格数据	RESDC	2003
	全国 1∶100 万植被类型	来源于《1∶1000000 中国植被图集》；反映 796 个植被群系分布；1000m×1000m 栅格数据	RESDC	2001
	全国归一化植被指数（normalized difference vegetation index，NDVI）年度植被指数	基于连续时间序列 NDVI 卫星遥感数据；1000m×1000m 栅格数据	RESDC	2018
	四川省土地利用	包含耕地等 6 个一级用地类型及 25 个二级用地类型；1000m×1000m 栅格数据	RESDC	2018
	四川省主要河流水系分布图	包括长江与黄河干流及其重要支流；JPG 格式资料图片	四川省测绘地理信息局	2017
	四川省鱼类物种名录及分布信息	包含 238 个鱼类物种及各物种生物学特征、地理分布等信息	鱼类学家丁瑞华等主编的《四川鱼类志》	1994
	四川省两栖爬行动物分布名录	包含 107 个两栖类物种和 115 个爬行类物种，以及二者地理分布信息	《四川省两栖爬行动物分布名录》	2018
	四川省自然保护地分布信息	自然保护地 shape 格式边界线状矢量数据及经纬度坐标	WDPA；RESDC；四川省相关部门网站	2018
社会经济数据	全球夜间灯光数据集	DMSP-OLS 夜间灯光时间序列数据集；1000m×1000m 栅格数据	美国国家海洋和大气管理局（NOAA）	2013
	全球水库/大坝数据集	全球范围 7320 个水库/水坝空间分布 shape 格式面状/点状数据	全球大坝监测国际合作组织	2019
	全国省级行政边界数据	中国省级行政区划 shape 格式面状数据	RESDC	2015

续表

类型	数据/资料名称	特征	来源	年份
社会经济数据	全国地市行政边界数据	中国州市一级行政区划 shape 格式面状数据	RESDC	2015
	全国区县级行政边界数据	中国县级行政区划 shape 格式面状数据	RESDC	2015
	四川省公路空间分布	包含从一级到四级道路网、高速公路网；shape 格式线状数据	全国地理信息资源目录服务系统	2015
	四川省铁路空间分布	包含四川省主要铁路的空间分布；shape 格式线状数据	全国地理信息资源目录服务系统	2015
	四川省人口数据	四川省年末统计的各县（区）常住人口数量	《四川统计年鉴 2020》	2020
	四川省生产总值数据	四川省年末统计的各县（区）地区生产总值	《四川统计年鉴 2020》	2020
	四川省水电站名录	包含在国家能源局备案和注册的 152 个水电站/水库名录及其相关基本信息	国家能源局大坝安全监察中心	2020

在 ArcGIS 中经过裁剪、掩膜提取、投影转换等数据预处理操作，得到研究区域四川省内的基础数据，作为后续相关指标计算的基础。

5.2.3 研究方法

1. 河湖保护地确定的主要原则

生态系统完整性、原真性和连通性是自然保护地优先空间确定的基本原则（Liu et al.，2021；Laurich et al.，2019；何思源和苏杨，2019）。河湖保护地作为淡水生态系统，也是自然保护地的一种类型（李鹏等，2021），发挥着使陆地生态系统与水生态系统相关联的作用，也应具备自然保护地的基本特征。

（1）河流生物多样性价值。保护具有丰富多样性、高不可替代性的生物多样性是各类保护区建设的基本出发点，也是维系区域生态系统功能稳定的重要手段（Dudley et al.，2013）。科学合理建立河湖保护地，可对河流生物多样性价值和河流生态系统进行有效保护，形成可持续发展的保护支持，从而实现以最小成本保护总体目标。

（2）河流生态系统完整性（river ecosystem integrity）。在流域尺度综合考虑河流自身与周边土地、植被等环境及河流与人类相互作用，更多偏向生物完整性层面，强调重要构成要素的完整。NWSRS 长期实践经验就表明了这一点：备选河流应有良好的生态价值，如鱼类和野生动物，以及杰出的风景价值、游憩价值、历史价值、文化价值；它能够反映河流生态系统的组成、结构、功能等生态特征，体现河流生态系统的质量和多样性。

（3）河流生态系统原真性（river ecosystem authenticity）。生态系统原真性包含自然原真性和历史原真性两个层面（Clewell，2000），主要强调生态系统受破坏后的恢复力，即生态系统尽可能恢复到曾经某个历史时间点下未受人类干扰和原始自然的状态。河流生态系统原真性指从未受人类干扰或受人类干扰程度较小的河流生态系统原始状态（Roberto and Loebmann，2016），其主要体现为河流良好的自由流动状态与丰富的物种组成，反映了河流生态系统整体性和历史保真度。

（4）河流生态系统连通性（river ecosystem connectivity）。对于一个特定的区域，内部存在多个流域或者子流域，河流之间或者子流域还要有良好的连通性，河流才是健康的。具备良好的自由流动状态是连通性的基础（Clewell，2000），建设河湖保护地也必须考虑河流的流通性。树状河流水系是地球上最广泛存在的河流水系发育类型（徐冬梅等，2018），多分布于山地和丘陵区域。

本书采用生态系统方法对河湖保护地的主要特征进行集成。生态系统方法能够基于河湖保护地的特点，综合河流生态系统的完整性、原真性和连通性特点，识别生物多样性高的优先保护区（Shepherd ，2004；Browman and Stergiou，2004；Spench et al.，1996），筛选出生物多样性丰富、受人类影响小、河流受干扰程度小的区域作为河湖保护地首选区域（Shepherd，2004）。

2. 计算过程

基于生态系统方法的河湖保护地确定的实现过程主要有 7 个主要步骤：保护对象确定，特征要素选取，指标体系建立，数值叠加计算，划分综合保护价值等级，优先保护空间确定，优先保护河段确定。

（1）步骤 1：保护对象确定。确定哪些河流作为保护对象是优先空间确定的首要步骤。与保护地备选区域类似，本章中将这些河流称为“备选河流”，就是从众多河流中筛选出具有代表性河流的干流及其主要支流作为备选河流。考虑研究可行性与保护地建设的实际条件，本章以《四川省标准地图 · 水系版》（4 开）的所有河流水系作为备选河流。运用 ArcGIS 水文分析模块对 DEM 数据进行处理生成河网分布图，并结合地图调整和校正，得到备选河流空间分布图。

（2）步骤 2：特征要素选取。特征要素选取基于河湖保护地的主要特点。依据自然保护地选址遴选原则，从中抽象和提取出重要、典型河湖保护地的要素和特点。在生物多样性保护价值的基础上，结合原真性、完整性和连通性等河流生态系统的重要属性进行特征要素选取。

之后，选取合适的指标对上述要素进行细化。指标应具有如下特征：能合理表征河流生态系统的特征，并且能进行量化计算，能以空间可视化形式表示。本章选取物种不可替代性（IR）指数、生态完整性指数（ecological index，EI）、荒野指数（wilderness index，WI）、树状连通性指数（DCI）四个指标组成一个计算模型，并进一步计算得出各指标空间分布图。

（3）步骤 3：指标体系建立。IR 指数。河流生物多样性价值主要通过选取特定物种，体现对整个河流生态系统的保护。通过综合考虑河流生态系统类型的代表性、特有程度以及物种珍稀濒危程度、受威胁因素等，选取淡水物种作为河流生物多样性的基本单元（CBD，2004）。IR 指数以空间单元为基本单位，表示该单元不可被其他单元替代的程度，其数值能反映所有规划单元的保护优先性（Browman and Stergiou，2004）。将四川省划分为 8857 个子流域单元；选取 102 个物种（55 种鱼类、47 种两栖类）作为代表性淡水物种，绘制出各物种分布图；将人口密度和地均 GDP 空间分布标准化；将各个要素进行叠加，得到保护成本空间分布图。最后，通过 Marxan 软件获得全省 IR 指数空间分布图 S_{IR}。

生态完整性指景观生态系统结构完整性和景观生态系统功能完整性。EI 由景观优势度指数（landscape dominance index，LDI）、香农多样性指数（Shannon's diversity index，SHDI）和植被生物量（vegetation biomass，VB）三个指数构成。LDI 可表征景观结构合理性，SHDI 和 VB 则能表征景观功能稳定性（李鑫和田卫，2012）。选取四川省植被类型空间分布数据作为计算 EI 的景观数据，运用 Fragstats 4.2 软件计算 LDI 和 SHDI；由于 VB 难以准确获取，只能采用归一化植被指数（NDVI）替代。最终计算得到四川省 EI 空间分布图 S_{EI}。

荒野指数（WI）为人类足迹指数（HFPI）的负数。潜在保护地通常倾向寻找未受人类影响或受人类影响小（即 HFPI 低）的区域。大部分研究均基于正向思维直接量化测度人类影响力大小，考虑河湖保护地应将生态原真性高的区域作为备选区域，即这些区域具有较高荒野程度（即较低 HFPI），但 WI 难以获得。以负向思维考虑人类影响，取 HFPI 的负数作为 WI，这样 WI 与生态系统原真性之间便具有逆向关系，其数值高低能直接表征生态系统原真性的好坏。HFPI 便于计算，可从人口分布、土地利用、公路分布、铁路分布、夜间灯光、坡度 6 个数据层，计算得到四川省 WI 空间分布图 S_{WI}。

树状连通性指数（DCI）：Cote 等（2009）首次提出 DCI，其基于障碍物对河流的阻隔程度，表征河流纵向连通性。它反映了不同河流流动状态的连续性和连通性程度，能够对河流自然流动状态进行量化，是研究跨流域河流生态系统的重要评价指标，也为河湖保护地优先空间确定提供了新思路。经过多次调试与预运算，将全省划分为 32 个流域单元作为 DCI 计算单元，以图 5-13 中备选河流和四川省 201 个大中型水坝空间分布数据为基础，运用 FHI Tool 软件计算出各流域 DCI 数值，进一步利用 ArcGIS 得到四川省河流连通性空间分布图 S_{DCI}。

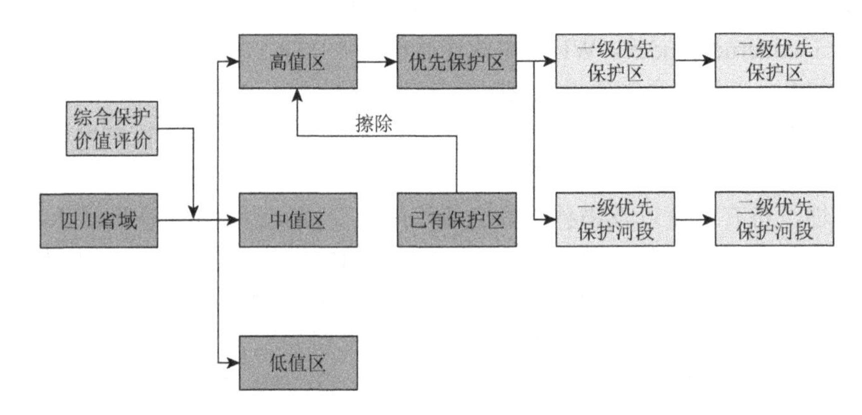

图 5-13　四川省优先保护河段的确定

（4）步骤 4：数值叠加计算。参考保护地空间研究中叠加处理技术（Yang et al., 2020；虞虎等，2018），将各指标空间分布图（分别为 S_{IR}、S_{EI}、S_{WI} 和 S_{DCI}）在 ArcGIS 中进行叠加计算，获得能够同时表征河流生态系统完整性、原真性和连通性的综合指标。该指标能反映区域尺度的保护价值，作为优先空间确定的基础，本章将其定义为综合保护价值（CPV）。由于各河流生态系统的构成要素对其具有不同程度影响，因此相对应的各指标对 CPV 的贡献也不同，叠加计算时需考虑各指标权重。综上所述，叠加计算公式归纳如下：

$$S_{CPV} = \alpha_1 \cdot S_{IR} + \alpha_2 \cdot S_{EI} + \alpha_3 \cdot S_{WI} + \alpha_4 \cdot S_{DCI} \tag{5-4}$$

式中，S_{CPV} 为 CPV 的空间分布图；S_{IR}、S_{EI}、S_{WI} 和 S_{DCI} 分别为四个指标空间分布图；α_1、α_2、α_3 和 α_4 分别为各自权重，α_1、α_2、α_3、$\alpha_4 \in (0, 1)$。叠加计算时权重采用主观专家打分法与客观熵权法相结合进行确定；各指标结果均应分配到各规划单元内，所有图层均为栅格数据类型，且保证具有相同的栅格像元大小。其中，DCI 计算结果最终可用 ArcGIS 分配到各规划单元上。

结合专家打分法和熵权法确定叠加计算时各个指标的权重。其中，专家打分表格共计发放给 9 位相关研究领域的专家，专业涵盖河流生态学、鱼类生物学、城乡规划、游憩与河流保护、自然地理学、景观生态学等。专家涵盖了教授、副教授、博士研究生等多个层面，包括当地渔业、林业相关部门人员。根据专家评分结果计算出 IR 指数、EI、WI 和 DCI 四个指标的主观权重依次为：$\alpha_{a1} = 0.39$、$\alpha_{a2} = 0.23$、$\alpha_{a3} = 0.20$ 和 $\alpha_{a4} = 0.18$；由熵权法进一步计算出各指标的客观权重依次为 $\alpha_{b1} = 0.10$、$\alpha_{b2} = 0.15$、$\alpha_{b3} = 0.24$ 和 $\alpha_{b4} = 0.51$。根据最小相对信息熵原理计算得到四个指标的组合权重分别为$\alpha_1 = 0.22$、$\alpha_2 = 0.21$、$\alpha_3 = 0.24$和$\alpha_4 = 0.33$，作为最终叠加计算时的指标权重。

（5）步骤5：划分综合保护价值等级。在ArcGIS中将各指标按各自权重进行叠加计算，得到四川省综合价值空间分布图S_{CPV}。再运用ArcGIS自然间断点分级法将结果分为5个等级：最低值、较低值、中值、较高值和最高值，每一级别对应一类区域。

（6）步骤6：优先保护空间确定。在ArcGIS中将保护地空间分布图和S_{CPV}相叠合，可识别出现有保护地保护之外的具有较高保护价值的保护空间，作为优先保护空间。

优先保护空间是“面”维度的优先保护区域，指未被现有保护地保护的综合保护价值高值区域。根据综合保护价值的大小，将优先保护区域分为一级优先保护区和二级优先保护区两类（图5-14）：一级优先保护区位于现有保护地外，且综合保护价值为最高值区，具有最高优先保护等级；二级优先保护区位于现有保护地外的综合保护价值较高值区，优先保护等级次之。

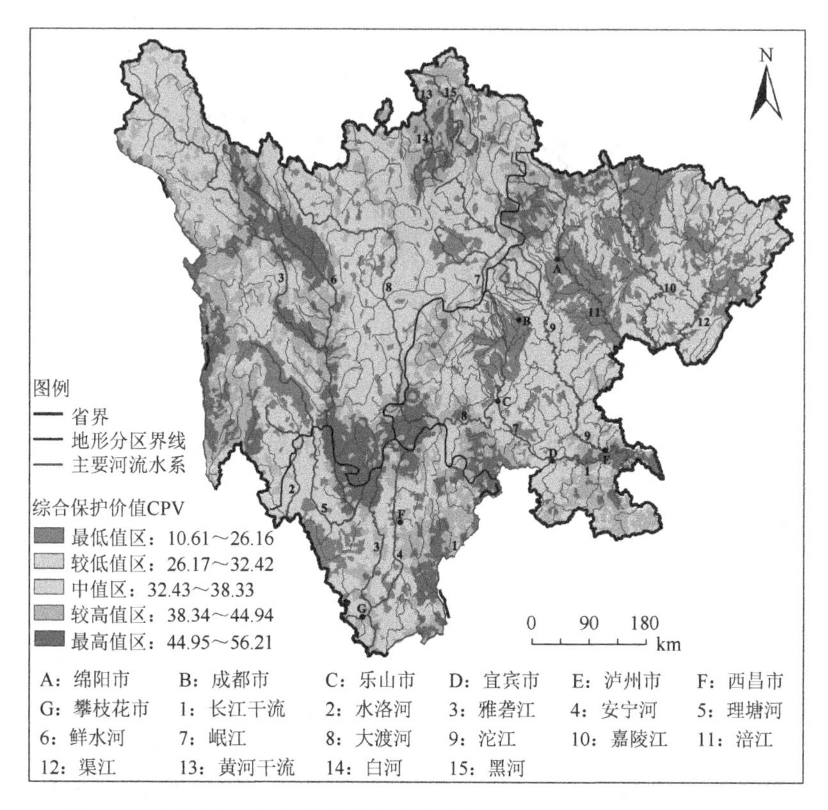

图5-14　四川省河湖保护地综合保护价值空间分布图（见书后彩图）

（7）步骤 7：优先保护河段确定。优先保护河段是“线”维度的优先保护河段，指未被现有保护地保护的综合保护价值高值河段。优先保护河段的识别基于优先保护区域，并与优先保护区对应，综合保护价值高值河段即位于保护价值高值区域内的备选河流。

优先保护河段分为两个等级，位于一级优先保护区内的河流为一级优先保护河段，位于二级优先保护区内的河流为二级优先保护河段。因此，先确定区域再确定具体河段，最终得出四川省河湖保护地优先保护空间格局（图 5-15）。

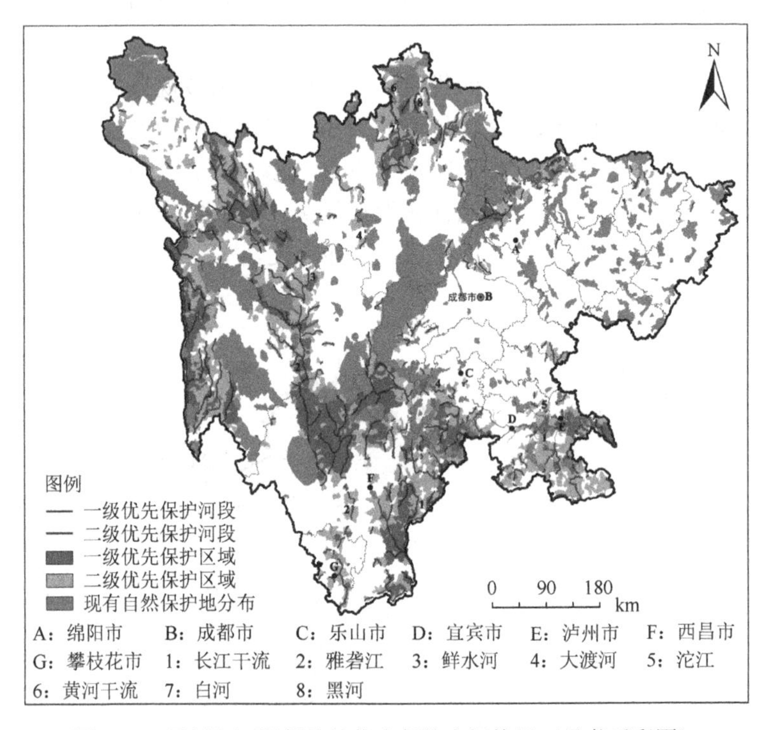

图 5-15　四川省河湖保护地优先保护空间格局（见书后彩图）

5.2.4　结果

1. 综合保护价值

经过统计，整理出综合保护价值高、中、低三个区域包含的栅格数量、面积占比等基本信息(表 5-5)。综合保护价值叠加计算最小值为 10.61，最大值为 56.21。高值区[38.34，56.21]面积占比为 36.02%，其中最高值区[44.95，56.21]占比 12.74%，较高值区[38.34，44.94]占比 23.28%；其他区域面积占比 63.98%（表 5-5）。表 5-5 统计结果表明，四川省具有较高河流保护价值的区域接近全省面积的 40%，具有较大比例，这也进一步体现出四川省河流保护价值整体水平较高，未来河湖保护地的建设具有较大潜力与较好的现实意义。

表 5-5　四川省河湖保护地综合保护价值计算结果统计表

结果分类		数值区间	栅格数量/个	面积/km^2	面积占比/%
低值区	最低值区	[10.61，26.16]	59332	59332	12.21
	较低值区	[26.17，32.42]	115467	115467	23.76
中值区	中值区	[32.43，38.33]	136131	136131	28.01
高值区	较高值区	[38.34，44.94]	113153	113153	23.28
	最高值区	[44.95，56.21]	61915	61915	12.74
合计		[10.61，56.21]	485988	485988	100.00

就整体空间分布格局而言，综合保护价值高值区在全省分布聚集性突出，集中分布于四川省西北部高山高原区和川西南山地区两大地形分区；四川盆地的西北部地区和南部地区也有高值区聚集分布（图 5-14）。最高值区和较高值区两类区域呈现出“混合交错，最高值区在内、较高值区在外”的空间格局。从河流水系来看，高值区主要分布于长江干流（四川省西部与南部金沙江干流、宜宾市至泸州市的川江干流）流域与黄河干流流域、雅砻江中上游流域、鲜水河流域、大渡河下游流域、涪江上游流域、白龙江一级支流青竹江流域。

2. 河湖保护地优先保护空间

（1）空间整体特征。将四川省综合保护价值空间分布图 S_{CPV} 和保护地空间分布图在 ArcGIS 中同时叠加，识别出四川省河流优先保护空间（图 5-15）。

根据统计数据，优先保护区域总面积为 131162km^2，超过四川省省域面积 1/5，约占全省面积 26.99%。其中，一级优先保护区、二级优先保护区的面积分别为 48430km^2、82732km^2，分别约占全省面积 9.97%、17.02%（表 5-6）。除四川省南部保护地较少外，现有自然保护地广泛分布于全省：其中，自然保护区和大熊猫国家公园集中分布于四川省西部、北部和中部，而其他类型自然保护地基本分布于四川省东北部。现有保护地分布直接影响优先保护区空间格局，虽然现有保护地建设基础较好，但结合研究结果来看，其仅保护了 43906km^2 保护价值高值区内的河流，覆盖 25.08%的综合保护价值高值区，仍有 74.92%高值区内的河流尚未得到保护。其中，大部分优先保护区集中分布于四川省西部和南部的长江流域，少数分布于北部黄河流域。这一结果反映出中国河流保护和建设相对落后的状况，与世界河湖保护地发展的总体形势相一致。

表 5-6　四川省河湖保护地优先保护区域计算结果统计表

种类	等级	面积/km² 或长度/km	比例/%
优先保护区域	一级	48430	9.97
	二级	82732	17.02
	合计	131162	26.99
优先保护河段	一级	3394.43	9.91
	二级	5796.29	16.93
	合计	9190.72	26.84

（2）空间分异特征。四川省可分为川西北高山高原区、川西南山地区和四川盆地区 3 种典型地貌(四川年鉴社，2019)：川西北高山高原区平均海拔为 3000～5000m，川西南山地区平均海拔为 1000～3000m，四川盆地区平均海拔为 400～800m。依据 DEM 数据将四川分为三个不同地形分区[图 5-16（a）]，进一步在图 5-16（b）基础上得到三个不同地形分区内的优先保护空间分布图[图 5-16（c）]。

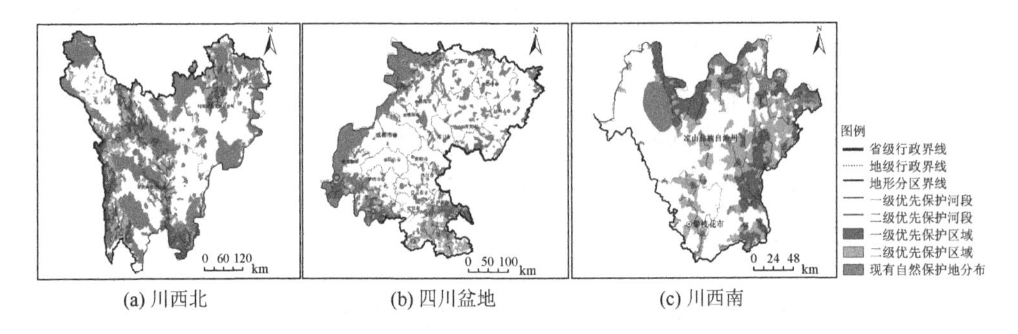

(a) 川西北　　(b) 四川盆地　　(c) 川西南

图 5-16　四川省三个地形分区中的河湖保护地优先保护空间分布（见书后彩图）

川西北高山高原区现有的自然保护地分布面积最大，优先保护区域分布面积也最大。其中，优先保护区面积达 71309km²，约占全省优先保护区总面积的 54.37%；一级优先保护区和二级优先保护区的面积分别占该区域优先保护区总面积的 37.57%和 62.43%。该区域河湖保护地优先保护空间呈现出“低物种多样性-低生态系统完整性-高生态系统原真性”的特征。

川西南山地区现有的自然保护地分布面积最小，保护地类型也最少；河湖保护地优先空间分布数量在各地形分区中也最少。优先保护区分布面积为 28518km²，仅占优先保护区总面积的 21.74%，其中，一级优先保护区和二级优先保护区的面积之比约为 7∶10。该区域河湖保护地优先保护空间呈现出“高物种多样性-高生态系统完整性-中生态系统原真性”的特征。

四川盆地区分布的自然保护地种类最多，优先保护区面积（除去四川省已经建设好的自然保护区）约 31128km^2，占优先保护区域总面积的 23.73%；该区域包括 30.92%的一级优先保护区和 69.08%的二级优先保护区。该区域河湖保护地优先空间呈现出“中物种多样性-中生态系统完整性-低生态系统原真性”的特征，具有“南多北少、沿盆地边缘聚集分布”的优先保护空间格局。

3. 河湖保护地优先保护河段

（1）空间整体特征。结果显示，优先保护河段的分布格局很大程度受优先保护区域分布特征的影响。据统计，其总长度约 9190.72km，约占备选河流总长度的 26.84%。一级优先保护河段、二级优先保护河段的长度分别约 3394.43km、5796.29km，约占备选河流总长度的 9.91%、16.93%（表 5-6）。优先保护河段大部分属于长江流域，少数为黄河水系河流，主要包括四川西部和南部的金沙江水系、雅砻江水系、四川南部长江一级支流、四川北部部分长江水系和黄河水系。两个等级优先保护河段混合交错分布，但总体上其分布具有较好的连续性和整体性。

（2）空间分异特征。与河湖保护地优先保护区域类似，同样从川西北高山高原区、川西南山地区和四川盆地区分析优先保护河段的空间分异特征。结果发现，川西北高山高原区拥有优先保护河段长度最长，达到 5256.75km，约占全省优先保护河段总长度的 57.20%。其中，一级优先保护河段和二级优先保护河段分别约占该区域优先保护河段长度的 43.08%和 56.92%，主要分布于金沙江、雅砻江的干流和各级支流。川西南山地区的优先保护河段长度约为 2334.30km，拥有的优先保护河段长度最短，所占优先保护河段总长度的比例仅为 25.38%。从保护等级上看，一、二级优先保护河段的长度基本相等，两者长度之比约为 4∶5；从空间位置上看，主要分布于大渡河、安宁河的各级干支流。

四川盆地区的优先保护河段长度约为 2781.44km，约占全省优先保护河段总长的 30.26%。从保护等级上看，该区域内的一级优先保护河段相对较短，仅占该区域优先保护河段长度的 30.69%；二级优先保护河段相对较长，约占 69.31%，且大多分布于岷江、沱江等干支流。综上所述，四川省河湖保护地优先河段具有明显聚集分布特征，集中分布于西部和南部金沙江干流流域、雅砻江流域、大渡河上游与下游部分流域、东南部川江流域、北部岷江上游部分流域和白龙江流域、北部黄河流域。

5.2.5　讨论

本书中优先保护空间由各指标叠加计算结果与现有保护地分布共同确定，叠加结果的合理性是优先保护空间模型有效性的关键部分，本章从以下理论和现实两个方面论证叠加计算的合理。

1. 理论合理性

从构成指标来看，与传统仅依据物种分布确定优先保护空间的方法相比，在IR指数基础上叠加了EI、WI和DCI三个指标，叠加计算后CPV高值区面积增加。IR指数高值区约占全省面积的23.53%，而CPV高值区约占全省面积的36.02%，叠加三个指标之后，面积增加了约53.08%。叠加结果体现了河湖保护地确定的主要原则，扩展了河湖保护地识别维度，有利于实现河流“多元价值”保护。

从计算结果来看，CPV高值区的整体分布聚集度较高，这表明区域间连接性较好。同时，高值区内没有太多分布零碎的“片段化”河段。这也使得优先保护空间分布格局总体具有良好聚集度，根据系统保护规划理论，这有利于未来保护地体系的建立及物种保护。CPV高值区面积占比约为全省面积的36%，说明未来在四川省建立河湖保护地时，这些区域均为保护地规划的备选区域，也是保护地的保护范围。根据相关研究，Margules和Sarkar（2007）基于多个保护地案例，指出保护5%～20%的物种栖息地面积即能够实现50%以上的物种保护。同时Soulé和Sanjayan（1998）也证明，保护目标仅为10%或12%是远远不够的。本书中，通过判断两栖类动物活动范围（以县为单位）和鱼类活动范围（河段）是否位于优先保护区/优先保护河段内，来计算优先保护区的保护效率。若某一种两栖动物/鱼类的活动范围存在于优先保护区/优先保护河段，则说明该物种得到了保护。依据此假定，进一步通过计算和分析，发现优先保护区（占全省总面积的26.99%）能够保护本书所列出的85%以上的两栖类物种，优先保护河段则能够保护75%以上的鱼类。综上所述，并结合现有保护地实践来看，一般来说，平均20%的保护地面积能够有效地实现50%的物种保护，这就是有效的保护或者说是保护效率比较高（Proctor et al.，2011）。很明显，本方法能够实现有效的保护，叠加计算结果具有理论上的合理性。

需要说明的是，本案例中优先保护区面积占比达26.99%，或许与四川省独特的地形地貌和生态区位有关。四川省内生物多样性丰富、生态环境脆弱，青藏高原东沿的甘孜藏族自治州、阿坝藏族羌族自治州、凉山彝族自治州三地占整个四川省面积的60.29%。中国整个国家生态保护红线约占陆域国土面积的25%（其中，自然保护地约占陆域面积的18%）（国家发展改革委和自然资源部，2020），但是四川省生态保护红线范围的面积占到全省总面积的30.45%（四川省人民政府，2018），远高于全国的平均标准。通过识别划分等级的优先保护区，能够对四川省现有保护地进行有效的补充，填补保护空缺，形成多层次、全方位的省域河湖保护地体系。

2. 现实合理性

从综合保护价值空间分布图 S_{CPV} 中选取 6 个高值区聚集区域，通过分析这些区域的实际情况，验证计算结果与其是否相符。为保证区域选择的代表性和全面性，分别从川西北高山高原区选取 2 个、川西南山地区选取 1 个、四川盆地区选取 2 个、三大地形分区交界处选取 1 个 CPV 高值区聚集区进行验证（图 5-17）。

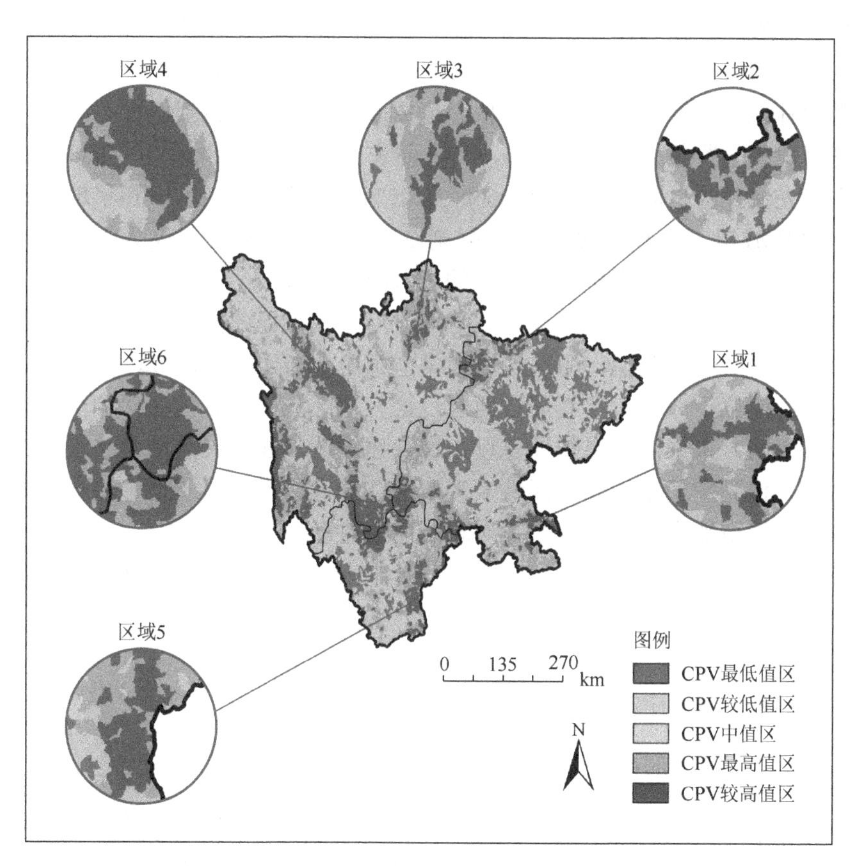

图 5-17　四川省现实层面 CPV 合理性验证区域（见书后彩图）

从区域自然特征来看，在选取的 6 个区域中，区域 1 位于长江干流，区域 2 位于长江三级支流青竹江流域，区域 3 位于黄河一级支流白河流域，区域 4 位于雅砻江一级支流鲜水河流域，区域 5 位于金沙江干流流域，区域 6 位于三大地形分区交界区域。这 6 个区域最突出的共同特征：位于人口较少的地区，距离成都、绵阳、宜宾、乐山等主要城市较远，人类活动影响也较小，荒野指数较高，陆地生态系统原真性良好。加之水坝建设数量少，河流原始自流状态往往保存较好，河流生态系统原真性高。这些区域内较少的人类活动干扰有利于河流生态保护和未来河湖保护地的建设。

此外，区域 1、区域 2、区域 4 和区域 6 都有丰富的鱼类物种和两栖类物种；区域 5 地处宁南县与布拖县，生物多样性价值也较为突出，已于 2016 年纳入国家重点生态功能区。区域 1、区域 5、区域 6 植被类型丰富，植被覆盖度高，森林生长状况良好，景观生态系统抵抗力稳定性和恢复力稳定性都较高。

6 个区域都有丰富的淡水物种，且具有较好的生态系统完整性和原真性，综合保护价值极高。因此，叠加计算得出的 CPV 与现实状况相符。

从土地利用类型来看，据统计，四川省优先保护区域内共有 21 种土地利用类型，其中林地（包括有林地、灌木林和疏林地）和草地（包括低覆盖度草地、中覆盖度草地和高覆盖度草地）最多，二者面积分别为 53158km^2 和 50387km^2，分别约占优先保护区总面积的 40.53%和 38.42%。耕地（包括水田和旱地）和建设用地（包括城镇、农村居民点和其他建设用地）的面积分别仅为 19809km^2 和 501km^2，分别仅占优先保护区总面积的 15.10%和 0.38%。

结合四川省土地利用类型推知，可能与河湖保护地建设产生冲突的是建设用地与耕地这两类用地类型。而这些用地类型集中分布于盆地区域，其中，大部分城乡建设用地位于成都市及其周边地区，这些地区几乎没有优先保护空间分布。这进一步表明，未来河湖保护地建设与城乡建设、农业发展区域几乎没有空间重叠。另外，优先空间集中分布区域多为草地、林地、裸岩石质地、沼泽（集中于黄河流域）等用地类型，极为适合河湖保护地建设。

综上所述，研究所得出的优先空间符合未来河湖保护地的实际建设，且具有较好可行性。

5.2.6　结论

本研究基于河流生态系统相关理论，在物种价值的基础上，将生态系统完整性、原真性与连通性相结合。本章选取物种不可替代性（IR）指数、生态完整性指数（EI）、荒野指数（WI）、树状连通性指数（DCI）四个指标作为指标体系，进一步选取叠加计算方法，识别出四川省河流优先保护区域和优先保护河段。综合考虑河湖保护地的自然因素与社会经济因素，尤其考虑了对河流生态系统影响显著的水电站分布，扩展了传统保护地空间确定中主要考虑物种保护等自然因素的研究维度。

研究也存在如下不足之处。首先，代表性物种种类和数量相对较少，物种分布范围精确度不够高；而且受数据获取途径限制，本书的部分数据，特别是鱼类和两栖类数据的年份较早，可能会对部分计算结果及优先保护空间确定带来误差。

其次，保护地分布数据不够完善，“以点带面，以线带面”的数据处理方式可能影响优先空间分布的准确性。然后，叠加计算时各指标权重是运用相关方法直接确定的，没有进行多方案比较。最后，连通性只考虑河流纵向连通性，实际上很多地方存在堤岸硬化等问题，横向连通性也是不能轻易忽略的。

未来研究可适当增加代表性物种种类和数量，如将水鸟及与河流关系密切的哺乳类、爬行类等物种作为保护对象纳入计算模型之中；通过其他方法更准确地确定物种分布范围，如实地采样、访谈、MaxEnt 模型等，以获取更加精确的物种分布图；在叠加计算方面，也可设定多个权重组合方案分别进行叠加计算，对各方案运算结果进行比较与分析，以确定更符合保护地实际情况的方案。

5.3　国家尺度——中美两国河湖保护地空间分布差异

5.3.1　数据和方法

1. 数据来源

本节所用数据主要包括中美两国的河湖保护地数据、自然生态数据和社会经济数据三类（表 5-7）。其中，对于统计数据，主要以 2018 年为基准年；而流域区划、生态区划等均以发布之日为准，这些数据随着时间推移变化很小。

表 5-7　本节使用的研究数据来源

类别	名称	数据指标	数据来源	年份
河湖保护地	中国国家水利风景区	shape 格式的点矢量数据；878 个地理空间位置	谷歌地图	2018
	美国国家荒野风景河流	shape 格式的点向量数据；NWSRS 地理空间位置	NWSRS 官方网站	2018
自然生态	中国农业区	采用 shape 格式的多边形向量数据；包括中国 9 个主要农业部门	中国科学院资源环境科学与数据中心	1981
	九大流域片区	采用 shape 格式的多边形向量数据；包括中国 9 个主要流域分区		2018
	中国生态区	采用 shape 格式的多边形向量数据；包括中国 11 个生态带		2018
	大长度河流	中国各省级行政单元内 50km 以上里程	国家统计局官方网站	2018
	林地面积	中国各省级行政区数据		
	美国各州级的生态区	具有 shape 格式的多边形向量数据；包括 4 个域生态区，14 个划分生态区	美国林务局官方网站	2018

续表

类别	名称	数据指标	数据来源	年份
自然生态	美国各州的森林面积	各州的统计数据	美国地质调查局官方网站	2018
	美国的领土面积	各州的统计数据		2018
社会经济	中国省级行政区划	采用 shape 格式的多边形向量数据；包括 34 个省级行政区	中国科学院资源环境科学与数据中心	2015
	中国各省（区、市）的人口和 GDP 数据	光栅数据 1km×1km	国家统计局官方网站	2020
	中国各省（区、市）的面积数据	各省（区、市）的统计信息	各省（区、市）的官方网站	2018
	美国州级行政区划	具有 shape 格式的多边形向量数据；包括 50 个州	美国地质调查局官方网站	2018
	美国各州级行政区划内的人口数据和州级单元面积	每个州的统计数据	美国人口普查局官方网站	2018
	美国大坝数量	shape 格式的矢量数据	美国陆军工程兵团、大坝登记委员会官方网站	2018
	DMSP-OLS	光栅数据 1km×1km	美国国家海洋和大气管理局官方网站	2013

2. 计算方法

本章研究对象包括 NWPS 和 NWSRS 两部分。根据这些河湖保护地的名录，获取地理坐标，并进一步将其质点化。

（1）点密度分析。河湖保护地空间分布的点密度（D）计算方法为区域内河湖保护地数量（N）除以该区域总面积（A）[式（5-5）]。将点密度值分别与自然生态数据图层和社会经济数据图层进行空间叠加分析，探讨中、美两国河湖保护地空间分布特征的差异。

$$D = \frac{N}{A} \tag{5-5}$$

（2）系统聚类分析。系统聚类是基于 SPSS 软件，按照数值之间的相近程度，以确定的类别数进行聚类的一种方法（冯美丽等，2019）。对中、美两国河湖保护地在行政单元内的点密度值进行系统聚类，且规定类别数为 4，判断方法采用平方欧氏距离法，公式为

$$d_1(x,y) = \sqrt{(x_1 - y_1)^2 + (x_2 - y_2)^2 + \cdots + (x_n - y_n)^2} \tag{5-6}$$

$$d = d_1^2(x, y) \tag{5-7}$$

式中，x、y 分别为 $x(x_1, x_2, \cdots, x_n)$ 点与 $y(y_1, y_2, \cdots, y_n)$ 点。

（3）空间自相关分析。在系统聚类分析的基础上，采用空间自相关分析进一步探讨中、美两国河湖保护地在地理空间上的集聚分布特征。莫兰 I 数（Moran I）是空间自相关的测度方法（Moran，1950，1948），公式为

$$I = \frac{n}{S_0} \frac{\sum_{i=1}^{n}\sum_{j=1}^{n} \omega_{i,j} z_i z_j}{\sum_{i=1}^{n} z_i^2} \tag{5-8}$$

式中，z_i 为元素 i 的数值与平均值的偏差，$z_i = x_i - \overline{x}$；z_j 为元素 j 的数值与平均值的偏差，$z_j = x_j - x$；$\omega_{i,j}$ 为元素 i 与元素 j 之间的权重；n 为元素个数；S_0 为空间权重的聚合，$S_0 = \sum_{i=1}^{n}\sum_{j=1}^{n} \omega_{i,j}$。$I$ 介于−1～1，数值为正表示空间存在趋同现象，即高-高值、低-低值分别邻近，反之则存在趋异现象，即高-低值邻近，数值为 0 属于随机分布。

（4）相关性分析。为消除行政单元中面积之间的差别，变量都用单位面积各指标的拥有量进行评估，且为消除不同单位之间的差别，将评估指标统一进行标准化处理。

5.3.2 空间分布差异

1. 基于行政分区的分布特征

利用 SPSS 对中国国家水利风景区和美国国家荒野风景河流在各个省（州）的点密度值进行单变量系统聚类分析，并通过 ArcMap 制图呈现。结果表明，中、美拥有不同聚集程度的河湖保护地的行政单元，在地理空间分布上均存在聚集分布现象。运用全局 Moran I 对两者空间整体分布的类型进行确定（图 5-18），结果表明中国国家水利风景区点密度较高与较低的省级行政单元、美国国家荒野风景河流点密度较高和较低的州级行政单元在地理空间中均分别呈现聚集分布特征。

为了实现自然保护地目标，需根据自然区域和已开发利用区域的不同特征采取相关措施，通过保护物种及其栖息地、生物多样性、生态系统、重要景观等自然生态价值及社会、文化、科研等其他价值，开展教育、科研、休闲游憩等活动，实现保护与发展的平衡和可持续。

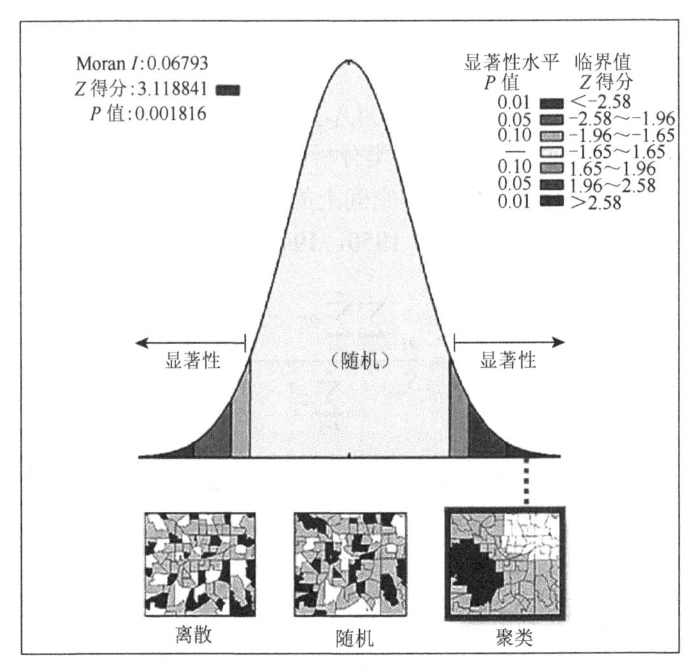

(a) 中国国家水利风景区

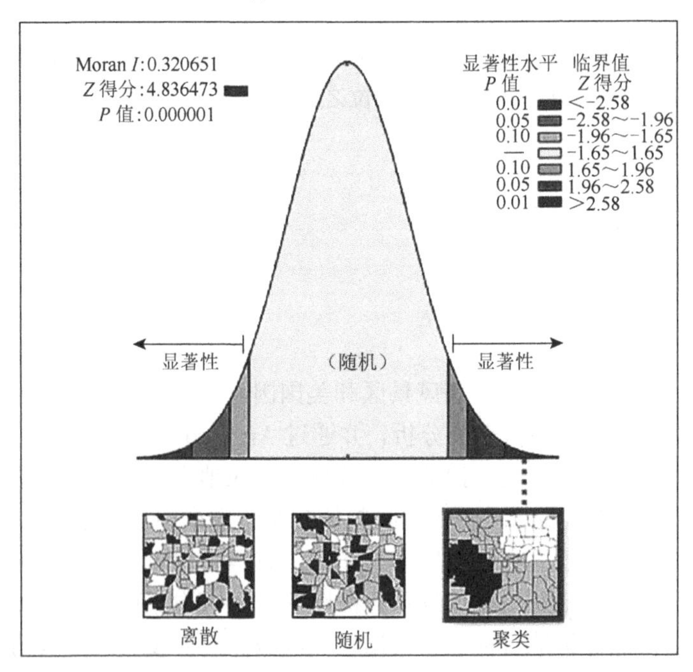

(b) 美国国家荒野风景河流

图 5-18 中国国家水利风景区和美国国家荒野风景河流全局 Moran I 图

为了更好展现空间分布特征，进行热点分析运算和多次测试，以距离阈值为1500km，对省级（中国）、州级（美国）行政单元进行冷点、热点聚集区的识别。根据 Z 得分大小，将省级行政单元分为六类；以距离阈值 950km，将州级行政单元划分为五类。在中国，热点区集中于东部沿海及相邻的中部地区，涉及 18 个省级行政单元，面积占陆地面积的 24.45%，拥有国家水利风景区 610 家，占国家水利风景区总数的 69.48%；冷点区集中于西北及西南地区，涉及 5 个省级行政单元，面积占陆地面积的 46.27%，拥有国家水利风景区 104 家，占国家水利风景区总数的 11.85%。在美国，热点区集中于东西海岸，涉及 6 个州，分布有国家荒野风景河流 124 段，密度为 0.88 段/万 km^2；冷点区集中于中部大平原地区，涉及 6 个州，分布有国家荒野风景河流 15 段，密度为 0.14 段/万 km^2。美国国家荒野风景河流在热点区域内分布的密度值是冷点区域的 6 倍，冷热点区域分布差别较大（图 5-19 和图 5-20，表 5-8）。

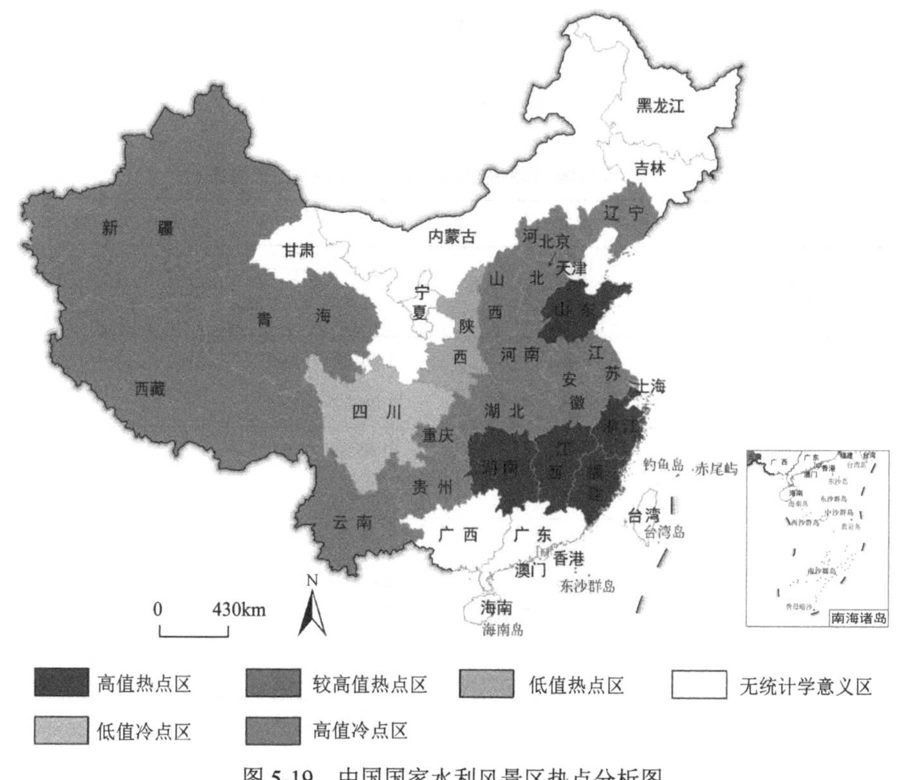

图 5-19　中国国家水利风景区热点分析图

在国土空间上，两国河湖保护地分布均存在明显的高值热点区和低值冷点区。中国国家水利风景区相比于美国国家荒野风景河流，其高值热点区和低值冷点区的集聚分布现象更为明显，从而反映出中国国家水利风景区的空间分布不均衡性比美国国家荒野风景河流突出。

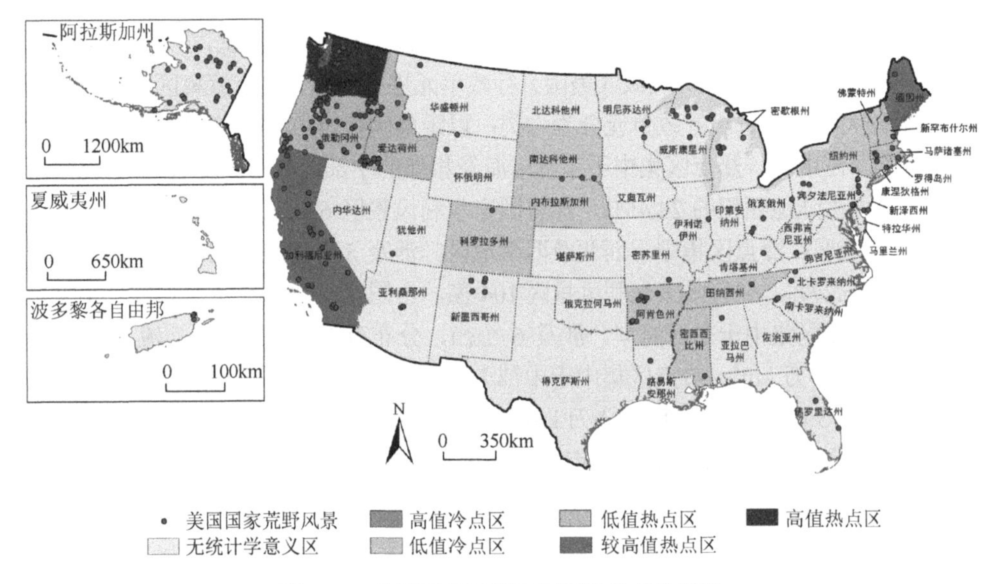

图 5-20 美国国家荒野风景河流热点分析图

表 5-8 中美两国河湖保护地冷热点行政单位集群统计

类别	国家	Z 得分	单位数
高值冷点区	中国	$-2.58 \leq Z < -1.96$	4
	美国	0	0
低值冷点区	中国	$-1.96 \leq Z < -1.65$	1
	美国	$-1.96 \leq Z < -1.65$	6
无统计学意义区	中国	$-1.65 \leq Z < 1.65$	8*
	美国	$-1.65 \leq Z < 1.65$	33
低值热点区	中国	$1.65 \leq Z < 1.96$	1
	美国	$1.65 \leq Z < 1.96$	8
较高值热点区	中国	$1.96 \leq Z < 2.58$	11
	美国	$1.96 \leq Z < 2.58$	2
高值热点区	中国	$2.58 \leq Z$	6
	美国	$2.58 \leq Z$	1

2. 基于地形地貌的分布特征

中国国家水利风景区主要分布在平原[图 5-21（a）]。中国农业区划以地形作

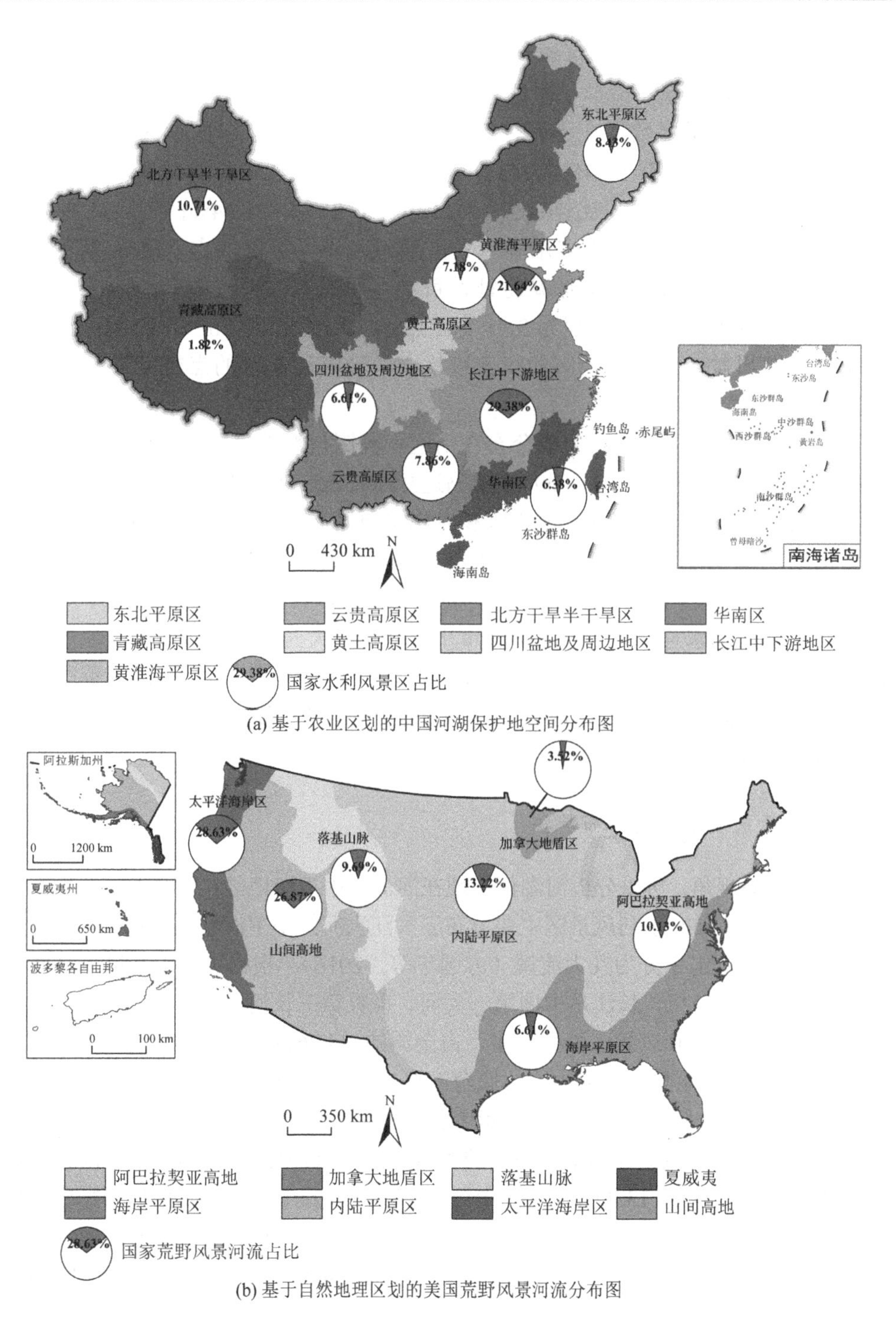

(a) 基于农业区划的中国河湖保护地空间分布图

(b) 基于自然地理区划的美国荒野风景河流分布图

图5-21　基于中国农业区划和美国自然地理区划的河湖保护地分布格局

图中占比数值为四舍五入结果

为重要划分标准，分为九大区域。其中，华南区以丘陵山地为主，长江中下游地区以平原为主，北方干旱半干旱区包括内蒙古高原、准噶尔盆地、塔里木盆地。根据国家水利风景区数量在不同分区的占比分析，平原区总面积约占全国国土面积的23.6%，却拥有59.45%的国家水利风景区。长江中下游地区、黄淮海平原区的国家水利风景区占比排前二，分别为29.38%、21.64%；青藏高原区的占比最低，仅为1.82%。国家水利风景区数量在不同分区的点密度表现出“平原—丘陵—盆地—高原”的递减特征，黄淮海平原区、长江中下游地区、东北平原区的点密度排前三，分别为3.48家/万km^2、2.77家/万km^2、0.92家/万km^2。华南区、四川盆地及周边地区的点密度次之，青藏高原区的点密度最低，仅为0.08家/万km^2。

美国国家荒野风景河流主要分布在山区。美国自然地理区划以地形作为划分标准，包括八大分区[图5-21（b）]。本书选择水资源较丰富的三种分区进行对比，主要是太平洋海岸区、加拿大地盾区和海岸平原区。其中，太平洋海岸区位于太平洋沿岸，属山地地形，其面积占全国的7.98%，却拥有28.63%的国家荒野风景河流。加拿大地盾区位于五大湖沿岸，属高原地形，其面积占国土面积的1.64%，拥有3.52%的国家荒野风景河流。海岸平原区位于大西洋沿岸，属平原地形，其面积占国土面积的13.85%，只拥有6.61%的国家荒野风景河流。从国家荒野风景河流在不同分区的占比可以看出，山地和高原地区的分布数量较多，平原地区的分布数量较少。

3. 基于河流水系的分布特征

基于水系视角，可以分析河湖保护地在河流上中下游地区，以及干支流地区的分布差异。中国国家水利风景区主要分布于大江大河的中下游地区[图5-22（a）]。中国国土空间按水系分为九大流域（方国华等，2016）。根据国家水利风景区数量在各流域的占比分析，长江是中国第一大河、世界第三长河，水资源丰富、文化富集，拥有的国家水利风景区数量最多，占全国的33.26%，且主要分布于中下游地区；淮河流域内的京杭大运河水文化底蕴深厚，其国家水利风景区数量占比排第二，为16.51%；黄河是中国第二大河、世界第五长河，由于其中下游地区是中华文明的发源地，因此黄河被称为中华民族的“母亲河”。黄河流域的国家水利风景区数量排第三，占全国的13.90%，且集中分布于中下游的干流地区。根据国家水利风景区数量在不同分区的点密度分析，流域面积较小且位于东部沿海地区的淮河流域、东南诸河流域、海河流域的点密度较高，分别为4.40家/万km^2、2.74家/万km^2、2.02家/万km^2。

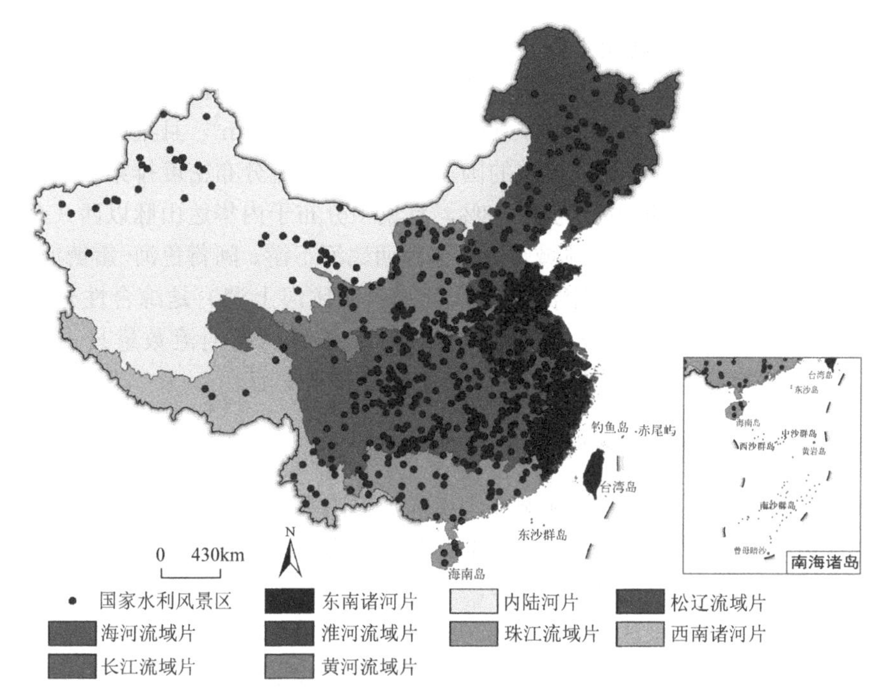

(a) 基于流域区划的中国水利风景区分布图

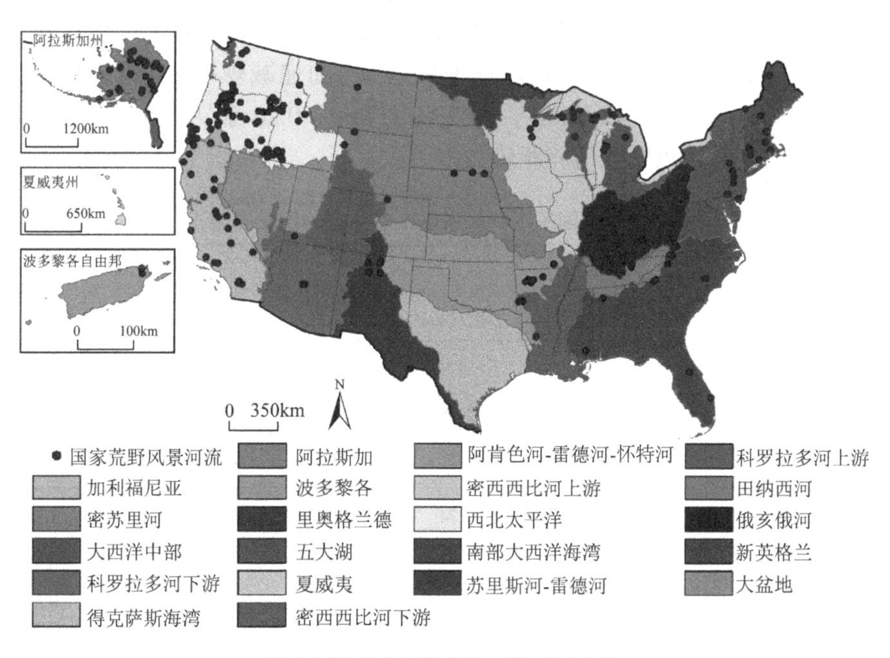

(b) 基于流域区划的美国荒野风景河流分布图

图 5-22　基于流域区划的中美河湖保护地分布图

美国国家荒野风景河流主要分布于河源地区[图 5-22（b）]。美国国土空间按水系分为 21 大流域。西北太平洋沿海流域是国家荒野风景河流分布数量和点密度最大的流域，数量占比为 37.89%，点密度为 1.23 段/万 km^2，且集中分布于哥伦比亚河支流地区。加利福尼亚流域的国家荒野风景河流分布密度排第二，点密度达 0.69 段/万 km^2，数量占比为 12.78%，且集中分布于内华达山脉以西（全球生物多样性热点地区）。密苏里流域（包括密西西比河下游、阿肯色河-雷德河-怀特河、田纳西河、俄亥俄河、密苏里河以及密西西比河上游）是综合性开发程度较高的流域，其流域面积较大，但拥有的国家荒野风景河流数量只占全国的 13.21%，点密度仅为 0.09 段/万 km^2，且主要分布于支流。

4. 基于生态分区的分布特征

中国生态分区主要以温度和湿度为指标，美国生态分区主要以降水和气温为指标（孙小银等，2010；Bailey，1988）。基于生态分区视角，可以分析河湖保护地在不同温度、湿度地区的分布差异。

中国国家水利风景区倾向于分布在温度和湿度条件较好的地区（表 5-9）。国家水利风景区数量在不同温度分区的点密度，呈现出“亚热带地区—温带地区—寒带地区”的递减规律，其点密度值分别为 1.72 家/万 km^2、0.73 家/万 km^2、0.04 家/万 km^2。国家水利风景区数量在不同湿度地区的点密度，呈现出“湿润地区—半湿润地区—半干旱地区—干旱地区”的递减规律，其点密度值分别为 1.53 家/万 km^2、1.51 家/万 km^2、0.27 家/万 km^2、0.20 家/万 km^2，半湿润地区与半干旱地区之间的点密度值差距较大。

表 5-9　中国国家水利风景区在各生态分区分布情况

生态分区	各生态分区国家水利风景区数量/家	数量占比/%	面积/万 km^2	各生态分区国家水利风景区密度/(家/万 km^2)	干湿区划	各区划国家水利风景区数量/家	各区划国家水利风景区密度/(家/万 km^2)
暖温带	279	31.78	189.05	1.48	湿润地区	12	2.93
					半湿润地区	241	3.15
					半干旱地区	13	0.71
					干旱地区	13	0.14
中亚热带	277	31.55	159.11	1.74	湿润地区	277	1.74
中温带	134	15.26	245.33	0.55	湿润地区	56	0.98
					半湿润地区	17	0.57
					半干旱地区	21	0.40
					干旱地区	40	0.38
北亚热带	121	13.78	45.86	2.64	湿润地区	121	2.64

续表

生态分区	各生态分区国家水利风景区数量/家	数量占比/%	面积/万 km^2	各生态分区国家水利风景区密度/(家/万 km^2)	干湿区划	各区划国家水利风景区数量/家	各区划国家水利风景区密度/(家/万 km^2)
南亚热带	37	4.21	40.75	0.91	湿润地区	37	0.91
高原温带	20	2.28	140.39	0.14	半干旱地区	13	0.33
					干旱地区	3	0.05
					湿润/半湿润地区	4	0.10
边缘热带	5	0.57	8.91	0.56	湿润地区	5	0.56
高原亚寒带	5	0.57	119.36	0.04	半湿润地区	4	0.14
					半干旱地区	1	0.01
					干旱地区	0	0
赤道热带	0	0.00	0.10	0	湿润地区	0	0
寒温带	0	0.00	15.12	0	湿润地区	0	0
中热带	0	0.00	0.60	0	湿润地区	0	0

美国国家荒野风景河流倾向于分布在湿度条件较好的地区，与温度相关性不大（表 5-10）。美国国家荒野风景河流在湿润大区和干旱大区的点密度分别为 0.31 段/万 km^2 和 0.16 段/万 km^2。国家荒野风景河流在热带地区、温带地区、寒带地区的点密度分别为 0.13 段/万 km^2、0.33 段/万 km^2、0.18 段/万 km^2，并没有呈现出随温度降低而递减的规律。极地大区的生态环境主要受温度影响，温度对于区域内的植物和土壤发育等至关重要（Bailey，1995），因此极地大区不参与湿度条件下的点密度比较。

表 5-10　美国国家荒野风景河流在各生态区的分布情况

生态大区				生态亚区			
分区	面积/万 km^2	国家荒野风景河流数量/段	国家荒野风景河流分布密度/(段/万 km^2)	分区	面积/万 km^2	国家荒野风景河流数量/段	国家荒野风景河流分布密度/(段/万 km^2)
极地	141.79	25	0.18	冻土	68.07	11	0.16
				亚北极	73.72	14	0.19
温湿润	444.13	136	0.31	温带大陆性亚区	52.43	28	0.53
				热带大陆性亚区	123.01	31	0.25
				亚热带亚区	115.48	8	0.07

续表

生态大区				生态亚区			
分区	面积/万 km^2	国家荒野风景河流数量/段	国家荒野风景河流分布密度/(段/万 km^2)	分区	面积/万 km^2	国家荒野风景河流数量/段	国家荒野风景河流分布密度/(段/万 km^2)
温湿润	444.13	136	0.31	海洋亚区	36.47	36	0.99
				草原亚区	81.76	2	0.02
				地中海亚区	34.98	31	0.89
热湿润	4.96	4	0.81	稀树草原	3.19	4	1.25
				雨林山地	1.77	0	0.00
干旱	394.83	62	0.16	热带/亚热带草原亚区	83.41	3	0.04
				热带/亚热带沙漠	47.47	2	0.04
				温带草原	178.32	31	0.17
				温带荒漠	85.63	26	0.30

注：其中一些区域正文没有涉及，根据 ArcGIS 进行统计。

5. 基于夜间灯光的分布特征

夜间灯光指数具有表征人类社会经济活动的功能（罗庆和李小建，2019）。NASA 曾将夜间灯光遥感数据用于人类足迹指数的计算，人类足迹指数又可以表征人类活动强度（连喜红等，2019）。因此，夜间灯光遥感数据是反映人类活动强度的重要指标，其数值越大，人类活动强度越大。将河湖保护地分布与夜间灯光指数进行叠加分析，可以探究中美河湖保护地在不同人类活动强度区域的分布差异。

中国国家水利风景区密集分布于夜间灯光指数较高，即人类活动强度较高的地区（贾艳艳等，2019）。采用自然断点法将中国夜间灯光指数划分为低值区、中值区、高值区[图 5-23（a）]。根据国家水利风景区数量在不同分区的占比分析，各分区拥有的国家水利风景区数量相当。夜间灯光指数高值区仅占全国面积的 2.71%，却拥有 32.80%的国家水利风景区数量，而低值区占全国面积的比例高达 84.0%，拥有 34.4%的国家水利风景区数量，与高值区水平相当。国家水利风景区数量在不同分区的点密度呈现出“高值区—中值区—低值区”的递减规律，夜间灯光高值区、中值区、低值区的点密度分别为 11.02 家/万 km^2、2.25 家/万 km^2、0.37 家/万 km^2，国家水利风景区在高值区的密集程度是中值区的约 5 倍，是低值区的约 30 倍。

与之相反，美国国家荒野风景河流偏向分布于夜间灯光数值较低，即人类活动强度较低的区域。采用自然断点法将美国夜间灯光数值划分为低值区、中值区、高

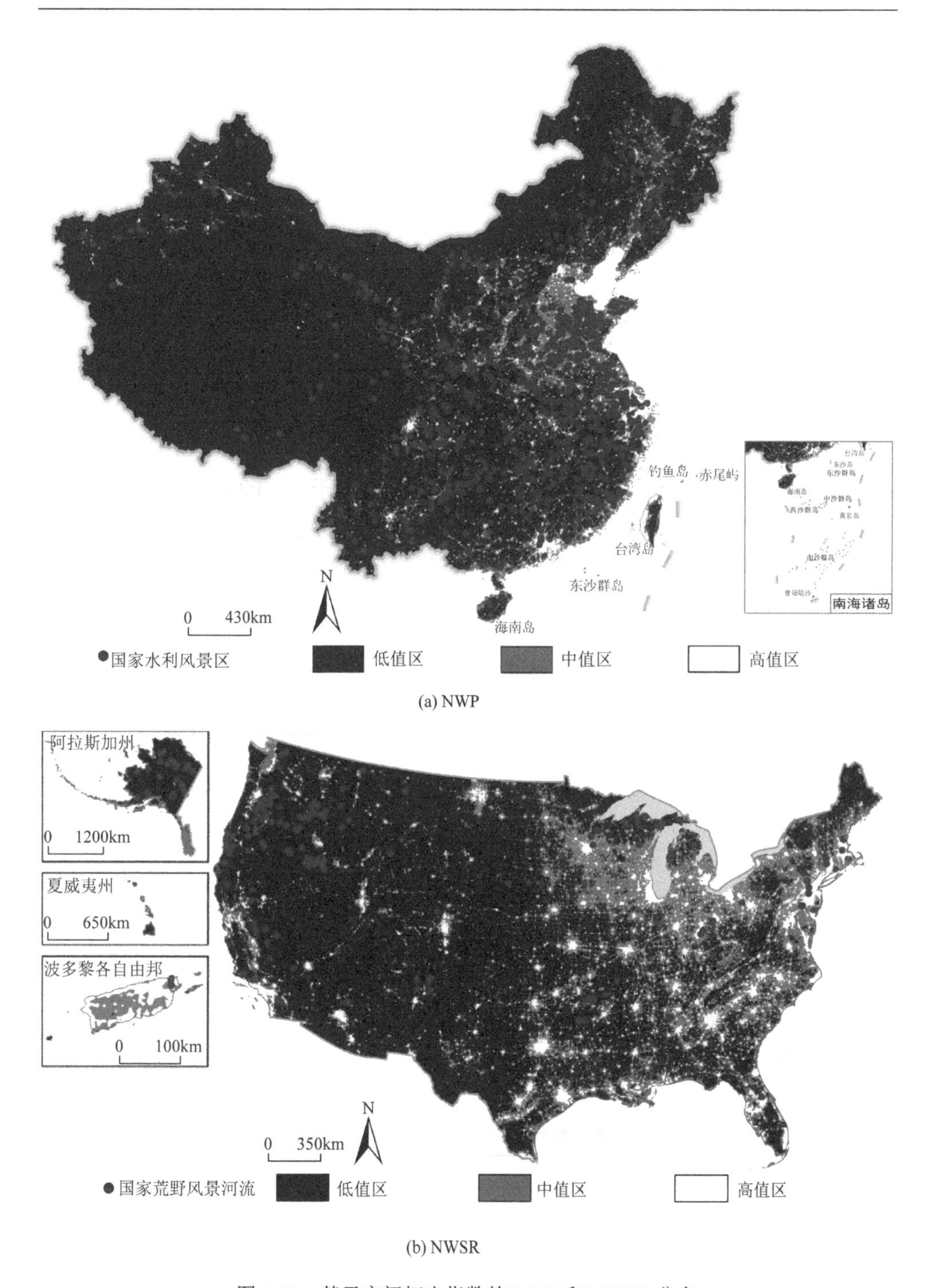

(a) NWP

(b) NWSR

图5-23 基于夜间灯光指数的NWP和NWSR分布

值区[图 5-23（b）]。国家荒野风景河流数量在不同分区的占比呈现出“低值区—中值区—高值区”的递减规律，夜间灯光低值区、中值区、高值区占全国面积的比例分别为 73.38%、21.65%、4.97%，拥有国家荒野风景河流数量占比分别为 84.58%、11.01%、4.41%。根据国家荒野风景河流数量在不同分区的点密度分析，夜间灯光低值区、中值区、高值区的点密度分别为 0.27 段/万 km^2、0.12 段/万 km^2、0.20 段/万 km^2，国家荒野风景河流在低值区的密集程度最高。

5.3.3 影响因素

1. 自然地理

（1）海拔。海拔是最能反映地形地貌的数据。以 NWP 与 NWSR 所在地的海拔为依据，每隔 500m 设置一个分隔段，NWP 海拔分布于 0～4500m，共划分了 9 个分隔段（表 5-11）；NWSR 海拔分布于 0～3000m，划分了 6 个分隔段，之后统计每个分隔段内的 NWP/NWSR 数量，并在此基础上分析分隔段数量与 NWP/NWSR 数量的相关性（表 5-12）。

表 5-11 不同分隔段（海拔范围）内的 NWP/NWSR 数量统计

分隔段	NWP 数量/个	NWSR 数量/个
0～500m	613	119
500～1000m	106	83
1000～1500m	92	39
1500～2000m	33	23
2000～2500m	16	9
2500～3000m	9	4
3000～3500m	1	/
3500～4000m	6	/
4000～4500m	2	/

表 5-12 河湖保护地空间分布差异驱动因素的 Spearman 相关性分析

因素	指标	相关性系数	
		NWP	NWSR
自然地理	海拔	–0.683*	–0.959**
	河流密度	0.677**	–0.073
	森林覆盖率	0.141	0.400**

续表

因素	指标	相关性系数	
		NWP	NWSR
社会经济	人口密度	0.733**	0.071
	地均 GDP	0.742**	0.064
	大坝密度	0.508**	−0.169

*表示在 0.05 水平相关，**表示在 0.01 水平相关。

结果显示，NWP 与 NWSR 点数量均与海拔呈负相关关系。NWP 的点数量与海拔两者间的相关系数为 $r_s = -0.683$，$P = 0.043 < 0.05$；NWSR 的点数量与海拔两者的相关性为 $r_s = -0.959$，$P = 0.003 > 0.001$。

（2）河流密度。河流密度能够反映出区域内水资源的丰富程度。通过对省/州内河流长度数据和各省/州内 NWP/NWSR 数目进行相关性分析，结果显示，NWP 密度（D_{NWP}）与省内水资源丰富度（D_{river}）两者间的相关系数为 $r_s = 0.677$，$P = 0.000 < 0.05$，两者间存在显著的正相关关系，即区域内单位面积河流长度值越大，NWP 聚集程度也相应较高。与之对比，美国各州内 NWSR 的点密度（D_{NWSR}）与单位面积内河流的长度里程总数（D_{river}）两者间的相关系数为 $r_s = -0.073$，$P = 0.616 \gg 0.000$，表明美国州内 NWSR 点密度与单位面积内河流的总长度不存在显著的相关性。

（3）森林覆盖率。森林覆盖率能反映区域潜在的生态价值，也是生态分区的重要依据。通过 NWP 密度值（D_{NWP}）/NWSR 密度值（D_{NWSR}）与森林覆盖率（$D_{\text{forest cover}}$）进行相关性分析，发现 NWP 密度（D_{NWP}）与森林覆盖率（$D_{\text{forest cover}}$）的相关系数为 $r_s = 0.141$，$P = 0.450 \gg 0.05$，表明 NWP 与森林覆盖率之间不存在显著相关性。而 NWSR 密度（D_{NWSR}）与森林覆盖率（$D_{\text{forest cover}}$）的相关系数为 $r_s = 0.400$，$P = 0.004 \ll 0.05$，说明二者间存在较弱的正相关性，即区域内单位森林覆盖率越大，NWSR 的聚集程度也相应越高。

2. 社会经济

（1）人口密度。NWP 和 NWSR 密度与省、州人口密度的相关系数分别为 $r_s = 0.733$、$P = 0.000 < 0.05$ 和 $r_s = 0.071$、$P = 0.622 > 0.05$。NWP 的点密度与人口密度呈现较强的正相关性，人口密度越大的地区 NWP 分布越密集。相比之下，NWSR 的点密度与人口密度不存在显著的相关性。

（2）地均 GDP。NWP 和 NWSR 密度与省、州地均 GDP 的相关系数分别为 $r_s = 0.742$，$P = 0.000 < 0.05$ 和 $r_s = 0.064$，$P = 0.657 \gg 0.05$。NWP 的点密度与地均 GDP 呈现较强的正相关性，经济越发达的地区越倾向于建设 NWP。NWSP 的点

密度与地均 GDP 不存在显著的相关性，没有像 NWP 那样，趋向分布于人口稠密和经济发达的地区。

（3）大坝密度。大坝密度是表征人类水资源开发利用的重要指标。截至 2018 年，中国共建成大坝 98000 多座，美国拥有大坝 90580 座，两国拥有大规模的大坝数量，充分体现其对水能资源的利用程度均较高。行政单元内中国国家水利风景区和美国国家荒野风景河流分布密度值与大坝密度的相关系数分别为 $r_s = 0.508$，$P = 0.004 < 0.05$ 和 $r_s = -0.169$，$P = 0.236 \gg 0.05$。结果表明，美国国家荒野风景河流分布密度值与大坝密度不存在显著相关性，而中国国家水利风景区分布密度与大坝密度存在显著的正相关性。

从前面分析来看，中国国家水利风景区和美国国家荒野风景河流的空间分布所受影响因素的差异较为显著，美国国家荒野风景河流更多地受到森林覆盖率等自然地理因素限制，而中国国家水利风景区更多地受到人口密度、地均 GDP 等社会经济因素影响。

5.3.4 结论

从研究结果来看，中美两国河湖保护地的空间分布存在明显差异。前者集中分布于平原地区，这些区域的最大特征即人类活动强度较高且河流综合开发程度大，大部分属于城市区域，夜间灯光指数高、人口密度大、地均 GDP 高，并且水坝工程分布密集。因此，中国国家水利风景区空间分布聚集度与夜间灯光指数、人口密度、地均 GDP 和大坝密度均呈正相关关系。而美国国家荒野风景河流多分布于人类活动强度较低的山地区域，具有较低夜间灯光指数值和较高森林覆盖率，这也使得美国国家荒野风景河流空间分布聚集度与人口、社会经济等相关指标并无相关性。另外，中国国家水利风景区聚集分布的省级行政单元也具有空间聚集现象，且这一分布特征比美国突出；但由于高聚集度的国家水利风景区集中分布于中国东部区域，其空间分布均匀度比美国低。

本研究也存在一些需要改进的地方：采用以点带面的研究方法，不能准确表征河湖保护地的地理位置以及形态特征；基于对两个国家的各种区划图进行比较，其在标准上不具有完全一致性，可能产生一定的误差；空间分布差异的原因分析偏向主观分析，而没有采用地理探测器等技术手段。在后续研究中，需要进一步关注与解决这些问题。

第 6 章　河湖保护地治理方式

保护地永续发展离不开有效的政府治理。"治理"关注的是决策主体、决策过程、决策主体的权责分担以及问责(解钰茜等，2019)。政府治理是保护地达到"善治"的关键途径。即使在自然保护地领域，治理成效也是不容乐观的，《保护地球2018年度报告》(*Protected Planet Report 2018*)指出，全球只有20%的自然保护地得到有效治理(UNEP-WCMC et al.，2018)。

6.1　美国国家荒野风景河流非完全政府治理模式

美国 NWSRS 的治理模式是在国家公园体系、国家森林体系的政府治理基础上形成的。

6.1.1　以美国国家公园体系为代表的完全政府治理模式

1. 自然保护地治理演变路径

IUCN 根据谁对保护地拥有权威、责任并对关键决策负责，将自然保护地治理分为政府治理、共同治理、公益治理和社区治理四种类型，其中政府治理是主要类型(吴健等，2017；Borrini et al.，2013)。美国是世界自然保护地的先行者，其国家公园体系(national park system)政府治理模式是世界自然保护地政府治理模式，特别是国家公园政府治理的原变种(李鹏，2015)。在此基础上，沿着两条路径形成不同的变种：一是由于环境和主体的差异，澳大利亚、英国、非洲等国形成不同的政府治理模式；二是由于客体的差异，形成不同的自然保护地政府治理模式。

NWSRS 是一种针对内陆流域生态系统的自然保护地类型，旨在保护河流自然流动状态和突出的自然价值、文化价值、游憩价值，并适当利用河流游憩功能(Palmer，1993)。国家公园是一种大面积的自然或者接近自然的区域，旨在保护大尺度的生态过程，以及相关物种和生态系统特性(Day et al.，2012)。与国家公园体系相比，NWSRS 是一种陆地水域，其突出特点是复杂的保护对象、多元的权属构成、不确定的空间范围。

2. 完全联邦垂直管理政府治理模式

美国国家公园政府治理模式的“完全联邦垂直管理”特征十分明显。国家公园完全联邦垂直管理政府治理模式主要体现在将国家公园治理的事权上升到国家层面，实施垂直管理，进而实现“以国家之名、依国家之力、行国家之事”。

以国家之名：是指以联邦政府的名义，而不是以地方之名，也不是以部门之名，只有以联邦政府为名，才能树立国家权威、实现国家所有、传递国家价值。这一特点主要体现在法律制度方面，国家公园体系以联邦立法保障保护地体系运行，并认定具体保护区域。

依国家之力：依靠联邦政府的权力和财力，包括法律、国家力量和国家财政等，才能保护自然资源，这是世界各国的普遍共识。这一特点主要体现在土地权属和财政支持两个方面，国家赋予联邦机构对国家公园体系的绝对所有权，并以国家财政作为主要资金来源。

行国家之事：联邦政府对国家公园承担国家责任，履行国家义务，实施国家管理。这一特点主要体现在治理机构方面，联邦机构全权负责全国国家公园体系的建设、维护和运营，通过国家层面、地区层面和管理单元三个层次实施垂直管理。

国家公园完全联邦垂直管理政府治理模式的突出表现为联邦立法保障、联邦土地完全所有、联邦机构统一管理、联邦财政大力支持，是一种完全的政府治理模式。该政府治理模式提高了国家公园管理效率，但整个治理模式适应性较差（徐菲菲和 Fox，2015）。

国家公园体系完全联邦垂直管理政府治理模式在不同国家应用，需要被讨论、被检验、被改进，以符合具体的历史与社会背景，这样才能为当地带来持久的保护效果和生计福利。不同的法律制度、资源权属、治理主体、资金来源决定了保护地“以谁之名”“归谁所有”“由谁所管”“该谁负责”（Borrini et al.，2013）。

在美国联邦垂直管理政府治理模式的基础上，各个国家在建设自身国家公园体系的过程中，为了适应国情做出相应调整，在法律制度、资源权属、治理主体、资金来源四个方面形成了各自特色，主要有以澳大利亚国家公园体系为代表的地方自治政府治理和以英国国家公园体系为代表的综合政府治理。三种不同的国家公园体系政府治理模式存在如下差异（表 6-1）（陈英瑾，2011；张朝枝等，2004；卢琦等，1995）。

表 6-1　国家公园政府治理三种模式比较

类型	典型代表	表现特征	法律制度	土地权属	治理机构	资金来源
联邦治理	美国	联邦专门立法	联邦单独立法	确定土地国家所有及使用	联邦机构	联邦政府
地方自治	澳大利亚	联邦立法	无单独立法	尊重土地地方所有及使用	地方政府	地方政府
综合治理	英国	联邦立法	无单独立法	尊重土地多方所有及使用	联邦机构及地方政府	按一定比例

国家公园体制是美国最有创意的构思，国家公园政府治理模式应用到其他国家时，需要根据保护地系统中主体、环境要素的差异进行改良和本土化。同样，在美国其他联邦保护地类型中，其政府治理模式的确定也会因保护地客体不同而进行改变，NWSRS 就形成了一种“非完全联邦垂直管理”的政府治理模式。

6.1.2　非完全联邦垂直管理政府治理模式的联邦主导

在法律体系、资源权属、治理主体三个方面，NWSRS 政府治理模式均体现出较强的联邦主导特征。

1. 联邦主导的法律体系

保护地联邦立法是联邦政府积极主动地管理 NWSRS 的重要体现。在法律作用方面，NWSRS 与国家公园体系基本类似。NWSRS 非完全联邦垂直管理政府治理模式也是以联邦立法统筹体系的整体运转，以单独立法确定资格认定。联邦立法体现了联邦政府认同的 NWSRS 的保护目的、保护理念、运作方式等核心问题。

在法律体系构成方面，NWSRS 与国家公园体系基本一致。1968 年，《荒野风景河流法案》正式颁布，以联邦立法形式宣布体系正式确立，成为 NWSRS 的法律依据。在认定过程中，还制定具体 NWSRS 技术性管理的联邦立法，并以相关的环境保护法案作为辅助。这些法律与管理机构制定的具体实施指南的部门规章一起，形成了统一的法律体系（表 6-2）。这是政府治理模式集权特征的最重要表现。

表 6-2　美国国家荒野风景河流体系的法律构成

层级	构成	作用
专门法律	《荒野风景河流法案》	标志着 NWSRS 建立；体现国家意识的 NWSRS 保护理念；提供法律依据
	具体 NWSRS 技术性管理的联邦立法	表明某一河流正式纳入 NWSRS；为该河流的保护、管理提供法律依据及支持

续表

层级	构成	作用
非专门性法律	《国家历史保护法案》《国家环境政策法案》《水污染控制法案修正案》《濒危物种法案》《考古资源保护法》《阿拉斯加国家利益土地保护法案》等	保护 NWSR 的历史价值和文化价值；评估其流域内工程项目的环境影响；保护其野生动植物、鱼类以及观赏价值；恢复和保护其水质量；指导其流域内联邦土地的使用管理等
部门规章	各主管部门规范性指导文件	为各个部门管理 NWSR 提供具体指导
	跨部门管理指南	促进不同治理机构间的协调合作

2. 联邦主导的治理机构

美国国家公园管理局作为国家公园体系的唯一联邦管理机构，负责整个国家公园体系发展和具体保护单元的规划、管理及运营，并形成全国统一的三级政府治理体系，是“行国家之事”的体现。NWSRS 没有专门的管理机构，但四个联邦机构管理了绝大多数的 NWSR，决定着 NWSRS 的发展方向。

NWSRS 的治理主体以联邦机构为主，非联邦机构为辅。NWSRS 的治理主体包括两种类型：一是联邦机构，主要包括美国国家公园管理局、美国鱼类与野生动物管理局、美国土地管理局以及美国林务局（IWSRCC，1999a）；二是州政府或地方政府。这两类治理机构形成了四种组合管理方式：单一联邦机构进行统一管理，不同联邦机构进行联合管理，州政府或地方政府进行地方管理，“联邦-州-地方政府”进行合作管理。截至 2021 年底，四种管理方式管理的 NWSR 数量占 NWSRS 河流总数的比例分别为 78%、10%、7%、5%，联邦机构全权管理或参与管理 NWSR 的数量占到全部 NWSR 的 93%。

NWSRS 赋予联邦机构绝对的管理权。虽然 NWSRS“尊重 NWSR 廊道及周边土地、水资源的原所有权”，但对于联邦机构管理的 NWSR，绝不会因为 NWSR 私人所有权的存在而下放管理权，而是赋予联邦机构绝对的管理权，限制其不利于河流保护的利用方式，通过劝说、环境教育等方式进行管理，让原所有者自觉参与到河流保护行列之中。

3. 联邦主导的产权构成

国家公园体系最重要的资源是土地资源，国有土地是联邦政府实施保护的基础，也是实施完全联邦垂直管理政府治理的必要条件。国家公园体系中的绝大部分土地归联邦所有，即使存在少量非联邦所有土地，也将通过征收或购买等方式，努力将其变为联邦所有。与国家公园体系相比，NWSRS 除了涉及土地权属确定外，还涉及河道内水资源权属确定的问题。

大部分的 NWSR 属于国有土地，对于非国有土地和水资源，《荒野风景河流法案》对其进行了明确规定，强调了联邦机构的优先获得权、购买权和限制权，从而控制河流及其沿岸土地的使用方式（Cynthia Brougher Legislative Attorney American Law Division，2008）：①NWSR 边界内暂无确定所有权的土地资源和水资源归联邦所有；②对于河流生态系统敏感区内非联邦所有的土地资源和水资源，联邦机构可通过与原所有者协商，达成共识，签订买卖合同，获得所有权；③尊重 NWSR 廊道及周边土地、水资源的原所有权，但限制原所有权的使用，禁止有违河流保护的资源利用；④对于不配合河流保护的资源所有者，联邦机构有权依据市场价格从原所有者手中购买所有权。

6.1.3　非完全联邦垂直管理政府治理模式的多元分权

由于河流涉及多种关系，生态系统复杂、生态联系多样、利益相关者众多，NWSRS 难以实行完全联邦垂直管理政府治理模式，必须根据实际情况对完全联邦垂直管理政府治理模式进行变革和创新，从而形成较强的多元分权特征。

1. 资源权属的多样分离

NWSRS 土地资源和水资源所有权的混合性，以及所有权与管理权的不对等性，是非完全联邦垂直管理政府治理模式的根本表现。

NWSRS 所有权的多样性。NWSRS 尊重资源的原所有权，一般强烈主张 NWSRS 所有权的联邦化，不支持所有权买卖，而是通过一系列措施实现非联邦所有资源的保护（IWSRCC，1996）。国家公园体系的终极目标是完成土地的国有化，而 NWSRS 不把土地的国有化作为追求。因为联邦财政不可能承担起这种大范围的所有权收购，而且收购行为可能损害周边社区居民的合法权益，这必然遭到社区的反抗。NWSRS 政府治理模式尊重河流周边居民的现有权利，对不利于保护目的的行为进行规范，通过合理的利益分配和环境教育将社区纳入河流生态系统保护行列，并通过河流游憩利用促进社区发展，实现环境保护与社区发展双赢。

NWSRS 所有权与管理权的分离。对于联邦及当地政府所有的土地资源和水资源，NWSRS 会尊重原所有权，将原所有者确定为相应的治理主体；对于私人所有的土地资源和水资源，NWSRS 将在尊重原所有权的同时，赋予联邦机构绝对的管理权，这就存在所有权与管理权的交叉。无所有权的管理是非常困难的，这导致 NWSRS 在遴选过程中具有重要特点——将河流廊道、周边各种资源所有者及所涉及社区的支持程度作为重要的遴选标准之一。怀俄明州克拉克福克黄石河 NWSR 周边的土地大部分为联邦所有，美国林务局是其唯一的治理机构，但河流周边有部分私人土地。1975～1990 年，美国林务局花费了大量精力致力于改善与当地居民的关系，通过劝说、沟通，最终将私人土地所有者拉入保护河流阵营，并获得他们的支持（Forest Service，2009）。

公共/私人土地所有者合作成功对于 NWSR 单元管理的成功至关重要。NWSR 及其走廊可能包括公共土地和私人土地，大多数 NWSR 都是混合所有制（mixed ownership）。位于明尼苏达州、威斯康星州的圣克罗伊河是 1968 年美国国会直接指定的最初八个 NWSR 单元之一。该 NWSR 单元经过 1968 年（322km）、1972 年（44km）和 1976 年（40km）三次认定和扩充，形成了现在的总长度（406km），主要由美国国家公园管理局进行管理。圣克罗伊河流经多个管辖区域，涉及美国陆军工程兵团、美国林务局等联邦机构，以及明尼苏达、威斯康星两个州的 11 个县，33 个乡镇、7 个市政当局和印第安部落。这是一个由不同层级的管理机构、不同权属的土地拥有者组成的混合体。

406km 长的河道两侧大约 400m 范围内，包括河岸土地和水面形成的 395km^2 的管理区域。其中，美国国家公园管理局只是直接购买了 82.9km^2 的土地；通过风景地役权（scenic easements）方式，利用了私人土地面积 57.2km^2；边界内的其余土地（约 113.31km^2）是其他公共土地、市政和私人土地以及印第安信托土地的混合体。美国国家公园管理局仅对大约 1/5 的河道拥有直接管理权（IWSRCC，2020；Hanso，2008）。

《荒野风景河流法案》第 16 条（c）规定，“风景地役权”是指在经批准的荒野风景河流的组成边界内，为了保护指定的荒野风景河流的自然质量，控制土地使用的权利（包括该土地上方的空中空间）。对于任何指定的荒野风景河流，管理机构应当支付费用，并为原来的业主保留常规的现有用途。这种低于收购费用的方式，可帮助保护荒野风景河流的价值，包括其他显著的价值、水质和河岸领域。

2. 管理主体的非单一性

（1）NWSRS 由四个联邦机构共同管理。国会在决定 NWSRS 的治理主体时，遵循就近原则，考虑适宜性、便捷性两个方面，即所保护河段流经的土地属于哪个联邦机构管辖，国会将尊重其原管理权，优先赋予该联邦机构对 NWSRS 的管理权。NWSRS 治理主体的非统一性导致其难以形成统一的垂直治理结构，这是 NWSRS 多元分权的重要体现。

（2）NWSRS 的治理主体吸纳了地方政府。由于土地资源和水资源权属非完全联邦所有，当 NWSR 大部分位于州政府管辖范围内，且州政府在河流纳入体系的过程中体现了较大的自觉性和保护决心时，国会也会尊重产权，将州政府确定为该 NWSR 的治理主体（IWSRCC，2014）。目前，各个州政府全权管理或参与管理了体系中 11.5%的 NWSR，虽然比例不大，但这是 NWSRS 多元分权的重要体现。前面提到的圣克罗伊河，美国国家公园管理局没有法律权力使用当地土地。国家公园管理机构的职责是支持各州“鼓励”地方政府或个人土地所有者遵循保护河流的土地使用做法。美国国家公园管理局的机构必须与各个地方政府互动，定期参加市议会和市议会会议，将与河流有关的事项列入议程，定期与当地分区官员进行沟通，包括河砂开采、沿河道路等发展事项，以及其他影响河流的事务。让地方政府和私人土地所有者感觉到，如果有对河流不利的决定，他们将被追究责任（Hanson，2008）。

（3）成立 NWSRS 协调管理组织。由于治理机构较多，荒野风景河流跨机构协调委员会（Interagency Wild and Scenic Rivers Coordinating Council，IWSRCC）于 1995 年正式成立，由四大联邦治理机构代表组成，其宗旨是协调、沟通，以提高 NWSRS 管理工作的统一性，提高公众的参与度，加强对重要河流资源的保护。IWSRCC 的管理职责包括对现有 NWSR 的管理、潜在 NWSR 的认定、为州政府和非营利组织提供技术援助等。通过定期会议展开工作，其他与河流利益相关的主要联系人以及公众均可参与河流保护管理的讨论。但是，IWSRCC 并不是凌驾于所有治理机构之上的新机构，没有打破 NWSRS 治理主体的非单一性。

3. 资金支持的弱联邦化

联邦财政支持是国家公园体系实施完全联邦垂直管理政府治理的资金保证，NWSRS 管理的联邦财政支持比较微弱，这也是其非完全联邦垂直管理的重要表现。

NWSRS 资金支持的弱联邦化体现在两个方面：①NWSRS 资金来源渠道与国家公园体系相似，但联邦支持力度有差异。国家公园体系的资金来源主要靠联邦支持，除了联邦财政支持之外，还有特许经营收入、非政府组织（NGO）或企业捐助、生态补偿三种资金来源。NWSRS 资金来源中，联邦支持力度较小，主要依靠后三种资金来源。例如，华盛顿州斯卡吉特河（Skagit River），上游的“西雅图城市之光”水电厂先于 NWSR 建设，水电厂依托斯卡吉特河水资源营利，同时也承担了该河流保护及游憩开发的大部分资金（Forest Service，1983）。②地方财政支持。由州政府全权管理 7%的 NWSRS，NWSRS 所在州的州财政对其保护及游憩开发提供了一定支持（Forest Service，1998）。

6.1.4　非完全联邦垂直管理政府治理模式的治理创新

NWSRS 形成非完全联邦垂直管理政府治理模式的根本原因在于，保护地治理系统中客体（河流生态系统）形成的权属复杂多样，而且不能一次交割（多布娜，2011）。在尊重权利的基础上，NWSRS 非完全联邦垂直管理政府治理模式采取了适度分权的方式。

1. 创新依据：因河而设，因河而治

河流生态系统的突出特点是 NWSRS 政府治理模式选择的难点和出发点。

（1）河流保护对象的复杂性。河流是一种四维空间，在纵向、横向、垂向以及时间维度上进行着水文循环和各种生态联系，是物理过程、生命现象的总和（龙笛和潘巍，2006）。纵向连通性表现在河流上下游之间栖息地、物种、群落和生态过程的联系、生态服务的完整性以及河流利用状况；横向联系是河流与周围景观（如河漫滩、滨河社区等）之间的连通；垂向联系主要是河床与地下水之间的关系；时间维度是指水流要素随时间的变化或者河流在时间上表现出来的水文周期。

（2）河流保护对象的多样性。河流作为水资源的重要载体，水质、水量是所有保护的基础；河流为水陆空的众多动植物提供栖息地；河流是水域、湿地及陆地生态系统的完整组合，需要考虑各个生态系统的健康完整及其相互作用；河流是人类生存发展的重要依托，在保护自然价值的同时，还需要保证一定的人类利用及其形成的文化价值、游憩价值。

（3）河流权属的交织性。从所有权来看，河流土地资源、水资源等权属多样，尤其是水权上下游、左右岸、干支流、地表地下，相互作用关系十分复杂，而且不能像土地一样一次交割。从使用权来看，人类社会一直都在河流周边集聚，特别是一些规模较大河流的中下游，河流与周边社区居民形成了十分密切、稳定的关系。河流保护无法规避社区实行封闭管理，必须妥善处理好河湖保护地生态、生产、生活三种空间的合理使用。

（4）河流空间范围的变动性。作为一种自然保护地，必须要有一个明确的地理空间。河流的面积和长度都是动态变化的，导致河湖保护地空间范围难以确定。对河湖保护地而言，确定边界需要划定河湖保护地的纵向边界和横向边界。河流又是一种连续体（Vannote et al.，1980），在一个环境变化的连续体中清楚地划出一个可辨别的边界线是困难的，也是人为的（魏晓华和孙阁，2009）。

2. 创新路径：尊重权利，适度分权

因为 NWSRS 无法与国家公园体系一样，基于一个权属（联邦所有）进行统一管理，所以必须在尊重权利的基础上实施适度分权保护，对完全联邦垂直管理治理模式进行权变创新。NWSRS 非完全联邦垂直管理政府治理模式尊重各利益相关者的权利，包括实质性权利和程序性权利两个方面（Borrini et al.，2013）。

实质性权利主要表现在联邦政府不强烈谋求改变 NWSRS 土地所有关系，即使收购沿河土地，也会尊重土地原来所有者的意愿。实际上，尊重原居民及社区居民土地资源、水资源的所有权和使用权，是一种成本较低的保护措施，在几乎不占用任何社会成本的条件下，提供保护以及其他效益（Hayes，2006）。

程序性权利表现在联邦政府尊重、肯认个人与环保组织的作用和重要性，加强州政府、地方政府、NGO、公众个人在河流保护问题上的话语权和代表权，如在环保主义者的建议下成立了 IWSRCC。IWSRCC 机制有协商协议、协商过程和协商机构，可以进行信息交流和磋商，满足保护地共同治理的基本要求（Borrini et al.，2013）。NWSRS 治理模式通过权力在不同政府层级之间进行分配，可以克服联邦政府执行能力弱和执行效果差的缺点，联邦和地方政府共享权威和责任，在各种角色和机构之间获得一种动态和共同支持的平衡。

3. 创新格局：整体大维持，局部小改变

在维持完全联邦垂直管理政府治理模式总体框架不变的前提下，NWSRS 非完全联邦垂直管理政府治理模式对产权、机构和资金等方面做出局部调整，呈现出“大维持、小改变”的格局（表 6-3）。

表 6-3　自然保护地完全与非完全联邦垂直管理政府治理模式对比

类型	典型代表	特征表现				主要特征
		法律保障	治理主体	资源权属	资金来源	
完全联邦垂直管理政府治理	国家公园体系	联邦专门立法；特定单元技术性管理规范的联邦立法	唯一的联邦机构	完全联邦所有	主要由联邦财政支持；无地方财政参与	完全集权
非完全联邦垂直管理政府治理	国家荒野风景河流体系	联邦专门立法；特定单元技术性管理规范的联邦立法	大部分属于多个联邦机构管理；少部分属于州政府、地方政府或合作管理	大部分属于联邦所有；少数属于州政府、私人所有	主要来源于特许经营收入、NGO 或企业捐助、生态补偿；地方财政参与	整体集权，部分分权

“大维持”主要体现在：①法律体系，NWSRS 法律体系与国家公园体系基本一致，这是 NWSRS 的依据；②88%的 NWSRS 由联邦机构单独或混合管理，是 NWSRS 得以建立及发展的基础；③形成了一个“IWSRCC—联邦机构—地区机构—管理单元”的垂直统一为主的治理系统（图 6-1）。

“小改变”主要体现在：①增加管理机构，5%的 NWSRS 由地方政府全权管理、7%的 NWSRS 由地方及联邦政府合作管理；②增加协调机构，在四大联邦治理机构之上成立了协调机构 IWSRCC；③增加管理对象，管理单元对联邦所有、地方政府所有、私人所有的土地所有权和水权进行管理；④增加地方资金支持，个别州政府为 NWSRS 提供了资金支持。

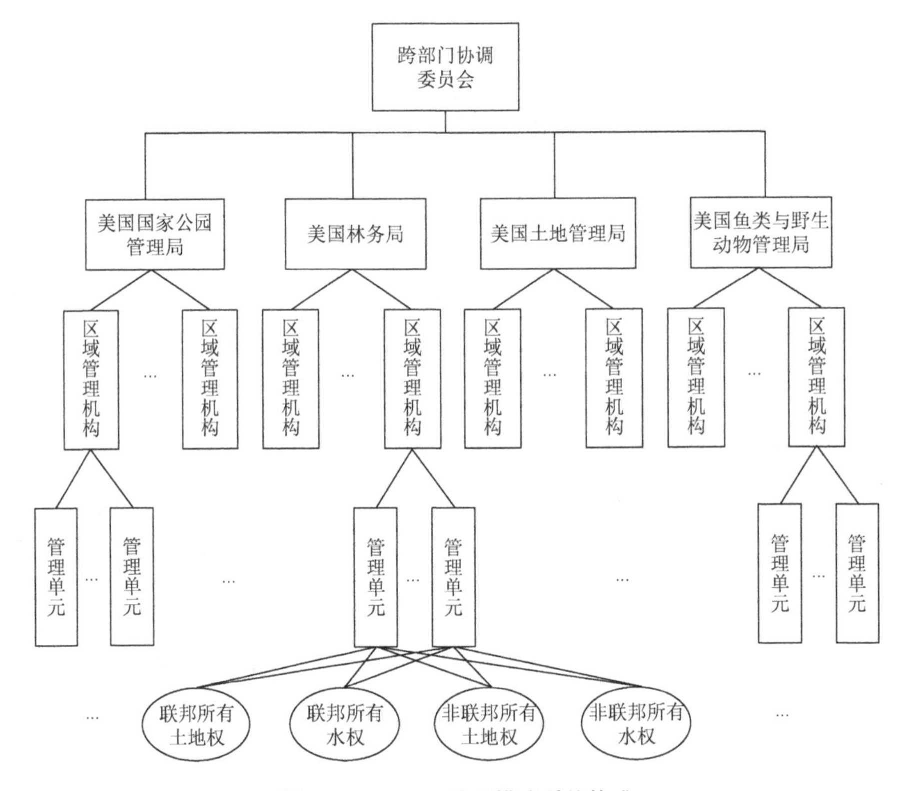

图 6-1 NWSRS 治理模式系统构成

NWSRS 通过集权方式体现保护地体系的国家意志，利用适度分权方式解决现实问题，并减少矛盾、保证公平，较好地解决了河湖保护地发展中的难题。

6.2 加拿大遗产河流合作共管模式

6.2.1 制度基础

加拿大国土广阔，有着众多作用突出的河流或航道。1984 年，加拿大建立了 CHRS，各级政府与当地社区、管理团体合作，在全国范围内表彰优秀遗产河流，并鼓励长期管理这些河流，以保护其自然价值、文化价值和游憩价值，使加拿大人代内、代际都能受益（CHRS，2008）。

1. 《加拿大遗产河流体系章程》简介

CHRS 是共同管理、合作和参与的典范，也是一种让社会参与评估河流和河流社区的自然和文化遗产，以及对加拿大人的身体健康和生活质量至关重要的活动。联邦政府与 12 个省、特区政府共同签署了《加拿大遗产河流体系章程》(*The Canadian Heritage Rivers System Charter*)，对保护遗产河流做出承诺。

该章程规定了加拿大联邦与参与省和地区（以下统称为“参与者”）合作的框架，以可持续的方式，认可、保护和管理指定的加拿大遗产河流及其自然品质、文化、历史遗产和游憩价值。该章程是加拿大政府对 CHRS 支持和参与的公开实际表达，并通过战略规划承认该规划的运作方式。章程内容包括愿景、目标、原则、机构、持续时间、范围与修订等条款。

2. 《加拿大遗产河流系统原则、程序和操作指南》简介

CHRS 作为一个国家项目而存在，这就决定了其本身没有立法权（CHRS，2004)。《加拿大遗产河流系统原则、程序和操作指南》成为加拿大遗产河流项目的基础文件，包含指导 CHRS 的《加拿大遗产河流体系章程》以及服务管理人员工作的《加拿大遗产河流系统十年战略规划》(2008～2018 年）等内容。

《加拿大遗产河流系统原则、程序和操作指南》是负责加拿大遗产河流的河流管理者，希望将其河流提名到该系统的支持者以及在参与该规划的联邦、省和地区管辖范围内工作的全国规划者的重要参考文件。该文件详细说明了该规划的总体原则、治理结构、提名和指定过程以及监督制度。因此，它是司法管辖区、管理机构和河流管理者的关键参考工具。该文件将定期修订和更新。同时，CHRS 具体实施有相应的基本政策，如国家公园指导原则和运营政策中的遗产河流政策（Parks Canada，2017）等。

《加拿大遗产河流系统原则、程序和操作指南》描述了参与省、特区商定的 CHRS 运作的组织结构、任务、目标和政策，并解释了加拿大遗产河流委员会为实施和管理该规划将遵循的程序；为选择、提名、指定和管理加拿大遗产河流的行政和操作程序以及规划要求提供指导。

6.2.2 管理机构

CHRS 由加拿大遗产河流委员会（Heritage Rivers Board，HRB）进行管理，其下又设立了执行委员会、技术规划委员会和秘书处等机构（图 6-2)。

1. 加拿大遗产河流委员会

(1) 加拿大遗产河流委员会的组成。加拿大遗产河流委员会由来自政府、公众、非营利机构或私营部门的成员组成，由参与者任命。委员会为加拿大人民的利益而管理 CHRS，通过有效管理河流资源和生态过程，达到保护和展示遗产河流的目的。

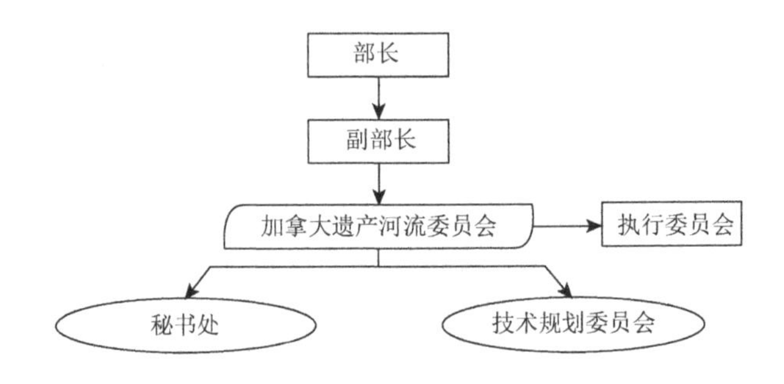

图 6-2　加拿大遗产河流体系治理机构示意图

根据 *Canadian Heritage Rivers System Principles，Proceduers and Operational Guidelines*（2017）绘制

加拿大遗产河流委员会共有 14 个席位，其中联邦有 2 个席位，签署《加拿大遗产河流体系章程》的 12 个省和地区各有一个席位，魁北克省没有签署该章程故没有席位。由国家公园管理局、皇家-原住民关系与北方事务部（Crown-Indigenous Relations and Northern Affairs Canada）代表联邦政府行使职责（Parks Canada，2017）。

委员会成员由负责 CHRS 规划的联邦、省和地区的相关部门任命。被任命者可能是负责 CHRS 规划的部门高级管理人员，也可能是河流管理者、河流管理小组的成员、与 CHRS 相关或熟悉遗产河流义务的普通公民。除了加拿大公园管理局的永久职位外，每个职位任期均为一年。其中一名委员会成员应被任命为技术规划委员会的联络人。其他参与者可能会被邀请作为顾问或观察员参加委员会的会议，原因包括但不限于提供与规划优先级相关的建议或专业知识。

（2）加拿大遗产河流委员会的作用。在加拿大环境与气候变化部（Environment and Climate Change Canada）负责部长的指导下，符合批准的 CHRS 章程、战略规划以及原则、程序和操作指南的前提条件下，加拿大遗产河流委员会全面负责加拿大遗产河流项目的实施和管理。委员会职能包括但不限于以下各项：实施经批准的《加拿大遗产河流体系章程》和《加拿大遗产河流系统战略规划（2020～2030 年）》；审查司法管辖区提出的将河流提名到该系统的请求，这些河流具有突出的自然价值、文化价值和游憩价值；向提名管辖区（省、特区）厅长和负责加拿大国家公园事务的部长建议提名河流；建议将不再符合遴选标准的河流从系统中移除；批准技术规划委员会和设在加拿大国家公园管理局中秘书处的年度工作计划；接收指定河流 10 年监测报告；加强公众对加拿大遗产河流系统的认识和欣赏；定期审查系统操作的程序和指南，并根据需要进行更改。

2. 执行委员会

执行委员会是加拿大遗产河流委员会的常设机构，其成员包括河流委员会主席和副主席、遗产河流委员会中的加拿大公园管理局成员、两名普通成员。执行委员会在遗产河流委员会休会期间代表委员会行事，并在委员会全体成员参会不可行或不需要时，对相关事务及时做出回应。

执行委员会的职能包括但不限于以下内容：在国家层面处理被认为不需要全体委员会参与的事务和政策；为委员会会议编写会议文件和/或确定并向委员会提交立场以供讨论及形成最终决定；编制预算、监督预算和支出；为加拿大公园秘书处职能和技术规划委员会的活动和工作计划以及实施委员会的决定提供指导。执行委员会应制定必要的程序来指导其运作，以使其能够做出运作决策并执行委员会的决定。如果其程序或决定对省或者特区产生影响，则应寻求委员会或成员的批准。

3. 技术规划委员会

（1）技术规划委员会的组成。参与 CHRS 的省、特区应至少任命一名成员加入技术规划委员会。省或特区可以选择任命一名河流管理者或其他合适的代表加入委员会；该成员应代表整个区域的利益，而不是某条河流的利益。鼓励每位技术规划委员会成员指定一名候补人员，可以在他缺席的情况下参加会议。技术规划委员会中的加拿大公园管理局成员，应来自该机构负责管理的六条加拿大遗产河流之一的管理单位。此人应代表机构的整体利益，履行技术规划委员会成员的正常职责范围，并与管理机构内的其他河流管理人员保持联系。

技术规划委员会主席和秘书应由遗产河流委员会任命，并经委员会所有成员批准。每一个职位的任期为一年，并应根据所在区域的开头字母顺序进行轮换。技术规划委员会主席应以顾问身份参加遗产委员会的所有会议，但没有投票权。

（2）技术规划委员会的作用和职责。技术规划委员会的主要职责是文件审查，制定政策和战略，在加拿大遗产河流项目的开展和管理方面为遗产河流委员会提供技术支持。其主要包括以下四项职责：①就加拿大遗产河流的提名、指定和监测向 CHRS 董事会提供支持和建议，此职责的目标是维护 CHRS 的完整性。②制定支持 CHRS 规划目标实现的政策、战略、工具和其他手段，这一职责的目标是确保对 CHRS 进行高效和有效的管理。③推动《河流合作共管团体参与战略》（*River Stewardship Groups Engagement Strategy*）的持续制定和实施。这一职责的目标是加强和支持该规划的愿景，如《加拿大遗产河流体系章程》中所述。④每个成员将负责审查其辖区的遗产河流 10 年监测报告，确保内容完整和准确，向辖区内的董事会成员简要介绍各自的遗产河流是否仍然符合指定标准并值得其地位。

（3）技术规划委员会的运作。技术规划委员会全体会议每季度召开一次。技术规划委员会的年度工作计划应提交遗产河流委员会批准。应为具体的项目成立小组委员会，包括但不限于文件审查、河流管理者工具的开发以及规划、政策和战略的制定。小组委员会会议的频率和时间安排应视具体情况而定。

应为每个项目确定一名小组委员会负责人。每个领导的角色应包括设定项目时间表和安排会议（与其他小组委员会成员协商）、定期向技术规划委员会主席通报每个项目的进展情况、在会议中担任项目发言人。

4. 秘书处

加拿大公园管理局作为CHRS的牵头联邦机构，将通过代表加拿大遗产河流委员会履行秘书处职能，为CHRS的河流提名和指定提供技术和财政支持，在国内和国际推广CHRS，并协调指定河流的持续监测。

为了更好地开展遗产河流的研究和管理，加拿大遗产河流委员会在国家公园管理局内部设置了加拿大遗产河流秘书处，它主要有四个方面的职责：第一，为加拿大遗产河流委员会提供遗产河流提名、指定、监测等所需要的最终文件、年度报告和建议等。第二，组织加拿大遗产河流委员会和执行委员会的会议。第三，遗产河流项目的日常管理和维护，包括https://chrs.ca/en网站、社交媒体、展品等。第四，维持管理者和参与者之间的联络，包括遗产河流委员会成员、技术规划委员会成员、河流管理人员和河流共同管理群体。

6.2.3　模式特点

CHRS实施的是一种合作共管模式，即管理、合作和参与（stewardship、cooperation and participation）。这是一种多主体参与共同管理的模式，重视利益相关者的参与、互动和共识达成，遵循约束、协调和控制的管治特征，是河湖保护地体系共同管理、合作和参与的典范。

1. 管家理论

“stewardship”一词的原意是管理、看管、组织工作等，可以进一步引申为“对被认为值得照料和保存的事物进行监督和保护”。

在stewardship词义的基础上形成了管家理论（stewardship theory），旨在克服代理理论（agency theory）存在的弊端。代理理论着眼于企业内部的组织结构与企业中的代理关系，主要问题表现为以首席执行官（chief executive officer，CEO）为代表的高层管理人员与股东之间的利益冲突。其中一个主要原因就是当权利主体和责任主体不一致时，执行人员在追求个人利益最大化的同时，有可能损害股东及其他相关主体的利益（Kathleen and Eisenhardt，1989）。代理理论将CEO完全视为机会主义行为者，即为了追求个人私利最大化而损害委托人利益的“经济人”。现代公司治理实践要对管理人员（代理人）侵害所有者（委托人）财富的自利行为实施严格控制（Kathleen and Eisenhardt，1989）。

与代理理论不同（表6-4），管家理论以人性的哲学假设为前提，即人性是可以被信赖的，人能够以正直、诚实的态度行事，管家理论的产生主要是代理理论在实践中的失灵（Davis et al.，1997）。管家理论认为代理理论对经理人的人性假定是不合适的，经理人对自身尊严、信仰以及内在工作满足的追求会促使他们努力经营公司，成为公司资产的好“管家”（芮明杰，2003）。因此，在公司治理安排上，不应一味依赖监督和物质激励，更应充分授权、协调和非物质激励，发展一种相互合作、完全信任的关系。

表6-4　管家理论与代理理论的观点比较

项目		代理理论	管家理论
人的本性		经济人	自我实现的人
行为		自利	利他/自利的权衡
心理机制	需要	较低层次/经济需要等（生理、安全、金钱等）	较高层次/社会需要等（成长、成就、自我实现等）
	动机	外在	内在
	社会比较	其他管理人员	委托人
	组织认同	低的价值承诺	高的价值承诺
	权力	制度的（正统的、强化的）	个人的（专家化、相对的）
情境机制	管理哲学	控制导向	参与导向
	风险处理	控制机制	信任
	时间	短期	长期
	目标	成本控制	绩效提高
	文化	个人主义、高权力距离	集体主义、低权力距离

资料来源：李绪江，2004；芮明杰，2003；Davis等，1997。

管家理论认为公司治理的关键不是如何控制经理人，而是如何确保公司治理结构有利于经理人充分发挥才能、取得预期的公司业绩。因此，治理结构要明确经理人的角色，给予他们充分的权力和授权。

2. 遗产河流管理联盟

CHRS治理实施的是一种管理联盟模式。英文中表述为“stewardship、cooperation

and participation”模式，对应的中文有“管理、合作和参与”之意。尤其是此处的“stewardship”一词，并不能直接译为“管理”，它不等同于“management”。stewardship具有伦理层次的意蕴，表达利益相关者之间就他们共同感兴趣的问题或对象所达成的共识和行动目标，比较接近的译法是：管理联盟、共管、共营等。

遗产河流体系致力于为加拿大人提供信息、激励和促进他们与遗产河流的联系，并分享其安全保护。stewardship 本身就可以认为是一种遗产河流管理联盟，也是一种实质性的管理理念和方式。在这种“共同管理、合作和参与”的模式下，联邦、省市、地方、民间和私人等利益相关者，以民主讨论、谈判、协商而达成的成熟的共识和目标为行动基础，在各自的管辖区段内，各司其职，相互配合和支持，共同管理着 CHRS。从管家理论的角度来看，这个体系具有以下特点。

一是相信利益相关者能够保护好河流。针对某一共同的目标或对某一事物进行管理（委托人角色），基于人性的哲学假设（即人性是可以被信赖的，能够以正直、诚实的态度行事），各组织/机构/个人等（委托人的管家），对自身尊严、信仰以及内在工作满足的追求，促使他们努力达成目标，通过充分授权、协调和精神激励发展一种相互合作、完全信任的关系。对于人性的假设，CHRS 不同于 NWSRS。NWSRS 的美国设计者认为，人性是恶的，因此需要改变土地属性，河流及周边土地归为联邦管理才能得到有效保护。CHRS 的提出者则相信，人性是善的，为了共同感兴趣的河流保护问题，利益相关者会进行自律并主动实施保护行为。所以在《加拿大遗产河流体系章程》设计中，参与者保留对 CHRS 中河流的管辖权，包括土地所有权、指定河流的选择权以及根据系统目标继续运营和管理指定河流的权利。

二是看重河流管家的角色和身份。对 NWSRS 而言，联邦政府（委托人角色）将河流保护的责任交由美国林务局、美国国家公园管理局等机构进行管理，联邦机构只是一个代理人的角色。CHRS 非常重视伙伴关系建设、河流组织的作用和公民参与。各个遗产河流参与者之间建立起类似于法律伙伴的关系，涉及具有特定和共同权利、责任的各方之间的密切合作。虽然遗产河流由政府（委托人角色）参与提名认定，但对河流保护感兴趣的私人公民、市政府、社区团体、原住民和组织（管家）在发起、准备和支持提名方面发挥了重要作用；市民也会参与为每条河流制定指定文件，列出将会实施的管理措施，以确保河流的遗产和完整性得以维持。这些组织/个人为了实现遗产河流保护这一目标，完全考虑委托人（联邦政府）的目标，出自实现自身价值、追求完成保护工作的满足感而全力为 CHRS 出力，努力达成目标。

三是坚持自愿平等民主原则。参与加拿大遗产河流体系是自愿的，如魁北克省就没有参与到体系之中；参与者成员又是平等的，联邦、省和特区，在 CHRS 内部没有上下级之分；参与 CHRS 的主体包括政府部门、当地居民、学者和非政府组织。例如，三河（Three Rivers）由三河协会进行管理，希尔斯伯勒（Hillsborough）河由私人土地所有者进行管理，而加拿大公园管理局管理了其中的六条遗产河流：阿尔塞克（Alsek）河流经克卢恩国家公园、里多运河国家历史遗址和世界文化遗产、阿萨巴斯卡河（Athabasca River）流经贾斯珀国家公园、踢马河（Kicking Horse River）流经约霍国家公园、北萨斯喀彻温河（North Saskatchewan River）流经班夫国家公园、南纳汉尼河（South Nahanni River）流经纳汉尼国家公园保护区。CHRS 的认定、运作过程也都是公开民主的。

四是重视公民保护意识的培养。教育、意识和合作行动对于成功的河流管理和明智的管理至关重要。CHRS 的愿景是：CHRS 是一个让社会参与评估河流和河流社区遗产，对于身份认同、健康和生活质量至关重要的系统。为了让更多的人参与到遗产河流保护中来，有三个重要的会议：①加拿大河流遗产会议，主要为分享河流遗产保护、修复、科学和教育领域的经验、想法和最佳实践提供一个论坛。该会议通常每三年举行一次，来自加拿大和其他国家的专业河流管理人员、研究人员、原住民、行业发言人、科学家和政府合作伙伴参加。②加拿大遗产河流管理者论坛。论坛计划将侧重于从河流管理者的角度进行规划、研究、监测和交流。议程和计划将基于参与 CHRS 的河流管理者提交的主题和感兴趣的领域，或遗产河流委员会确定的主题。河流管理者论坛可能与加拿大河流遗产会议一起组织。③河流管理者论坛。随着 CHRS 的发展和成熟，越来越多的组织参与了提名和指定过程以及管理加拿大遗产河流。为了应对这一新兴趋势，并为河流管理者提供交流信息和分享最佳实践的机会，河流管理者论坛可能与加拿大河流遗产会议一起组织。该论坛将向参与河流管理各个行业的个人开放，特别关注非政府组织。加拿大公园管理局的 CHRS 顾问以及技术规划委员会和委员会的代表将出席会议，以促进参与加拿大河流管理的政府和非政府部门之间的沟通。

6.3　新西兰国家水体保护区综合治理模式

6.3.1　模式特点

综合治理模式由中央政府主导治理方向并适度分权，将部分管理权下放至地方政府。在遵循可持续发展的原则下，既有联邦政府的主导，又有地方政府的自主决策，新西兰 NWCS 是综合治理模式的典型代表。

（1）法律体系。NWCS 立法由联邦政府制定，《水土保持修正案》的颁布催生了《水保护令》。1991 年颁布的《资源管理法》，为管理河流和河流内的水提供了主要的立法机制，专门承认和保护河流水体价值的《水保护令》被纳入。此外，《1980 年国家公园法案》（*National Parks Act 1980*）、《1987 年保护法》

（*Conservation Act 1987*）、《淡水渔场条例》（1983 年）等也为河湖保护地的保护提供了支持。

（2）管理机构。新西兰未成立 NWCS 的专门机构。根据《1987 年保护法》和《资源管理法》，保护部（Department of Conservation）、渔猎委员会（Fish and Game Councils）和区域委员会（Regional Councils）是河流管理的主要机构，其职责包括管理保护区、野生动物，开展淡水渔业研究，倡导保护水生生物和淡水等。同时，区域委员会在水质等问题上，拥有一定的权力，在水污染防治、水资源利用以及沿河土地使用方面发挥了重要作用。

（3）资源权属。新西兰土地所有权分为联邦政府、地方政府和私人所有三种形式，30%为联邦所有，10%为地方政府所有，其余 60%由私人持有，但所有的土地管理权都集中在联邦政府，存在部分公有土地的所有权与管理权分离；对于私人土地，政府需要购买或同私人达成协议后进行联合管理。根据《资源管理法》规定，对可能影响水资源的土地使用决策由地区或市议会审议决定。在没有相关区域计划的情况下，依据《水保护令》、《资源管理法》的一般规定和相关规定进行决策。《水保护令》保护的仅是河流本身，并不像美国那样对相邻的土地也进行保护，即《水保护令》在土地使用上仅有间接影响，在面对具体资源权属矛盾冲突时仍需地方出面根据《资源管理法》进行管理。

6.3.2 《水保护令》简介

《水保护令》既是新西兰环境部（Ministry for the Environment）对所在区域水体杰出的舒适性或内在价值（outstanding amenity or intrinsic values）的认可，也是环境部根据《资源管理法》针对某一个河湖单元颁布的一种法令法规。

需要说明的是，新西兰自然保护地管理权属在保护部而不是环境部。1987 年 4 月成立的保护部，主要由原有土地和林业部门组成，负责整个国家的自然保护地管理工作，自然保护地类型包括国家公园（national park）、保护公园（conservation park）、荒野保护地（wildness area）、生态区域（ecological area）、水源区域（water resource area）、各类保护区（reserves）等多种类型（赵智聪和庄优波，2013）。环境部管理的对象则包括空气、土地、废弃物、温室气体排放、淡水、海洋和生物多样性等。新西兰环境部、保护部的职能类似于中国现在的生态环境部和自然资源部。

《水保护令》可以禁止或限制地区议会颁发新的水排放许可证，但它不能影响现有的许可证。区域政策、区域规划和分区规划也不得与《水保护令》的规定不一致。

新西兰的任何个人和组织都可以向环境部长申请《水保护令》，申请者必须说明申请的理由，而且申请中必须包括支付规定的费用。从已有的《水保护令》颁布情况来看，申请者主要是两种主体：一是政府部门，包括环境部、保护部和内政部等部门。格雷河（Grey River）就是由环境部长提出的申请，曼加努奥特奥河（Manganuioteao River）则是由内政部提出的申请。二是一些非政府组织，如信托基金环保组织和专业学会，《怀拉拉帕湖水保护令》（*Lake Wairarapa Water Conservation Order*）就是由惠灵顿气候适应学会（Wellington Acclimatisation Society）、北岛气候适应协会理事会（Council of North Island Acclimatisation Societies）、国家气候适应协会执行委员会（National Executive of Acclimatisation Societies）共同申请的。

《水保护令》的颁布流程是十分复杂、民主、公开的。接受申请之后，环境部长必须指定一个特别法庭来听取申请陈述并进行报告。特别法庭公示申请并征求各方意见，任何人都可以向特别法庭提出意见。一般来说，各方意见要求在公告发布后的 20 个工作日内提交。经过审理听证会，仲裁法庭将出具一份关于申请的报告，该报告包括一份《水保护令》草案或拒绝申请的理由。仲裁法庭的报告将发送给申请人、环境部长、相关地方和当局以及每个申请的提交者。

提出意见的任何人都有进一步向环境法庭提交特别法庭报告的权利。如果环境法庭收到了一份或多份意见书，则必须对申请涉及的水保护区所在地进行调查。一旦完成相关调查，环境法院就会向部长提交报告，建议接受或拒绝特别法庭的报告。无论申请进行修改与否，部长必须根据特别法庭的报告或环境法院的报告（如果环境法院已进行调查），再向总督提出建议。如果是建议颁布某个水保护令，则由总督根据议会的决定发布该命令。

6.4　中国国家水利风景区部门治理模式

中国水利风景区发展的 20 年，也是其治理模式探索的 20 年。为了更好地分析中国水利风景区治理模式，现按“点-面”结合的方式进行阐述。“点”主要指水利风景区单元，“面”主要指整个水利风景区的运作体系，如全国、省域等水利风景区的部门管理。

6.4.1　体系治理构成

水利风景区管理体制是水利风景区管理的基础和核心，其渗透到水利旅游管理的各个环节、各个领域和各个方面，是水利旅游活动正常开展和有效运行的重要保障。

1. 管理制度

目前，中国水利风景区没有获得相应的法律支持，但水利部颁发和发布了一系列水利风景区的规范和文件作为依据。2001 年，出台了《关于加强水利风景区建设与管理工作的通知》（水综合〔2001〕609 号）；2004 年，颁发了《水利风景区管理办法》，发布了《水利风景区评价标准》（SL 300—2004）；2005 年，颁发了《水利风景区发展纲要》；2006 年，颁发了《水利旅游项目管理办法》；2008 年，发布了《水利旅游项目综合影响评价标准》（SL 422—2008）；2010 年，发布了《水利风景区规划编制导则》（SL 471—2010）；2013 年，颁发了《水利部关于进一步做好水利风景区工作的若干意见》。这些规范、法规和文件的制定、颁发和实施保证了水利风景区规范、健康、良性发展。2004 年，国务院批准水利部增加“水利旅游行政审批项目”，并规定实施机关为“县级以上人民政府水行政主管部门”，从而确立了水利风景区工作的行政合法地位，但于 2015 年取消了此行政审批。

2019 年开始，水利部一直在修订《水利风景区管理办法》，终于在 2022 年 3 月出台。《水利风景区管理办法》提出，“为加强水利风景区建设与管理，维护河湖健康美丽，促进幸福河湖建设，满足人民日益增长的美好生活需要”，结合新形势、新实践和新要求，水利部修订出台《水利风景区管理办法》。《水利风景区管理办法》共 6 章 35 条，包括总则、规划与建设、申报与认定、运行管理、监督管理和附则，主要从 5 个方面进行了新增、完善和调整。

地方层面：在水利部制定、颁发系列规范、标准、文件的基础上，各省区市相继出台了与水利风景区有关的地方标准和文件。例如，2015 年江西省水利厅发布了《江西省省级水利风景区评价标准》，2019 年福建省水利厅发布了《福建省水利风景区标识系统建设技术指南》等。这些地方标准、文件的制定实施有效补充了水利风景区的法规和规范。其中，河北省将水利风景区工作纳入《河北省河湖保护和治理条例》；江苏省将水利风景区建设作为法律条文写入省人大《关于促进大运河文化带建设的决定》；福建省以政府令出台《福建省水利风景区管理办法》①。

2. 管理机构

（1）中央层面的水利风景区管理机构。2001 年 7 月，水利部组建管理机构，成立了水利风景区评审委员会，其办公室（以下简称“景区办”）设在水利部综合事业局。2009 年，为了强化对水利风景区建设与管理工作的领导，进一步规范和推动水利风景区建设与管理工作的开展，水利部成立了水利风景区建设与管理领导小组（以下简称“领导小组”），成员为各业务司局的主要负责人。但水利风景区一直属于事业单位管理。

① http://slfjq.mwr.gov.cn/zyzt/2021nslfjqjsyglgzsphy/zyjh/202105/t20210519_1519198.html。

2018 年底完成机构改革后，水利风景区管理体制有一些细微变化。在水利部确定的河湖司职责中，增加了“水利风景区建设管理工作”，表明单纯的事业管理开始转向行政单位管理。2021 年 5 月，《水利部关于调整水利部水利风景区建设与管理领导小组组成人员的通知》明确领导小组办公室继续设在水利部综合事业局，并接受水利部河湖管理司的业务指导和监督。水利部水利风景区建设与管理领导小组的组长由水利部副部长担任，副组长分别由水利部总工程师、河湖管理司司长与综合事业局局长担任，成员包括办公厅、规划计划司、政策法规司、财务司、人事司、水资源管理司、水利工程建设司、运行管理司、水土保持司、农村水利水电司、水库移民司、监督司、水旱灾害防御司、调水管理司、国际合作与科技司和水利水电规划设计总院等单位的领导；另设办公室主任一名，副主任两名。

（2）地方层面的水利风景区管理机构。按照党中央机构改革的部署，省级机构改革方案原则上与中央保持一致，大部分省（自治区、直辖市）水利厅三定方案中水利风景区职能都在河湖处。截至 2021 年底，已有近 30 家的省级水利厅（局）将水利风景区建设管理职能纳入部门“三定”中，工作体制进一步完善加强，为水利风景区未来建设提供了稳定的保障（兰思仁和谢祥财，2020）。但全国各省（自治区、直辖市）的水利风景区办公室设置形式多样，一般设在各省（自治区、直辖市）水利厅（局）的某个处室或机构（事业单位）。例如，江苏省景区办设在省水利厅下属的河道管理局下，福建省景区办设在省水利厅水利经济管理中心下，“两块牌子，一班人马”。大部分市县级景区办多为事业单位，无行政权力，或者不设立专门机构进行管理（图 6-3）。

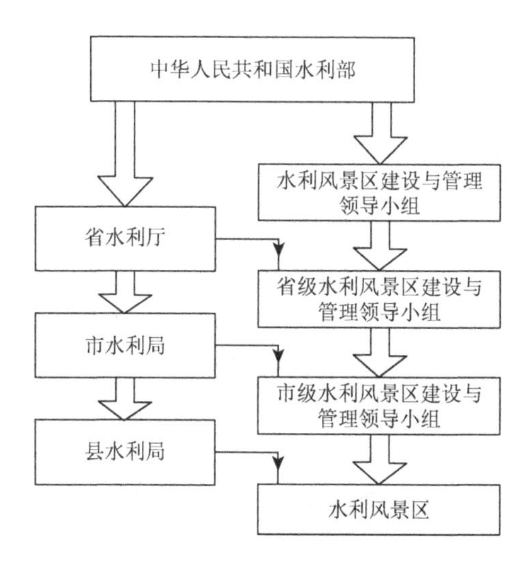

图 6-3　中国水利风景区管理体制层级构成

近20年来，随着水利风景区的快速发展，逐步形成了水利部、地方、景区管理委员会（简称管委会）三级管理体系。

3. 管理职能

水利部水利风景区建设与管理领导小组的主要职责包括：审定水利风景区建设与管理的有关政策、法规、制度和技术标准，审批国家水利风景区和重大水利旅游项目的规划、设立，研究制定全国水利风景资源的开发利用与保护规划，协调落实促进水利风景区建设与发展的保障措施，指导和监督检查水利风景区建设与管理有关工作[①]。

办公室是领导小组的常设机构。2010年，为进一步加强景区管理工作，综合事业局成立两个处，作为景区办的支撑。①景区规划建设处：承担水利风景区建设与管理政策、法规、制度、标准的研究、起草、评估等工作。②景区监督事务处：承担国家水利风景区认定与复核有关事务性工作，以及水利风景区宣传、技术交流和人才培训等工作。

根据《水利旅游区管理办法（试行）》的有关规定，对水利风景区风景资源质量进行分级评定。水利部水利风景区评审委员会负责国家级水利风景区的评审和命名；省、县级水利风景区由省级水行政主管部门组织评价审批。

6.4.2　单元治理模式

在20多年的发展中，中国水利风景区单元的治理工作逐渐形成政府负责、部门负责、企业负责三种典型管理模式。

1. 政府负责的管理模式

由于水利风景区开发管理与经营发展涉及部门众多，为了更好地对景区资源进行整合，很多水利风景区采用管委会管理模式进行工作调度与进阶管理。这种管理体制是在水利风景区所在地划定的风景区范围及其外围保护带设立水利风景区管理委员会，在所在地人民政府的领导下，负责水利风景区的保护、利用、规划和建设。管委会管理模式中的“管委会”泛指政府成立多个部门负责人在内或融合多部门的水利风景区管理委员会、领导小组、管理处等。由于政府统筹能力较强，可以充分发挥水利风景区的功能作用，促进经济社会发展，以四川省绵阳市仙海水利风景区最为典型。

四川省绵阳市仙海水利风景区属于水库型水利风景区，其依托的仙海湖又

---

① http://slfjq.mwr.gov.cn/jgsz/202007/t20200709_1414757.html。

称为沉抗水库。沉抗水库是一个以防洪、灌溉为主，兼有城市供水、旅游观光、林果开发、水产养殖等功能的综合水利工程，也是武都引水工程（川西北地区重要的水源工程）中的大型囤蓄水库。目前，仙海水利风景区总面积为 75km^2，管辖 15 个村、2 个社区，总人口 2.3 万；仙海湖作为整个景区的核心区，面积为 13.8km^2，其中水面面积为 7km^2，库容为 1.04 亿 m^3。

仙海水利风景区率先在国内构建了唯一的行政特区模式。水利风景区的管理机构不是单纯履行管理职能的事业单位，而是作为绵阳市委、市政府的派出机构，代行地方政府职能、具有行政职能的管理委员会（图 6-4）。仙海水利风景区管理委员会下属的各管理部门主要负责区内的生态环境保护、经济建设和管理，履行的是市级经济管理权和县级行政管理权。仙海水利风景区实行与市区镇合一的管理体制，所设党工委、管委会是市委、市政府的派出机构，且与风景区所属地沉抗镇是两块牌子、一套班子，合署办公（李晓华等，2018）。

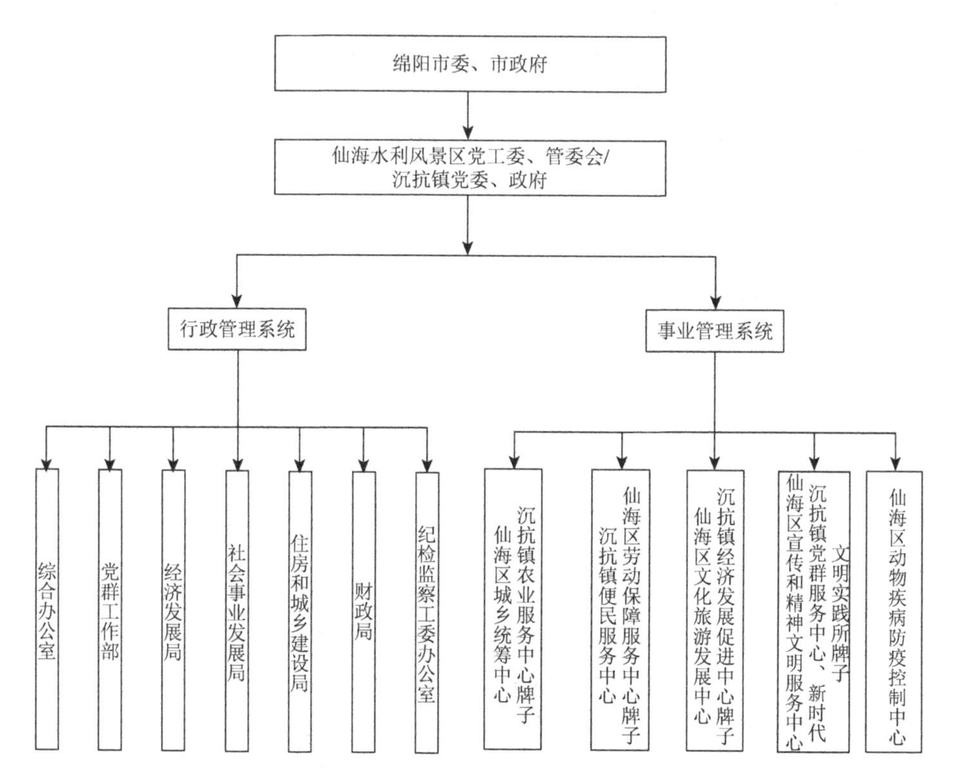

图 6-4　四川省绵阳市仙海水利风景区职能划分

2. 部门负责的管理模式

部门负责的管理模式有水利部门负责和其他部门负责两种形式，一般以事业单位为主导，水利部门负责的单元管理模式是中国水利风景区单元管理的主要模式。

（1）以水行政主管部门为主导的管理模式。许多地方水利风景区由所在地水行政主管部门主导建设，水利风景区管理机构在水行政部门的领导下，负责水利风景区的保护、利用、规划和建设。武汉江滩位于武汉市城区段长江、汉江“两江四岸”交汇处，1998 年龙王庙综合整治工程以来，已经形成了全长 70km、总面积 7.40km^2 的江滩滨水空间，其属于城市河湖型水利风景区。为加强维护管理工作，武汉市水务局专门成立了江滩管理办公室，依照武汉市人民政府 2002 年发布的《武汉市长江汉口江滩管理暂行办法》，履行江滩管理的职责。江滩办设有物业、绿化、场管、保卫等 6 个部门，借鉴武汉城市网格化管理的成功做法，实施了分区网格化管理模式，大大加强了江滩现场维护、管理的工作力度。

（2）以其他行政主管部门为主导的管理模式。庆阳湖水利风景区位于甘肃省庆阳市西峰区，系黄土高原沟壑区的董志塬腹地，2016 年被水利部批准为第十六批国家水利风景区。庆阳湖水利风景区建成后，西峰区委、区政府将其纳入城市公共设施，全部交由西峰区市政公用事业管理局管理，庆阳市西峰区水务局等部门配合管理。市政公用事业管理局在风景区成立管理所，负责景区运行、管理和维护，环境卫生、园林修剪等向社会招标分包。风景区免费向社会开放，人员工资和管理经费全部由财政补贴（王清义等，2021）。

3. 企业负责的管理模式

企业负责的管理模式以企业（公司）为主导类，分为国有企业经营和民营企业经营两种管理模式。以企业（公司）为主导的管理就是将水利风景区交给特定的企业进行市场化经营管理。此种模式是在政府科学引导和宏观管理的前提下，社会资本参与水利风景区的建设管理，这不仅解决了资金不足的问题，还给水利建设带来了新的生机，可实现资源的充分利用，同时使企业投资者有更多的发展机会，实现双赢和多赢（李晓华等，2018）。

（1）国有企业经营的管理模式。河南郑州龙湖水利风景区地处郑州市主城区东部，依托郑东新区生态水系工程、龙湖引黄灌溉调蓄工程而建，属于城市河湖型水利风景区。景区控制范围为 226km^2，规划面积为 65.56km^2，其中水域面积为 17.92km^2。2018 年 12 月，其被水利部批准为国家水利风景区。郑东新区管委会设立了河南省龙湖文化旅游开发有限公司，采取政府和资产公司合作的委托管理模式，以公司为依托成立郑州龙湖水利风景区管理办公室，积极探索水利风景区行政管理体制改革。其下设规划建设部、计划财务部、园林绿化部、景区管理部、综合办公室、人力资源部等管理部门和职能机构（图 6-5），加强对郑东新区龙湖水利风景区的建设、管理和保护（兰思仁和谢详财，2020）。

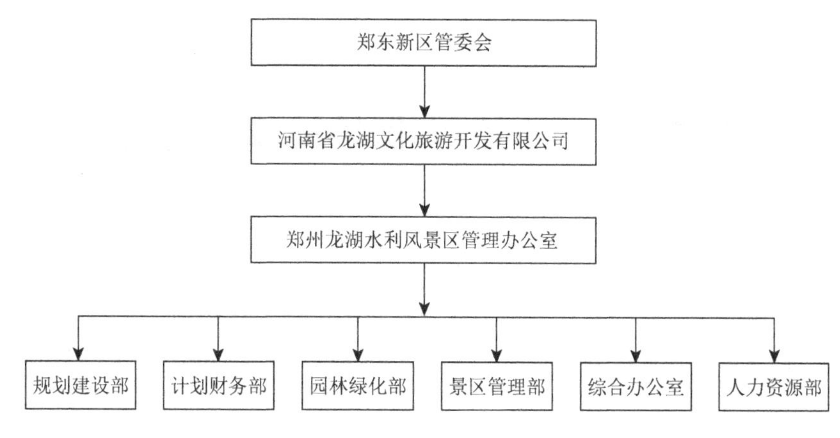

图 6-5　河南郑州龙湖水利风景区管委会职能划分

（2）民营企业经营的管理模式。由于水利风景区建设投入的投资需要、运营管理的专业化需要等，一些水利风景区管理权和经营权高度分离，政府通过授权委托、股份合作、项目承包等方式，交由专业化的民营企业进行水利风景区的深度开发和日常运营管理维护。

大别山彩虹瀑布水利风景区位于安徽省岳西县黄尾镇境内。景区由 37 个自然人出资 1388 万元作为注册资本，组建岳西县彩虹瀑布旅游有限公司。大别山彩虹瀑布水利风景区按现代企业管理模式，实行所有权与经营权分离。聘请专业的管理团队，采取目标管理的模式进行日常经营，产权明晰，职责清晰，取得了较好的经济效益与生态效益。

企业管理模式是水利风景区行政管理机构通过委托和授权给商业公司或专业公司对景区进行管理和养护的水利风景区管理模式，或者是企业参与投资建设水利风景区的模式。此外，基于水利风景区的发展现状和现实国情，兼顾社会效益、经济效益和生态环境效益的综合考虑，部分景区实行景区所有权、管理权、经营权分开的制度。其中，水利旅游资源所有权明确归国家所有；景区管理委员会对景区拥有管理权，在景区日常管理中发挥重要作用；经营权则归属企业或旅游发展公司，公司根据情况实行股份制、股份合作制、承包制等经营形式，提高经营水平，加强市场运作，可有效解决景区发展资金缺乏的瓶颈。例如，河南省信阳市南湾湖水利风景区的所有权、管理权和经营权分别归属于信阳市政府、南湾湖水利风景区管理委员会和南湾湖风景旅游发展有限公司。三种权力分开设置的制度实践，促进了景区健康发展，取得了良好的经济效益、社会效益和生态效益（李晓华等，2018）。

第7章　不同河湖保护地体系比较

对保护地体系建设而言，理想状态是首先确定保护地对象，然后确定合适的保护空间，进一步选择合适的治理方式。现实中，河湖保护地体系的保护对象、空间选择和治理方式三个方面很难按照时间顺序完成，还可能相互作用和影响。

7.1　构成比较

从世界河湖保护地建设实践来看，各国河湖保护地体系既有相同之处，又有自身的不同特点。

7.1.1　保护对象

1. 主要的相同之处

（1）一直强调保护水资源。为生产、生活、生态提供良好的水资源，这是河湖保护地的首要功能，也是设立河湖保护地的主要目的。水资源是一种基础性战略资源，河湖保护地建设都有保护和利用水资源的目的，强调水质的保护。这也是河湖保护地与其他自然保护地类型的不同之处，其他自然保护地的首要目标都是保护所在区域的生态系统和物种多样性。尤其是各国设置的以人类需求为目标的饮用水水源保护地，非常明显地不同于以自然为目标的自然保护地。

保护河流水质是美国 NWSRS 的三个目标之一。“流水不腐”，保护河流的自然流动状态实际上也是为了保护河流的水质。《荒野风景河流法案》明确规定：在美国河流的适当地方建造大坝和其他建筑是既定国家政策，但需要得到一项政策的补充，该政策将保护其他选定的河流或其中部分河段处于自由流动的状态，以保护这些河流的水质并实现其他重要的国家保护目的。中国 NWPS 更是在保护水资源和维护水工程的基础上，兼顾水资源综合利用和水生态保护的保护地类型。

（2）逐步强调文化遗产价值。文化遗产已经逐步成为河湖保护地关注的重要内容。在水资源利用和水利工程建设过程中，中国人民创造了古代的四川都江堰、现代的河南红旗渠等文化遗产，加拿大产生了近代的里多运河等文化遗产，这些都是河湖保护地的重要组成。即使追求和保护荒野状态的河湖保护地，美国NWSRS对印第安文化、新西兰NWCS对毛利文化也给予了高度关注。CHRS和中国NWPS甚至还对滨水、涉水区域的文化遗产给予了关注，两国都有一部分河湖保护地纳入联合国教育、科学及文化组织（简称联合国教科文组织）的《世界遗产名录》（*World Heritage List*）中；中国还有一部分水利风景区纳入国际灌溉排水委员会主导的世界灌溉工程遗产、联合国粮食及农业组织主导的全球重要农业文化遗产中（表7-1）。如浙江通济堰、福建木兰陂均为著名的全国重点文物保护单位，也是著名的古代水利工程，还是国家水利风景区。2021年10月，水利部启动了国家水利遗产认定工作。

表7-1　河湖保护地中的文化遗产

全球层面			国家层面		
名录	主导机构	典型案例	名录	主导机构	典型案例
《世界遗产名录》	联合国教科文组织	加拿大里多运河	中国全国重点文物保护单位	国家文物局	北京昆明湖
全球重要农业文化遗产	联合国粮食及农业组织	中国兴化垛田传统农业系统	中国国家水利遗产	水利部	
世界灌溉工程遗产	国际灌溉排水委员会	中国都江堰	加拿大国家遗址	联邦环境和气候变化部	圣玛丽斯河

注：中国国家水利遗产尚未颁布正式名单。

这些水文化遗产有两个特点：一是大部分水文化遗产仍在使用之中，如中国都江堰、加拿大里多运河等是活态遗产，而非静态遗产，不同于长城、帝王陵墓等静态遗产，其功能永远停留在过去。二是大部分水利遗产与居民的生产生活密切相关，如福建木兰陂、湖南紫鹊界梯田等，仍然是当地居民生产生活的一部分或者是重要支撑。

另外，一部分非物质文化遗产也与河湖密切相关，如中国四川都江堰放水节、吉林查干湖冬捕习俗等，都是中国国家级非物质文化遗产，也是所在水利风景区的重要保护对象。

2. 主要的不同之处

（1）保护对象的侧重点不同。美国NWSRS基本上沿袭自然保护地的建设思路，追求河流的自流状态；新西兰NWCS关注河湖，追求河湖的自然状态，两种体系都侧重于河流生态的保护。自然保护地主要强调自然保护，从禁止资源利用的严格的自然保护地/荒野保护区（$\mathrm{I_a}$和$\mathrm{I_b}$）到资源可持续利用保护地（Ⅵ）都在强调保护自然优先。美国国家森林是一种资源利用型自然保护地（Ⅳ），也指可以低水平地非工业化利用，追求保护和资源可持续利用双赢。CHRS 更多地吸纳了联合国教科文组织的遗产保护思想，遗产河流既有世界自然遗产，如班夫国家公园中的北萨斯喀彻温河、贾斯珀国家公园中的阿萨巴斯卡河，也有世界文化遗产，如里多运河。中国 NWPS 是从水利工程建设出发，保护水利工程以及由水利工程所形成的自然和文化价值。

（2）追求的功能不同。河湖保护地追求河湖的“三生”（生态、生活、生产）功能，自然保护地主要追求生态功能，旨在对生物多样性、生态系统完整性的保护（Dudley et al.，2013）。美国 NWSRS 中的荒野型单元就属于追求生态功能这一类。中国、加拿大两国都在追求河湖保护地“三生”功能。中国 NWPS 具有的最鲜明特征即“保护性利用”，强调对河湖资源，特别是水资源的有效利用。NWPS 保护河湖生态系统，也是为了追求水资源的有效利用，实现利用与保护的协调统一。

（3）对工程建设的关注点不同。美国 NWSRS 和新西兰 NWCS 强调生态系统原真性和完整性的保护，几乎都是“反工程”的。中国自然保护地也有“反工程”的做法，2017 年开始，中国就采取了“绿盾”行动监管国家级自然保护区的工矿开发以及核心区和缓冲区内的旅游、水电开发等活动。据报道，至 2018 年 12 月，湖南张家界大鲵国家级自然保护区内已有 34 个水电站被关闭退出，拆除发电设备 43 台套[①]。但是 CHRS 对水利工程没有采取完全排斥的态度，里多运河本身就是一项水利工程，雷德河也是马尼托巴省的城市河流。中国 NWPS 依托于水利工程，水利工程是大多数水利风景区产生的基础。

（4）游憩机会提供不同。NWSRS、CHRS 和 NWCS 都非常重视游憩机会的提供，特别是参与性的水上活动和水中活动。河流游憩机会提供，既是这三种河湖保护地产生的原因，又是其建设和发展的目的之一，其在准入条件、价值评估等方面都有相应要求。NWPS 基于工程维护和水资源保护的前提，更多强调资源的观赏性，提供一种以游览为主的游憩活动，包括水文、地文和水利工程等观赏活动。

3. 保护对象构成模型

综上分析，河湖保护地的保护对象可用概念模型来进行表征（图 7-1）。水资源综合利用或者水利除害兴利都是人水关系的产物和人水共同体的交界面，水工程是水利的代表。水工程向水的自然生态方向延伸，就是水资源。水工程向人的社会文化方向延伸，就是水文化。因此，河湖保护地的保护对象包括水资源、水工程和水文化 3 种类型（表 7-2）（李鹏等，2020a）。

---

① https://www.cenews.com.cn/news.html?aid=48792。

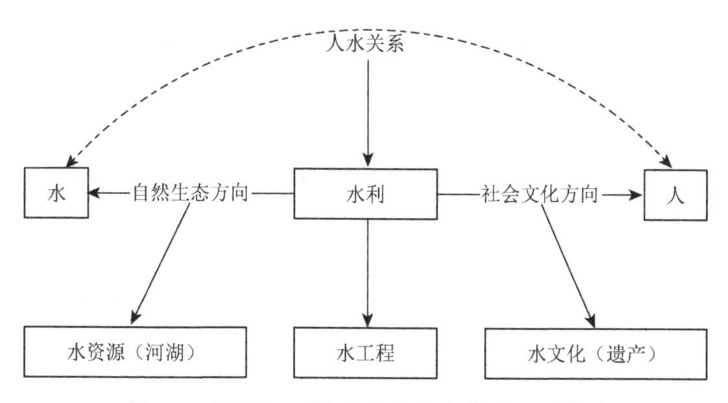

图 7-1 “资源-工程-文化”人水关系三元模型

表 7-2　河湖保护地保护对象分类体系构成

类	亚类	子类	典型案例
水资源	湖泊	天然湖泊、人工湖泊（水库）	美国 NWSRS、新西兰 NWCS 绝大多数水资源都属于此类
	河流	城市河流、乡野河流、荒野河流	
水工程	单项水利工程	防洪工程、灌溉工程、治涝工程、发电工程、供水工程、海涂围垦工程	湖北丹江口大坝水利风景区
	枢纽水利工程	防洪枢纽工程、灌溉枢纽工程、发电枢纽工程、航运枢纽工程等	江苏江都水利枢纽水利风景区
水文化	物质文化	世界遗产、世界灌溉工程遗产、全球重要农业文化遗产、中国全国重点文物保护单位、中国国家水利遗产	四川都江堰水利风景区、加拿大遗产河流体系的里多运河
	非物质文化	世界级、国家级和地方级非物质文化遗产	吉林查干湖冬捕习俗

根据联合国教科文组织和世界气象组织（World Meteorological Organization，WMO）的定义，水资源是指可利用或有可能被利用的水源，这个水源应具有足够的数量和合适的质量，并满足某一地方在一段时间内具体利用的需求（WMO and UNESCO，2012）。水资源的主要载体是陆地表面的河、湖，以及水的形成、分布和转化所处的空间环境。江河湖泊（含水库等人工湖泊）是水资源和水景观的载体和有效的管理单元。从 NWSRS、CHRS、NWCS 和 NWPS 来看，水资源在河湖保护地中具有基础性地位，也是河湖保护地建设的基本条件。

水工程是为消除水害和开发利用水资源而修建的工程，也是由多种水工建筑物组合起来发挥单项或者综合功能的系统。作为人水相互作用的产物，水利工程记录并表征着人水关系的发展历程。但是，中小型水工程在工程设计、建设技术、设施构成、工程规模等方面基本类似，具有代表性和典型性的水工程占比较小。对 NWPS 而言，6 种类型（表 3-8）中只有部分自然河湖型水利风景区和湿地型水利风景区可能没有水利工程，其他 4 种类型均有工程，拥有水利工程的水利风景区数量占比超过 72%。CHRS 单元中也有部分水利工程（如里多运河）。

水文化也就是人类在治水、用水、管水、惜水和亲水过程中，形成的精神与物质文化总和（谭徐明，2012）。水文化构成类型多样，主要包括水利工程、水利精神、水利科技、水利典籍、水利制度、水习俗等，既有水利物质文化遗产（如水利工程），又有非物质文化遗产（如水习俗）。水文化遗产是水文化的精华，是人类在与水资源、水环境、水生态交往的长期实践中创造的物质和精神财富。广义的水文化遗产指历史上各个时期出现的各种水利文化历史建筑和相关的水利文化景观，它们与建筑学、考古学、地理学中的文化景观相联系，具有建筑、规划、景观、考古、技术、经济、社会等多方面的价值；狭义的水文化遗产则是指具有杰出价值的古代水利工程与水利文化景观，以及具有高技术和重要意义的现代水利工程与文化景观。NWSRS、CHRS、NWCS 和 NWPS 都有进一步关注自身文化特色的倾向。

综上所述，NWSRS 的保护对象主要关注自然状态的河流；NWCS 将保护对象扩展到自然状态的河流、湖泊；CHRS 则在关注河流自然价值的基础上，将保护对象扩展到遗产价值，将一些自然价值不明显、但文化价值突出的河流（如圣劳伦斯河、里多运河）纳入保护地体系中；NWPS 则是在关注河湖自然价值、文化价值的基础上，增加了对工程价值的关注。

7.1.2　保护空间

河湖保护地的保护空间的确定主要关注两个方面：一是单元空间分布，二是单元的内部安排。

1. 河湖保护地单元空间分布

森林具有多重生态功能，森林覆盖率高的区域能反映区域内潜在的生态价值。中美两国河湖保护地建设要求标准不一，呈现出不同的空间分布。中国 NWPS 空间分布与森林覆盖率不具有相关性，部分自然价值较高的区域，如云南、广西、广东等区域，NWPS 并没有实现较好的覆盖，密集程度低。云南森林覆盖率为 0.49，相对较高，而国家水利风景区分布密度值为 0.58 家/万 km^2，远低于全国平均水利风景区分布密度值（0.91 家/万 km^2）；而森林覆盖率较低的山东、江苏等地区，水利风景区数量覆盖较多，密集程度大。山东省森林覆盖率为 0.16，覆盖率数值较低，但国家水利风景区分布密度值为 6.90 家/万 km^2，密集程度位居榜首。由此可以看出，国家水利风景区评估是对水利工程、社会经济以及生态环境的综合评估。

（1）中国NWPS单元分布受社会经济影响。中国NWPS集中分布于平原地区，这些区域的最大特征即人类活动强度较大且河流综合开发程度大，大部分属于城市区域。中国国家水利风景区空间分布聚集度与夜间灯光指数、人口密度、地均GDP和水坝分布密度均呈正相关关系。另外，中国NWPS聚集分布的省级行政单元也具有空间聚集现象，且这一分布特征比美国突出。

（2）美国NWSRS单元分布受自然条件影响。NWSRS单元分布与森林覆盖率呈正相关，如被列为NWSRS单元的斯卡吉特河，流域内森林覆盖率达82%，说明森林覆盖率对荒野风景河流的发展有促进作用。陆地生态系统中森林生态系统生物总量最高（张颖和苏蔚，2018），森林覆盖率高的区域物种丰富，能较好地赋予区域杰出的自然生态价值。例如，为保护珍稀动植物资源，相关部门在斯卡吉特河流域内建立了众多类型保护区，包括白头海雕保护区、北喀斯喀特国家公园等。而NWSRS单元分布与森林覆盖率相关系数较小，说明仍具有可完善的区域，如纽约州、弗吉尼亚州、佐治亚州等州级行政单元内森林覆盖率较高，在过去国家荒野风景河流的发展中，却没有国家荒野风景河流单元分布。美国NWSRS单元多分布在人类活动强度较低的山地区域，具有较低夜间灯光指数值和较高森林覆盖率，这也使得美国国家荒野风景河流空间分布聚集度与人口、社会经济等相关指标并无相关性。

美国西部河流的自然价值和游憩价值较高，生态代表性较强，符合遴选标准的河流比较多，从而造成在该区域分布的NWSR单元数量较多。美国中东部地区河流的自然价值普遍偏低，但有一部分河流文化价值比较高（如波士顿河和田纳西河）。但文化价值在NWSR遴选标准和过程中未被充分考虑，导致中东部许多州都没有NWSR单元分布。

事实上，保护对象的差异也造成了两国河湖保护地空间分布差异。美国NWSRS注重保护河流生态系统，特别是维持河流生态系统的原真性和完整性（Bowker and Bergstrom，2017）。河流生态系统健康对实现区域保护目标具有重要意义，河流作为整个景观系统的廊道，是依赖连通性的生态过程实现的重要基础。因此，“修坝”利用和“反坝”保护之间的博弈激烈。一部分河流保护主义者试图通过联邦政府控制水体和河流周边土地的利用，从而实现河流保护。20世纪50～60年代，美国各地兴起“反坝运动”以应对河流威胁，并催生了NWSRS。因此，NWSRS强调对以河流为中心的沿河生态空间，以及少量的沿河生活空间进行保护，这种保护对象势必促使NWSRS单元向山地、乡村、林区等分布。

中国NWPS更多的是保护河流的水资源，水利风景区建设大多依托水利工程而形成。以防洪、灌溉、发电为主要功能的水利工程建设，都是为了实现人类对水资源的合理利用。长期以来，中国水资源短缺问题突出，其分布也具有“南多北少、夏多冬少”的时空分布不均特点。为了解决雨季和旱季之间水资源利用不均衡的问题，截至2020年底，中国各地已经兴建了超过10万座水坝，其中湖南、四川两省的水库都近万座，而且水利工程也大多围绕人口集中区域进行建设，尤其是对水资源需求大的城市。许多水利风景区就是依托大量的水利工程，特别是水资源调配的水利工程（如水库、水渠等设施）建设而成的。国家水利风景区就形成了以水域为中心的生产、生活和生态“三生”空间，甚至有些水利风景区本身就是城市空间的一部分。这也导致国家水利风景区的集中区域具有地处平原、人口密度大以及地均GDP高的特点。

综上所述，自然条件、社会情况和政治体制的差异，造成了河湖保护体系的不同保护思想、保护对象和政府治理方式，进一步形成河湖保护地的空间分布差异，体现在自然地理、社会经济等方面（图7-2）。

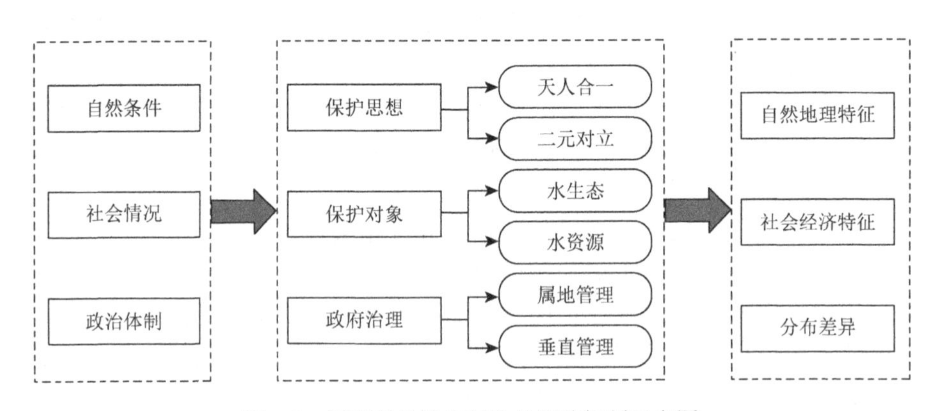

图7-2　河湖保护地空间分异影响机制示意图

2. 河湖保护地单元内部安排

美国对河湖廊道的保护采取分而治之的策略，一个河湖整体被分成三个部分或者是三种保护地类型进行保护（图7-3）。

（1）水利工程部分被作为国家重要基础设施进行保护。2001年“9·11”事件之后，美国政府全面反省了突发事件的应急响应机制和政府管理体系，特别提出了针对国家基础设施和关键资源的保护。其重要意义在于“突发事件如果造成对国家重要基础设施和关键资源的破坏，将会严重影响政府部门和经济界的正常运作，并产生一连串远远超出事件所针对部门和所发生区域的影响，甚至导致人民生命财产的巨大损失、经济衰退、公民士气和国家信心丧失的灾难性损失”。被重点保护的美国重要基础设施和关键资源包括以下17类：网络信息、通信设备、交通运输、能源设施、农业设施和食品、国防工业基地、公共卫生设施、国家纪念碑及标志性建筑、银行及金融业、饮用水及水处理系统、化学品、商业设施、水

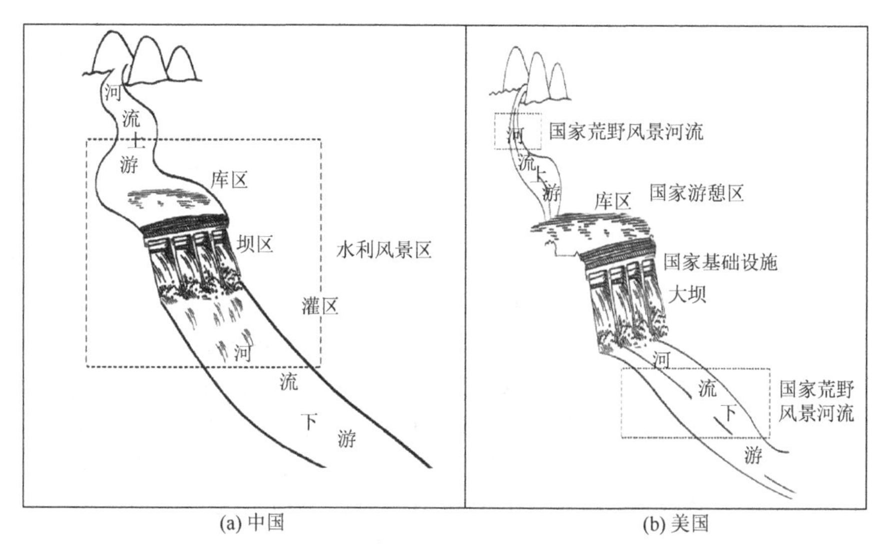

(a) 中国　(b) 美国

图 7-3　中美两国河湖保护地空间构成对比示意图

坝、紧急服务设施、商用核反应堆原料和废料、邮政及海运、其他政府设施。与河湖相关的包括饮用水及水处理系统（10）和水坝（13）两大类。同时，《国家基础设施保护预案》中特别规定了各级政府、部门内部和跨部门协调重要基础设施及关键资源保护工作的组织结构框架。

（2）库区的静止水面部分被作为国家游憩区进行保护。国家游憩区是一种用于平衡游憩需求、自然保护和工业发展之间矛盾的保护地类型。1936 年，国家游憩区是根据美国垦务局（Bureau of Reclamation，USBR）和国家公园管理局之间的跨部门协议备忘录建立的。这个协议是一个重大的妥协和先例，它将国家公园管理局的管理范围扩展到严格保护国家公园和纪念碑之外，涉及更广泛的多用途共存的其他土地类型，开启了国家公园管理局管理对象的新拓展。从此，在国家公园管理局管理的多种保护地类型中，增加了一种以水利设施为基础的保护地新类型。第一个国家游憩区是博尔德大坝游乐区（the Boulder dam recreation area），后来更名为米德湖（Lake Mead）国家游憩区，这是胡佛大坝修建之后形成的水库。1963 年，肯尼迪时期的游憩咨询委员会（the Recreation Advisory Council）发布了行政部门政策，确立了建立国家游憩区的 6 条标准。该政策还呼吁根据美国国会，要通过更多的法案、建立更多的国家游憩区，以满足日益增长的民众游憩需求。1964 年，国会批准米德湖成为第一个国家游憩区。截至 2023 年底，美国已经建立了 40 个国家游憩区。其中，美国林务局管理 20 个国家游憩区，国家公园管理局管理 18 个，美国土地管理局管理 1 个，威士忌敦（Whiskeytown）国家游憩区由国家公园管理局和林务局共同管理。其中，17 个是在水库的基础上建立的国家游憩区，国家公园管理局管理 12 个，林务局管理 5 个。

比格霍恩峡谷（Bighorn canyon）是比较有名的国家游憩区，源于治理密苏里河的重要控制性水利工程——耶洛泰尔（Yellowtail）大坝的建设。1966 年之后，库区被指定为国家游憩区，一年之后这个大坝才竣工。位于美国与墨西哥边境地区的阿米斯特德国家游憩区成立于 1990 年，阿米斯特德大坝于 1969 年完工而形成了阿米斯特德水库，其是美国和墨西哥联合管理的国际水库之一。

（3）非库区的流动水面部分作为国家荒野风景河流进行保护（包括上游和下游）。已存在的电站和库区则不能纳入 NWSRS 中，但河流其他部分是可以纳入的。蒙大拿州弗拉特黑德河（Flathead River）在冰川国家公园（Glacier National Park）和弗拉特黑德国家森林（Flathead National Forest）之间有 350km 长的自由流动水体。1953 年弗拉特黑德河上建成了亨格里霍斯（Hungry Horse）大坝，形成了亨格里霍斯水库。大坝距离冰川国家公园西入口仅有 24km，距离加拿大边境 70km。纳入 NWSRS 的时候，管理机构把弗拉特黑德河南边支流中已经存在的大坝和库区剔除在保护范围之外，只是把维持自然流淌状态的河段分别设置成荒野型、游憩型两种类型。

中国集中统一的河湖廊道保护策略。对于河流廊道，中国 NWPS 采取的是集中统一管理策略。特别是针对一些水库型水利风景区，管理者试图把河流廊道的上游库区、大坝坝区和下游灌区作为一个整体来进行管理和保护，实现“三区合一”的空间安排。正是这种“三区合一”空间构成导致了水利风景区空间功能的“三生共存”：库区主要作用是涵养水资源，空间功能主要体现为生态功能；坝区主要作用是设立工程设施或者是发电设施，空间功能主要体现为生产功能；灌区则是为农田灌溉或者村民居住提供水资源，空间功能主要是生产生活。

从空间构成来看，作为一个整体，水体、岸线和工程设施是水利风景区水陆人工生态系统的构成要素。根据《水利风景区评价标准》（SL 300—2004），水利风景区是指以水域（水体）或水利工程为依托，具有一定规模和质量的风景资源与环境条件，可以开展观光、娱乐、休闲、度假或科学、文化、教育活动的区域。这是一个水域、水利工程构成的复合空间。2022 年版《水利风景区管理办法》中的定义，水利风景区复合空间的属性得到进一步强化，水利风景区是指以水利设施、水域及其岸线为依托，具有一定规模和质量的水利风景资源与环境条件，通过生态、文化、服务和安全设施建设，开展科普、文化、教育等活动或者供人们休闲游憩的区域。根据党的十九届三中全会审议通过的《中共中央关于深化党和国家机构改革的决定》《深化党和国家机构改革方案》和第十三届全国人民代表大会第一次会议批准的《国务院机构改革方案》，水利部职能包括指导水利设施、水域及其岸线的管理、保护与综合利用。水利部门从水资源的利用、保护和调配转向涉水复合空间的管制：坚持保护优先，加强水资源、水域和水利工程的管理保护，维护河湖健康美丽。新修订的《水利风景区评价标准》（SL 300—2023）秉承了这一定义，并把岸线景观作为水利风景区自然景观的组成部分进行评价。

水体是河湖保护的核心，涉及水域保护、水质保护、水生态保护。岸线是水陆交错带，包括生态性岸线、生活性岸线和生产性岸线[《城市水系规划规范》（GB 50513—2009）]：生态性岸线指为保护城市生态环境而保留的自然岸线或经过生态修复后具备自然特征的岸线；生活性岸线指提供城市游憩、商业、文化等日常活动的岸线；生产性岸线指工程设施和工业生产使用的岸线。水利工程是指防洪、除涝、灌溉、水力发电、供水、围垦等（包括配套与附属工程）各类水利工程（中华人民共和国水利部令第 26 号《水利工程建设安全生产管理规定》），如水库、河道、渠道、堤坝、海堤、水闸、闸桥、机井、排灌站、输排水管路、水电站等。有些城市区域的河湖保护地还有滨水区、生态连通廊道。

7.1.3 治理模式

治理模式在河湖保护地实现保护目标方面具有关键作用。河湖保护地是一种河流保护制度，需要根据国情差异和河流特点形成符合自身特点的治理模式。治理模式决定了相关的成本收益分担，是预防或化解社会冲突的关键，影响着社会、政治和财政支持。适应性理念作为保护地治理模式创新的指导思想，对实现河湖保护地建设具有重要意义。

1. 法律支持的程度不同

NWSRS 具有最高的法律支持。《荒野风景河流法案》是联邦单独的法律，相当于中国的《中华人民共和国水法》《中华人民共和国森林法》等层次。《荒野风景河流法案》明确了 NWSRS 的地位、概念、建立目的、管理和遴选过程等各项事宜；各个联邦管理机构还制定了具体 NWSRS 技术性管理的部门立法，辅之以一系列配套的计划、政策、战略、手册指南等。同时，NWSRS 遵循保护水资源、保护野生动物等方面的法律，使得河流保护地体系建设的各项运作有法可依、有章可循。

NWCS 具有较高的法律支持。《水保护令》是根据《资源管理法》而颁布的一项法令法规，其针对某一具体的河湖单元，相当于中国行政法规的法律层级，与《中华人民共和国自然保护区条例》《水库大坝安全管理条例》属于同等级别。

NWPS 也有一定的法律支持。2004 年，水利部颁布《水利风景区管理办法》，2022 年进行了修订。

CHRS 没有法律支持。虽然 CHRS 是由联邦机构国家公园管理局主导，但整个体系并没有法律支持。《加拿大遗产河流体系章程》作为 CHRS 最基础的文件，明确表明联邦、省和特区“参与加拿大遗产河流体系是自愿的”，而魁北克省就由于政治原因没有签署该章程，而游离在 CHRS 之外。CHRS 运作凭借的是河流利益相关者所持有的一种价值认同和伦理约束。

2. 土地权属改变的程度不同

NWSRS 部分改变土地权属。美国建设用地是土地私有制度，但在自然保护地实施联邦化的政策。国家公园、国家森林等保护地类型采取购买、捐赠等方式将保护地范围内的土地国有化。由于一部分荒野风景河流周边是其他保护地，土地本身就属于联邦所有，不存在土地权属改变。对于非联邦所有的土地和水资源，《荒野风景河流法案》对其进行了明确规定，强调联邦机构拥有优先获得权、购买权和限制权，从而控制河流及其沿岸土地的使用方式。现有条件下，土地国有化的成本较高，一部分私人土地只能通过地役权的方式加以保护；还有一部分私人土地和水资源则通过劝说、环境教育等方式进行管理，让原所有者自觉参与到河流保护行列之中（李鹏等，2019）。

CHRS 完全不改变土地权属。《加拿大遗产河流体系章程》明确规定：参与者保留对加拿大遗产河流体系中河流的管辖权，包括土地所有权、指定河流的选择权以及根据体系目标继续运营和管理被指定河流的权利。依据 CHRS，各个区域和流域的管理机构实行自愿参加的原则，被纳入项目的遗产河流的资源权属不改变。CHRS 尊重原住民社区、土地所有者和个人的权利，参与者保留对 CHRS 中河流的管辖权，包括土地所有权、指定河流的选择及按照该体系目标继续经营和管理指定河流的权利。

NWPS 也没有改变土地权属。中国土地属于全民所有，即国家所有土地的所有权由国务院代表国家行使。水利一直属于国家重点支持的领域，《划拨用地目录》规定："对国家重点扶持的能源、交通、水利等基础设施用地项目，可以以划拨方式提供土地使用权。"水利部门对水域、水利设施的土地具有管理权限，绝大多数水库都实施了确权划界，水利部门代表国家管理水域及水利设施用地。而且国家标准《土地利用现状分类》（GB/T 21010—2017）中也有"水域及水利设施用地"一类。因为水利部门管理了水利工程、水域和岸线等空间范围，才能使得水利风景区建设成为可能。对国家水利风景区建设而言，水利工程及其周边区域的管理权属并没有发生让渡和交易。

NWCS 基本不改变土地权属，只是通过《水保护令》这一法律手段，限制国家水体保护区的河流及其周边土地的用途。

3. 中央政府管理的方式不同

NWSRS 实施联邦主导的国家治理模式。治理主体以联邦机构为主，非联邦机构为辅。农业部的林务局、内政部的国家公园管理局、鱼类与野生动物管理局、土地管理局等联邦机构，都是联邦政府中的自然保护地管理机构，实施中央垂直管理模式。四个联邦机构管理了其中 92%以上的国家荒野风景河流长度，而非联邦机构（州政府或地方政府等）管理的河流长度非常有限。单个联邦机构对所辖的荒野风景河流单元保护和管理享有决策权，承担责任和义务，一般通过强制措施抑制不稳定因素。该模式具有强执行力和高效性的特征。由于国家荒野风景河流跨越行政和管理边界，政府治理方式不是单一机构的联邦治理（如国家公园只有国家公园管理局一家机构管理，国家森林只归林务局一家机构管理），而是由四家联邦机构以及个别州政府实施的共同政府治理。由于协调多个联邦机构的工作关系具有一定难度，农业部、内政部两个部之间以及四个联邦管理机构之间需建立起协调机制。

NWPS 实施的是一种部门治理模式。治理主体是中央及地方的水利部门，只有少数的其他部门（如住房建设、园林等）或者地方政府。在中国，水利部门一直是水利资源开发、水利工程管理的综合性部门。截至 2020 年底，全国水利在岗职工 77.76 万人。其中，专业技术人才 33.70 万人，技能人才 27.90 万人；部直属系统 6.69 万人，地方水利系统 71.07 万人；基层人才 55.79 万人[①]。水利部门的职能曾经还包括水利工程的建设、水力发电和防洪抗旱等。水利部门实施的是一种属地管理模式，地方水利部门从属于当地党委和政府，只在业务上接受上级水利部门的指导。中央的水利部主要通过规划审批、项目投资等方式，指挥和驱动地方的水利部门。水利部门这种属地治理模式也造就了水利风景区的管理模式：国家水利风景区接受上级水利部门的业务指导，实施地方政府的属地管辖。

CHRS 是一种多主体共同治理模式。在 CHRS 中，联邦、省和地区政府平等且自愿参与该体系的管理。CHRS 的主导者是环境和气候变化部之下的国家公园管理局，也是一个自然保护地管理机构。在 CHRS 运作中，联邦政府、地方政府的地位是平等的，联邦政府只是一个项目牵头者的角色，而没有充当项目领导者的角色。

NWCS 在中央层面没有形成自身完整的治理体系。通过《水保护令》这一行政法令，环境部可以维持河湖单元的保护地地位，让更多的河湖单元得到法律保护。

4. 单元管理实施的方式不同

在河湖保护地单元管理上，NWSRS 实施就近的垂直管理。大多数河流是跨越行政边界和管理权限的线型空间形态，联邦机构对荒野风景河流单元实施的是就近管理，也就是某一段河流靠近某一个联邦机构，就由该联邦机构进行管理。靠近国家公园的河流单元就由国家公园管理单位进行管理，靠近国家森林的河流单元就由国家森林管理单位进行管理。如果这些联邦机构在一起，还会合署进行办公。

① http://finance.people.com.cn/n1/2021/1215/c1004-32308485.html。

NWSRS 主要由林务局、国家公园管理局、土地管理局和鱼类与野生动物管理局四个联邦机构所属的管理机构实施垂直管理，并不接受地方政府的领导。

NWPS 实施属地依托管理。水利事业在中国一直具有非常突出的重要性。新中国成立后，水利工作受重视的程度经历了一些变化。水利发展包括三个阶段：①服务农业的建设阶段，新中国成立到改革开放之前，水利工作受到党中央和国务院的高度重视；②服务工业的阶段，改革开放初期，水利等基础设施建设投入较小；③服务生产、生活、生态的阶段，进入21世纪之后，水利工作又受到重视，特别是2011年中央一号文件《中共中央　国务院关于加快水利改革发展的决定》，第一次将水利提升到关系经济安全、生态安全、国家安全的战略高度。这是新中国成立以来党中央、国务院出台的唯一关于水利的综合性文件。水利部一直是中央政府的组成部门。1949年之后，国家投资建设了大量的水利设施，水利部门管理了水利设施所形成的水域、河湖岸线及其周边土地。正是在这些水管单位所管辖的水资源、水利工程及其附属空间的基础上，水利部门建成并认定了若干水利风景区。NWPS 的单元建设过程就是水利部门针对一个区域、一个流域的水资源、水工程多功能利用质量好坏或者利用水平高低的认证过程。

CHRS 实施的是合作共同管理模式。在 CHRS 中，河湖保护地单元的管理主体没有发生改变。利益相关者聚焦于共同感兴趣和共同有义务的河流保护问题，为了共同的目标、责任和愿景，采取合作共管模式。

NWCS 是一种原有主体维持管理模式。原有的河湖管理机构，只是通过《水保护令》使相应的河湖单元进一步得到法律方面的保护。

5. 资金支持程度普遍不强

前面分析的四个国家的河湖保护地体系在资金来源方面均是多元化的资金渠道，国家财政在支持河湖保护地建立与管理中承担主要角色，特许经营收入、非政府组织及企业等社会团体捐助等也提供了支持。河湖保护地建设的资金都十分有限，没有专项资金支持。

NWSRS 的建设资金主要来自联邦政府和非政府组织。NWSRS 所需资金都是在四个联邦机构掌控的资金中重新安排，难以支付土地购买等支出，这也是建设缓慢的重要原因。特许经营收入、企业赞助、非政府（如大自然保护协会等）等其他形式也是重要来源。

对于 CHRS，联邦政府的经费也只能支持遗产河流委员会的正常运转和遗产河流的认定、研究等工作，而对河流单元的保护和建设等缺乏资金支持。各种其他民间基金也是遗产河流保护资金来源之一，如自然遗产基金等（Parks Canada，2017）。

NWPS 的建设资金主要来自地方政府的支持。中央政府对水利部的定位更多的是水资源的合理开发利用、用水的统筹和保障、水利工程建设等。虽然水利建设有较大中央财政资金投入，主要包括一般公共预算和政府性基金预算两个渠道，如 2022 年中央财政水利发展资金就高达 584 亿元，但是《中央财政水利发展资金使用管理办法》对支出范围有严格规定，水利发展资金不能用于非水利工程的水利风景区建设。水利部景区办的经费支持国家水利风景区评审、复核、研究等工作。水利风景区的单元建设依靠地方财政，或者是地方政府整合其他部门资金，财政富足的地方建设水利风景区比较容易，增速比较快。水利风景区发展早期，江苏、山东等地因为地方财政比较富裕，水利风景区建设的先发优势比较明显。

综上所述，不同国家河湖保护地体系构成的主要差异表现为：在保护对象上，NWSRS、NWCS 沿袭了美国自然保护地的做法；CHRS 吸收联合国教科文组织世界遗产的思路；NWS 则是采取了纳入水利工程管理的做法。在空间分布上，NWSRS 单元分布与自然因素相关，NWPS 单元分布与社会经济因素相关；在内部空间安排上，NWSRS 采取的是分而治之的策略，维持河流的自然性，NWPS 采用集中统一的河湖廊道保护策略，维持水利工程的完整性。在单元管理实施方式上，NWSRS 采用的是垂直管理模式；CHRS 采取合作共同管理模式；NWPS 采取的是属地部门依托管理模式。

7.2 原因分析

不同国家河湖保护地体系构成存在差异，除了自然原因外，还有一系列的社会经济等原因。

7.2.1 保护思想差异

影响中美两国河湖保护地空间分布的根本原因在于保护思想差异。

1. 美国的保护思想

美国成为现代自然保护地建设的先驱和典范，保护思想的指导作用功不可没。19 世纪，哲学家爱默生、梭罗倡导自然观；20 世纪初，约翰·缪尔提出了大自然内在价值；20 世纪前十年，平肖提出的资源伦理，是 1960 年美国国会颁布的《多用途持续产出法案》的思想基础和可持续思想的雏形；20 世纪 40 年代，奥尔多·利奥波德提出包括荒野和土地共同体在内的“土地伦理”；平肖和利奥波德的思想组合在一起诞生了保护地的系统管理思想；20 世纪 60 年代，蕾切尔·卡逊《寂静的春天》的出版，促使环境保护事业在全世界迅速发展。目前，仍然不断有各种环境保护的思想涌现。NWSRS 的保护思想更多来自单纯保护哲学所倡导的“荒野”理念，突出维护河流的自流状态，尽可能减少人类的干扰，强调保持河流生态系统的完整性与原真性的重要性。

《荒野风景河流法案》的提出，只是这种连续但有创意的保护地思想中的一环。这些既有继承又有发展的保护思想影响深远，既对保护地类型、空间布局等产生影响，又对管理方式产生影响。例如，荒野就由一种保护思想变成一种保护地类型，也成为一种管理方式。对于美国自然保护地体系，应该着眼各种保护地类型的空间匹配关系和历史形成过程，系统思考其思想根源。一方面，“反坝运动”催生美国 NWSRS 的形成和发展；另一方面，有些地方兴建大坝改变了水体的时空分布格局，又形成了新的景观资源和保护地，如美国胡佛大坝兴建之后，大坝蓄水形成了米德湖国家游憩区。

美国 NWSRS 提倡荒野化，并将保护河流及其廊道区域内的自然价值列为首要目标。早期，为追逐荒野目标，自然保护地区域内的原居民印第安人被驱逐，在人与自然的关系上，趋向于认同人对自然有破坏性。随着社会的发展的深入，自然保护地体系建设中追求单纯荒野化的做法受到了质疑和挑战。目前，自然保护地建设中不再简单地追求完全荒野化。在 NWSRS 中，认同荒野风景河流具有游憩、教育功能，即保留部分为人类服务的功能，特别是游憩型 NWSRS 允许对岸线进行一定程度的开发，并可能会提供进入岸线的设施。再后来的国家游憩区，更是追求经济发展、生态保护和游憩的多维目标。

在“荒野”保护思想的基础上形成了《荒野风景河流法案》，明确指出每条荒野风景河流是为了保护和提高自由流动河流中被指定河流的相关价值，以及通过受保护河流的可达性减少人类活动的影响。《荒野风景河流法案》中有三条遴选标准：杰出的自然价值（风景价值、地质价值、生物价值）、文化价值（历史价值、文化价值）、游憩价值；关注河流的自流状态，体现了国家荒野风景河流对自然价值的保护方式；通过限制进入的便捷性，减少人类活动的影响，实现区域荒野化的目标。

2. 中国的保护思想

相比之下，中国现代自然保护地建设的历史比较短，但是中国人处理人与自然关系的思想由来已久。2500 多年前老子就阐述了“道法自然”和“天人合一”的哲学思想，这是中国人基本的哲学思想和行为准则。战国晚期，中国建设了世界著名水利工程——都江堰，这是至今仍在使用的世界文化遗产，也是国家水利风景区。该工程建设秉承“乘势利导，因时制宜”的“人水和谐”理念，实现了水资源开发利用与自然生态保护共赢。与美国 NWSRS 单纯的“荒野”保护不同，中国在自然保护地建设和河湖保护地建设中一直秉承“天人合一”的思想，最典型的现象是无论自然保护区和国家公园内，均允许社区存在，允许自然和人类共存，而不是“荒野”所强调的只能是人类与自然分离。水利风景区建设也一直秉承“人水和谐”的理念。

在“人水和谐”保护性利用思想的基础上，水利部形成了系列规范性文件。《水利旅游区管理办法（试行）》提出了“为合理开发利用水土资源，促进水利旅游事业的发展”；《水利风景区管理办法》（2004年）提出了“水利风景区以培育生态，优化环境，保护资源，实现人与自然的和谐相处为目标，强调社会效益、环境效益和经济效益的有机统一”。《水利风景区管理办法》（2022年）提出“维护河湖健康美丽，促进幸福河湖建设，满足人民日益增长的美好生活需要”。水利风景区规范性文件的三个版本，都指出水利风景区发展的目的是保护性利用。

在《水利风景区管理办法》（2004年）基础之上，水利部先后制定了《水利风景区评价标准》（SL 300—2004）、《水利风景区评价标准》（SL 300—2013）两个行业标准。标准中的环境保护评价、开发利用条件评价以及管理评价，充分体现了在水资源利用的同时，要注重为人服务，实现人水和谐的保护思想。尤其在评定过程中，水利部门更加强调水文化内涵在水利风景区建设中的体现。

现代保护地有60多年的伟大实践，在处理人与自然的关系过程中，中国人有许多睿智的思考，也积累了丰富的经验。但如何将思考和经验上升为科学的保护思想和管理手段还有待研究。

7.2.2 政治制度差异

1. 法律制度的差异

河流单元进入美国NWSRS，有自下而上和自上而下两种方式：一方面，由民众和环保爱好者等发起推动国会施策，由国会直接进行认定，如第一批8个单元；另一方面，由联邦管理机构（如林务局）定期开展工作（刘海龙等，2019），完成前期研究。无论哪种方式，纳入NWSRS之中都需要国会批准，整个联邦机构的研究、认定和国会的批准过程，需要解决的问题很多，这自然是漫长的，难度也是巨大的。

中国国家水利风景区由县级政府牵头申报，在县级政府提出申请的基础上，省级水行政主管部门审批以及水利部批准生效。地方政府的意愿直接影响水利风景区的数量：某些地区政绩考核对此有促进作用，如山东省的水资源和水工程不是很丰富，但省政府把县级政府的水利风景区建设数量作为官员政绩考核的指标，因此国家水利风景区数量一直位居全国第一。地方政府以及各级水行政主管部门对于国家水利风景区的建设意愿直接影响国家水利风景区在省域内的布局建设（冯英杰等，2018）。

2001 年，中国 NWPS 诞生，当时美国已有 175 段国家荒野风景河流。截至 2018 年，中国 NWPS 共有 878 家，而 2001～2018 年美国 NWSRS 仅新增 52 个单元，其间国家水利风景区增速是国家荒野风景河流增速的 17 倍。截至 2021 年底，中国 NWPS 共有 902 家，而美国 NWSRS 仅有 226 个单元。

2. 土地制度的差异

新大陆国家实施以私有制为基础的土地制度。以美国为代表的新大陆国家建立于地理大发现之后，地广人稀，往往以移民为主，历史较短，殖民文化影响深，人地矛盾不突出。例如，美国建立了清晰的土地私有产权制度，农场主主要通过垦荒或购买等方式取得土地所有权。政府对土地使用用途、土地交易等都有严格的规定，严格防范土地投机行为，并保留了土地征用权、土地管理规划权、土地征税权等权利。美国在土地方面健全的法律法规、完备的政策措施、规范化的社会管理、发达的中介组织、有效的经济调控工具等都值得借鉴[①]。美国的土地制度是私有制，但绝大部分的自然保护地土地属于联邦所有。某一河流纳入 NWSRS 的过程就是其水权、土地权属，改由联邦政府管理的过程。即使国家荒野风景河流沿河的部分土地不能完成交易，也可以采用地役权的方式，但是这个过程无疑是有难度的，导致建设过程漫长，数量增长缓慢。同时，由于联邦的公用土地大多集中在美国西部地区，所以西部地区更容易实现 NWSRS 的建设。

中国实行土地的社会主义公有制，即全民所有制和劳动群众集体所有制。全民所有制即国家所有土地的所有权由国务院代表国家行使。水利工程及水域本身就是一个边界比较清晰的地理空间。中国 NWPS 建设没有土地性质的改变，很多情况都只是在水利工程建设和管理基础之上的景观再造。

3. 中央和地方政府职责分工的不同

在经济发展和保护地建设的问题上，美国联邦政府主要负责保护地建设，地方政府负责经济发展。从土地面积来看，联邦政府拥有大约 259 万 km^2 土地，约占整个国家 918 万 km^2 土地的 28%。四大联邦机构管理的联邦土地面积为 244 万 km^2（截至 2018 年 9 月 30 日），分别是土地管理局 98 万 km^2、鱼类与野生动物管理局 36 万 km^2、国家公园管理局 32 万 km^2 和林务局 78 万 km^2[②]。这些联邦管理机构的人员、经费由联邦政府直接管理，与地方政府无关。NWSRS 也实施这种管理体制。美国经济发达地区虽然可以为 NWSRS 建设提供资金、技术、人才，但也面临保护成本过高的问题，保护机会成本大小直接影响保护地建设的难易程度

① http://www.moa.gov.cn/ztzl/xczx/rsgt/201812/t20181228_6165784.htm。

② https://crsreports.congress.gov/product/pdf/IF/IF10585。

（Ibisch et al.，2016），经济越发达的地区，保护机会成本越大，保护地建设难度越高。例如，俄勒冈州州长一再要求将德舒特河（Deschutes River）段纳入NWSRS，却因联邦资金不充裕而被否决。经济不发达地区，河流有较为突出的自然价值，且保护地建设成本低，适宜河湖保护地建设选址。

在地方经济发展和保护地建设的问题上，中国中央政府和地方政府共同负责保护地建设问题。根据《国务院办公厅关于印发自然资源领域中央与地方财政事权和支出责任划分改革方案的通知》（国办发〔2020〕19号）可知：根据建立国家公园体制试点进展情况，将国家公园建设与管理的具体事务，分类确定为中央与地方财政事权，中央与地方分别承担相应的支出责任；国家级自然保护地的建设与管理确认为中央与地方共同财政事权，由中央与地方共同承担支出责任；地方各级自然保护地建设与管理，确认为地方财政事权，由地方承担支出责任。对水利风景区而言，已经不属于官方认定的自然保护地范畴，不能得到中央政府的资金支持。财政部、水利部《关于印发〈中央财政水利发展资金使用管理办法〉的通知》指出：水利发展资金不得用于征地移民、城市景观、财政补助单位人员经费和运转经费、交通工具和办公设备购置、楼堂馆所建设等支出①。

7.2.3 社会经济发展差异

1. 人口经济差异

两国不同的自然条件造成水资源利用的差异。中美两国均为经济大国，但在自然条件、历史文化、社会经济方面差异很大。截至2018年，中国人口有14亿，人均耕地面积为1.36亩，人均水资源量为1961.61m^3；美国人口有3.27亿，人均耕地面积为0.7hm^2，人均水资源量为9221.51m^3。人均耕地面积和人均水资源的拥有量，美国分别约是中国的7.00倍和4.70倍。相对而言，美国的人地关系和资源的压力要小得多，更加具有保护河流生态系统的基础条件，而中国的现实压力需要更加倾向于水资源综合利用。这种现实的差异也在两种保护地类型的保护对象上得到一定程度的体现。

社会经济因素是影响河湖保护地形成和分布的促进因素。虽然社会经济因素对国家自然保护地整体分布的影响研究比较少，但关于其对局部保护地空间分布的影响研究还是有的：一是很多保护地建设并不是系统规划实施的结果，政府没有根据科学需要主动选择土地，整个建设过程具有一定的偶然性。二是人口的分布、土地的潜在价值、公民的保护意识及历史等因素影响自然保护地的大小和位置（Armsworth et al.，2006）。甚至一部分土地被划为保护地是由于土地没有商业

① https://nys.mof.gov.cn/czpjZhengCeFaBu_2_2/201612/t20161208_2477670.htm。

价值，许多国家公园位于没有人类居住的地带或者是不适宜进行农业生产、伐木、城市化和其他人类活动的偏远地带。三是资金筹措影响保护地建设。对土地私有制国家而言，在经济发达地区，私人保护团体和政府部门筹措购买土地资金的能力，通常决定了什么类型的土地应该建立自然保护地（Lerner et al.，2007）。还有一部分自然保护地土地来自富有者的捐赠。

中国 NWPS 单元分布密度值与人口分布密度值呈现较强的正相关性，而美国国家荒野风景河流分布密度值与人口分布密度值不具有相关性。其中，保护地建设目的不同是主要影响因素。中国国家水利风景区提倡为人服务，在水利建设和水资源保护的同时不排斥人口聚集，在人口集中的多数区域，往往有更多的水利工程，也容易有着更为集中的国家水利风景区分布，如江苏和山东等地。国家水利风景区分布密度值高，现阶段发展模式符合中国国情。中国面临 14 亿人口的压力，为了缓解人口压力带来的资源紧张问题，保护地发展需要考虑人的需求，在进行生态环境保护的同时为人提供服务。

2. *发展阶段的差异*

美国在 20 世纪 60 年代就基本完成了全国的水坝工程建设，现有水库 8 万多座（表 7-3）。随着水坝数量的增加，大量河流水质下降且受到生态破坏。20 世纪 50～60 年代，开始出现“反坝运动”，并拆除了一定数量的水坝。1968 年，国会通过《荒野风景河流法案》，NWSRS 旨在追求河流的自由流动。1972 年，《联邦水污染控制法》中提出了河流可以游泳、可钓鱼的具体水质目标。进入 21 世纪后，认识到河流作为生态系统的重要性，美国河流管理更加注重“生态修复”。

表 7-3　中美两国各时期水坝建设数量　　（单位：座）

美国		中国	
时间段	数量	时间段	数量
不确定	9397	—	—
1900 年以前	2526	—	—
1900～1909 年	2102	—	—
1910～1919 年	1961	—	—
1920～1929 年	2272	—	—
1930～1939 年	3921	—	—
1940～1949 年	4081	1949 年以前	348
1950～1959 年	11296	1950～1959 年	23071
1960～1969 年	18833	1960～1969 年	22252

续表

美国		中国	
时间段	数量	时间段	数量
1970～1979年	12464	1970～1979年	32652
1980～1989年	4784	1980～1989年	7438
1990～1999年	1528	1990～1999年	5482
2000～2012年	5980	2000～2012年	6742
总计	81145	总计	97985

资料来源：美国陆军工程兵团和全国水利普查。

中国在21世纪才完成全国的水坝建设。新中国成立以前，由于各种历史因素，水坝建设比较艰难，随着国家战略的需求以及技术的不断进步，水坝建设数量在20世纪60年代达到高峰。根据2010～2012年第一次全国水利普查结果，中国绝大多数水库是中小型水库（中华人民共和国水利部，2019）。2018年，《水利部 国家发展改革委 生态环境部 国家能源局 关于开展长江经济带小水电清理整改工作的意见》（水电〔2018〕312号）开始对小水电进行整改。

截至2020年4月，全球共有58713座大坝（坝高大于15m；坝高大于5m且库容大于300万m^3的水坝）。其中，中国和美国分别拥有23841座和9263座大坝，分别占全球总数的40.6%和15.8%。中美两国在不同时期的水坝建设数量见表7-3。总体上，大坝建设数量在时间轴上呈现出倒“U”形关系，这在一定程度上可以用环境库兹涅茨曲线（environmental Kuznets curve）进行解释，即水坝工程建设能够带动社会经济的发展，社会经济发展之后又会促进水坝建设数量的增加；随着水坝数量的持续增长，区域的水资源开发将接近上限，水坝数量到达某个临界点；随着水坝的大量建设，区域的生态环境也可能遭到严重的影响。为了减少水坝对生态环境的影响，或者降低部分水坝老化带来的安全风险，局部地区又会出现拆坝现象。但由于发展阶段不同，美国NWSRS与中国NWPS的关注点和保护对象存在差异。

总之，社会经济发展的超前使得美国等发达国家比中国提前进入后坝工时期，NWSRS的关注重点是生态保护。由于NWPS起步期中国尚在经济的高速发展期，NWPS更多的是追求水资源、水利设施的综合利用。目前，中国正逐步进入后坝工时期，需更加注重大坝建设、自然资源管理与社会发展之间的结合，做好社会发展与生态保护之间的平衡。

7.2.4 美国非政府组织的作用

在美国河湖保护地诞生、形成过程中，与河湖相关的各种环保非政府组织起到了至关重要的作用。

1. 美国环保组织推动河流保护的历程

作为民主国家，美国民间环保力量十分强大，河流保护主义者（包括个人和组织）是 NWSRS 建立及发展的中坚力量。个人河流保护主义者倡导的河流保护观念，为 NWSRS 的提出奠定了思想基础。

1907 年，民众为了保护约塞米蒂国家公园内图奥勒米（Tuolumne）河上的赫奇山谷，山地俱乐部的缔造者、自然保留主义者约翰·缪尔发起了长达 7 年之久的抗议活动，导致国会在 1916 年批准了《国家公园法案》，标志着“美国政府在一定程度上以立法的方式认可了超功利自然保护的观点”（徐再荣，2013）。1950 年，美国垦务局计划在恐龙国家遗址公园内的科罗拉多河上兴修电站，引发全国性“反坝运动”，导致国会在 1964 年通过了《荒野风景河流法案》，该法案通过是“美国文明的一个里程碑”（Hays，1994）。在这些河流保护事件基础上诞生的 NWSRS，是美国河流保护代表性成果和制度化方式，对世界河湖保护地具有积极示范作用，从其发展过程可以看出：荒野保护是 NWSRS 产生的思想根源，满足游憩是 NWSRS 产生的民众需求，民众的“反坝运动”是 NWSRS 的促成手段。

19 世纪 50 年代，以 John、Frank Craighead 兄弟为代表的生物学家首先关注到河流保护问题，通过制作视频、发表文章宣传河流保护观念。1953 年，他们在一个河流宣传视频中第一次提到“wild river”这一概念；1957 年，他们首次将河流分为自然、半自然、半利用、利用四类；同年，在生物学家 Paul Bruce Dowling 的研究和建议下，密苏里州宪章明确提出放弃原先计划的柯伦特河（Current River）建坝项目；1959 年，John、Frank Craighead 首次正式呼吁联邦政府成立专门的国家河流保护体系；1964 年，John、Frank Craighead 草拟完成了《荒野河流法案》等。这些工作为 NWSRS 的正式建立奠定了科学基础。

河流保护 NGO 开展的“反坝运动”促成 NWSRS 建立。20 世纪 50 年代，美国垦务局计划在科罗拉多河的最大支流上修建回声谷公园大坝，反坝组织立即对此发起了声势浩大的反抗运动，1956 年国会最终宣布取消这项工程，这是“反坝运动”的首次胜利；20 世纪 60 年代初，垦务局又打算在科罗拉多河远离保护区的河段上修建两座大坝，反坝者从经济、环境两个角度对该工程的得失进行分析，得到高度认同，并取得“反坝运动”胜利（郑易生，2005）。一系列的“反坝运动”，使联邦政府意识到，一些具有独特价值的河流，需要通过建立专门的河湖保护地方式进行保护。

2. 美国的著名河流保护组织

1973 年，美国河流协会在丹佛正式成立，这是一个全国性 NGO，也是唯一为 NWSRS“代言”的组织。该组织相信只有河流健康，才能保障社区发展，河流为人类提供了游憩机会和与大自然联系的方式。组织的使命一直是保护荒野河流、恢复受损河流并为人类和自然保护清洁水源（焦怡雪，2003）。工作的领域包括：帮助合作伙伴保护重要的栖息地；与社区合作减少河流污染；制定政策以确保所有人都拥有清洁、充足的水资源；推动降低洪水风险的解决方案；努力拆除不必要的水坝；加强河流运动等。

1984 年以来，美国河流协会所发布的“美国最濒危的河流”年度报告为公众所熟知，年度报告突出了河流所面临的威胁，并鼓励对相关河流采取相应的保护措施。列入名单的河流需要满足三个标准：这条河对人类和野生动物具有区域或国家意义；河流和依赖它的社区正面临严重威胁；这条河流将在来年面临一项重大决定，公众可以影响这些决定。

美国河流协会成立后对 NWSRS 的宣传和推广起到重要作用，民众逐渐理解了 NWSRS 的保护理念，并加入河流保护行列之中。1974 年，在美国河流协会的努力下，查图加（Chattooga）河成为 1968 年之后首段由国会直接指定研究并正式纳入体系的河流；1975 年，美国河流协会成功将 29 段河流纳入研究范围，并在之后陆续纳入 NWSRS；2008 年，美国河流协会又将 40 段河流纳入 NWSRS 的研究范围。

大自然保护协会（The Nature Conservancy，TNC）于 1951 在弗吉尼亚州阿灵顿市成立，是国际上最大的非营利性的自然环境保护组织之一。自成立以来，TNC 就一直致力于保护全球具有重要生态价值的陆地和水域，维护自然环境、提升人类福祉。TNC 注重实地保护，遵循以科学为基础的保护理念，在全球围绕气候变化、淡水保护、海洋保护以及保护地四大保护领域，运用“自然保护系统工程”的方法，因地制宜地在当地实行系统保护。TNC 有 170 位河流和淡水方面的科学家，在全球进行着 500 多个河流恢复与保护项目。在美国，TNC 与以建坝著名的陆军工程兵团等水电建设机构合作，围绕 60 多个与生物多样性保护关系重大的大坝开展河流生态保护项目。在科罗拉多河上，TNC 和水电公司只拆了一座大坝，他们更多地把重点放在既让大坝运营发电，又让建坝后的河流模仿生态流，从而使鱼类随河流汛期自然流淌，自由自在地繁衍生息。经过 70 多年的发展，TNC 的保护足迹已经遍及拉丁美洲、亚太、非洲等多个地区，并在 35 个国家保护着全球超过 48 万 km^2 的生物多样性热点地区和长度达 8000 多千米的河流。

TNC 也是河流生态修复的重要领衔者。美国陆军工程兵团早些年就奉命在萨凡纳河上建设了哈特韦尔（Hartwell）、拉塞尔（Russell）和瑟蒙德（Thurmond）三座大坝。这些大坝承担着水力发电、防洪、旅游和供水的使命，但严重破坏了生态系统的完整性，改变了河流天然的季节流量过程，使螃蟹、长须鲸、牡蛎、虾类和一些特有鱼类难以生存，大坝也限制了河流漫滩地区滩地阔叶树的生长，进而影响了水质，而这又使依赖河水和漫滩森林中的鱼类、哺乳动物、鸟类的存活率持续降低。与此同时，大坝阻断了洄游鱼类的洄游通道，它们被迫迁移产卵场，由于被强行改变了生存环境，很多鱼类种群数量越来越少。为改进河流的水资源管理，美国陆军工程兵团邀请 TNC 共同解决问题。2002 年 5 月，50 多名代表不同联邦、州及地方机构、学术机构的专家参加了萨凡纳河整治工程的方向性会议，启动了“生态流推荐方案”，美国陆军工程兵团开始根据 TNC 制订生态流推荐方案对大坝的运行进行调整（张可佳，2010）。

国际河网（International Rivers Network，IRN）成立于 1985 年，总部位于加利福尼亚州伯克利，是一个非营利、其成员完全由志愿者组成的非政府组织。该组织保护河流并捍卫依赖河流生存的社区的权利，反对破坏性的水坝建设，促进以更好的解决方案满足人们对水、能源和防止洪水灾害的需要。国际河网组织坚信，人与河流最佳的相处方式，就是河流和依赖它们的生命受到尊重，人们能在生活和生计受到影响的决策中发出自己的声音。国际河网最大的目标在于，争取让每个人都有清洁的河流和能源，发展项目既不破坏自然又不损害社区，在五大洲内培养在水坝、能源、水利政策、气候变化和国际金融机构方面都具有专业知识的相关专业职员，以及致力于反对破坏性河流工程并促进更佳替代方案实施的专家，通过全球网络共同工作。

还有一些地方性的河流保护组织，如俄勒冈河流协会及阿拉斯加州山地俱乐部促成《俄勒冈州综合荒野风景河流法》《阿拉斯加国家利益土地保护法》的颁布。

7.3 主要启示

7.3.1 正视客观需要

1. 生态环境保护的需要

在经济发展的起步阶段，国民经济以牺牲一定环境质量换得了发展的空间。在河湖水体方面最能说明这一规律的数据，就是国控断面的水质变化情况。历年的《中国环境状况公报》中，国控断面数量占总数的比例就生动地展示了这种变化规律（表 7-4）。

1996 年之前，全国地表水国控断面中Ⅰ～Ⅲ类水质的比例都能保持在 60%以上。此阶段，国民经济总量和人均 GDP 均较低，1994 年全国人均 GDP 只有 4081 元。经济发展和生活水平提升对水资源需求比较低，人类行为对水环境的影响比较小，地表水水质能够维持在一个比较好的状态，全国地表水国控制断面的Ⅰ～Ⅲ类水质的比例维持在比较高的水平，也没有劣Ⅴ类水质断面。

2000～2010 年，全国水质呈较差状态，地表水国控断面Ⅰ～Ⅲ类水质的比例均低于 60%。其中，2002 年Ⅰ类水质断面比例最低，占比不到 30%，而劣Ⅴ类水质断面比例高达 40.9%。随着城镇化和工业化的加速推进，全国经济总量也较大，而且国民经济总量和人均 GDP 增速较快，经济发展和生活水平提升对水资源需求增大，人类行为对水环境的影响也增大，水环境的治理能力落后于经济发展水平。

2010 年之后，全国地表水水质明显改善，国控断面中Ⅰ～Ⅲ类水质比例则稳步升高，2021 年更是达到 84.8%。主要得益于，经济取得一定成就的情况下，国家加大了对生态环境治理的监管和投入。2008 年，中华人民共和国修订通过《中华人民共和国水污染防治法》。2012 年之后，国家更是加大了生态文明建设力度，全面打响蓝天、碧水、净土三大保卫战，更加注重法治在国家环境治理中的作用，生态环境部门也陆续通过一系列涉及水环境治理的法规文件。

表 7-4　中国不同年份的地表水国控监测断面水质

年份	断面水质比例/%			GDP 总量/亿元	GDP 增速/%	人均 GDP/元
	Ⅰ～Ⅲ类	Ⅳ～Ⅴ类	劣Ⅴ类水质			
1994	61.0	39.0	—	48637.5	13.0	4081
1996	61.1	38.9	—	71813.6	9.9	5898
1998	36.9	25.4	37.7	85195.5	7.8	6860
2000	57.7	28.5	13.8	100280.1	8.5	7942
2002	29.1	30.0	40.9	121717.4	9.1	9506
2004	41.8	30.3	27.9	161840.2	10.1	12487
2006	40.0	32.0	28.0	219438.5	12.7	16738
2008	55	24.2	20.8	319244.6	9.7	24100
2010	59.9	23.7	16.4	412119.3	10.6	30808
2012	68.9	20.9	10.2	538580.0	7.9	39771
2014	63.1	27.7	9.2	643563.1	7.4	46912
2016	67.8	23.7	8.6	746395.1	6.8	53783
2018	71.0	22.3	6.7	919281.1	6.7	65534
2020	83.4	16	0.6	1013567.0	2.2	71828
2021	84.8	14.0	1.2	1143669.7	8.1	80976

注：根据历年的中国环境公报和统计数据整理而成。

2. 河湖保护的需要

大坝建设对于国民经济是必须的，应以理性思维审视大坝的复杂性。一是需要承认水利工程存在的客观性。水坝、水井、水渠都是人类利用水资源的有效方式，也是人类文明进步的表征；中美两国都有大量的水坝，这是两个国家社会经济发展的强大基础支撑。二是充分挖掘自然修复技术在降低水利工程方面对河流生态系统负面影响的潜力。河流的自然修复必须围绕两个核心维度来进行：一是保持河流的纵向连续性，即河流流动的畅通性和水生生物生活的连续性；二是保护河流的横向连续性，即维持河流两岸廊道的自然状态，包括河岸生态系统的完整性和连续性。河湖保护地建设正是实现这一目标的有效方式。

拆坝是河湖保护和生态修复的重要手段之一。拆坝运动也表现出“先建后拆”的演进规律。自 1912 年以来，美国拆坝历史已 110 多年，截至 2019 年，美国共拆除 1699 座坝（杨研等，2021）。2018 年底，《水利部 国家发展改革委 生态环境部 国家能源局 关于开展长江经济带小水电清理整改工作的意见》（水电〔2018〕312 号），拉开了史上最大规模的长江经济带小水电整治序幕。长江经济带 11 个省（直辖市）除上海之外有 2.5 万多座小水电站，2019 年到 2021 年两年多的时间里，3500 多座违规电站被勒令退出，2 万多座完成整改[①]。自 2020 年开始，开始有学者认识到拆坝是发展阶段的问题：美国拆坝运动实质上反映的是水利工程生命周期规律（杨研等，2021）。

3. 保护地发展存在演进逻辑

以国家公园为代表的自然保护地在世界发展中存在一定的演进规律，由个别国家向世界逐步扩散，成为世界生态环境保护的主流模式。先是传播到澳大利亚（世界第二座国家公园——皇家国家公园建于 1879 年）、加拿大（世界第三座国家公园——班夫国家公园创建于 1885 年）、新西兰（汤加里罗国家公园于 1887 年成为新西兰的第一座国家公园）等国家，又传到南非、印度尼西亚等发展中国家，进一步传到了英国、法国等国家，从而走向世界各地（弗罗斯特和霍尔，2014）。中国于 2021 年才正式建立自己的国家公园体制。饮用水水源保护地、城市保护地也有类似的演进路径，由个别国家向世界逐步扩散，成为世界共同的保护范式。

河湖保护地建设反映了历史的必然选择。成立 NWSRS 的初衷有两个方面：一方面，NWSRS 是河流水电开发的其他选择。《荒野风景河流法案》明确表明，

---

① http://www.gov.cn/xinwen/2021-04/19/content_5600623.htm。

在美国河流的适当地方建造大坝和其他建筑的既定国家政策，需要得到一项政策的补充，该政策将保护其他选定的河流或其部分处于自由流动的状态，以保护这些河流的水质，并实现其他重要的国家保护目的。另一方面，NWSRS 是整个国家自然保护地体系的有效补充。例如，许多国家森林、国家公园等自然保护地周边存在一定数量的国家荒野风景河流，主要维持和保护生态系统的完整性和连通性。CHRS、NWCS 也有类似的目的。

NWSRS 作为河湖保护地的“原种”，经过 50 多年的发展已经形成了一套联邦中央主导的政府治理模式，其保护理念和政府治理模式逐步向全球传播。由于共同的文化背景、类似的政治体制，加拿大、澳大利亚、新西兰在河湖保护地方面的发展，既受到本国社会经济情况的影响，又受到美国《荒野风景河流法案》的启发和影响，与国家公园概念传播和演化的路径基本相似。目前，河湖保护地是否会像国家公园体系一样，遵循先被新世界国家所接受，再发展到其他国家的发展路径，尚需进一步观察和研究。

4. 中国有可能建成国家层面河湖保护地

随着中国社会经济发展稳定向好，对河流保护的重视程度日益凸显，国家层面的河湖保护地建设也成为可能。2016 年，习近平总书记在推动长江经济带发展座谈会上指出：“长江拥有独特的生态系统，是我国重要的生态宝库。当前和今后相当长一个时期，要把修复长江生态环境摆在压倒性位置，共抓大保护，不搞大开发。” 2020 年，习近平总书记在中央财经委员会第六次会议上强调“黄河流域必须下大气力进行大保护、大治理”，表明中国河流保护意识得到进一步加强，河流管理由单一管理转向综合治理，专门的河湖保护地类型也将成为一种潜在选择。2020 年 12 月，中国第一部有关流域保护的专门法律——《中华人民共和国长江保护法》由第十三届全国人民代表大会常务委员会第二十四次会议通过；2022 年 10 月，《中华人民共和国黄河保护法》由第十三届全国人民代表大会常务委员会第三十七次会议通过。两部流域法律的通过表明中国政府已经开始有了保护河湖的迫切要求和坚强决心，预示着专门的河湖保护地体系和相关法律也有可能在中国诞生。

中国在河湖保护地建设方面也取得了一些重要成就。截至 2021 年底，NWPS 数量已经达到了 902 家。虽然水利部在 2022 年又修订出台了《水利风景区管理办法》，但是水利风景区体系仍然存在法律地位低、行业色彩浓、工程依附程度高、社会认知程度低等明显问题，没有得到根本改变。中国河湖保护地体系上升到国家层面、被社会所广泛关注和接受，还有漫长的路要走！

但是尝试建立国家层面的河湖保护地专门类型，值得我国做进一步探索，尤其是建设生态保护、经济发展和游憩利用并举的河湖保护地类型。管理者和研究者都要及早考虑和提前谋划。

7.3.2 选择治理模式

1. 河湖保护地体系建设上要因“国”制宜

根据保护对象选择治理模式。在保护地治理系统构成中，治理模式是治理者、保护对象和环境共同决定的。保护主体和保护客体之间具有双向作用，即保护地主体和客体都对治理模式产生影响。现在保护地政府治理关注较多的是主体、环境对保护地治理类型的影响，而关于保护地自身对保护地治理类型的影响关注较少。森林、河流、海洋等保护对象都有自身的特点，如何在维持大格局的前提下，选择合适的治理方式也是需要慎重对待的问题。

各国在自身河湖保护地治理实践过程中，结合国情演化出不同形式的“变种”，形成了与国情相适应的治理模式，这是政府治理差异化，也是适应性治理的表征。四种河湖保护地治理模式，在法律体系、管理机构、资源权属三个方面表现出较大差异（表 7-5）。

表 7-5　美国、新西兰、加拿大、中国四国河湖保护地政府治理模式比较

国家	体系名称	建立时间	保护重点	治理模式	法律体系	管理机构	资源权属	资金来源
美国	NWSRS	1968 年	河流杰出的突出价值、自流状态和良好水质	就近的联邦机构垂直管理	联邦专项性法律	联邦机构为主，非联邦治理机构为辅	改变权属，联邦政府所有	多元化
新西兰	NWCS	1981 年	河湖的突出荒野、风景价值	联邦和地方综合治理	行政法规	土地原有管理者	不改变权属，土地原有所有者	
加拿大	CHRS	1984 年	河流的自然、文化和游憩价值	自愿加入的合作共管	没有法律，基于伦理和自愿	土地原有管理者	不改变权属	
中国	NWPS	2000 年	工程、自然和文化等水利风景资源	属地依托部门管理	部门规范性文件	水利部门管理机构为主	不改变权属，基于水利部门管理的水利工程、水域和岸线	

适应性是保护地治理模式研究的必然。保护地治理没有统一的模式，必须依据不同的治理环境设计（Eagles，2008），河湖保护地也没有例外。从以上研究来

看，各国有着本土化的法律政策和管理机构主体，河湖保护地体现出适应性特征。从主体、对象和过程（Smit et al.，1999）三个关键要素来看，这种适应性是河湖保护地政府治理模式适应不同治理环境的结果，其深层原因则是治理模式适应所在国政治制度的结果（图7-4）（李鹏等，2021）。适应性无疑是中国建立河湖保护地体系的重要前提。

美国联邦政府主导的NWSRS是全球河湖保护地原种，各国基于适应性原则形成符合自身国情的河湖保护地体系变种，各具不同的特点。美国采取法治化的河湖保护地政府治理手段，而加拿大采取基于伦理的河湖保护地共同治理手段。现阶段，我国正在建立中国特色自然保护地体系，河湖保护地体系建立也是一个新的拓展方向和努力方向。如何在政府治理的大框架下，提前考虑法律、机构、社区等方面，探索出适合国情的河湖保护地体系构成及其适应性治理模式值得深入思考。

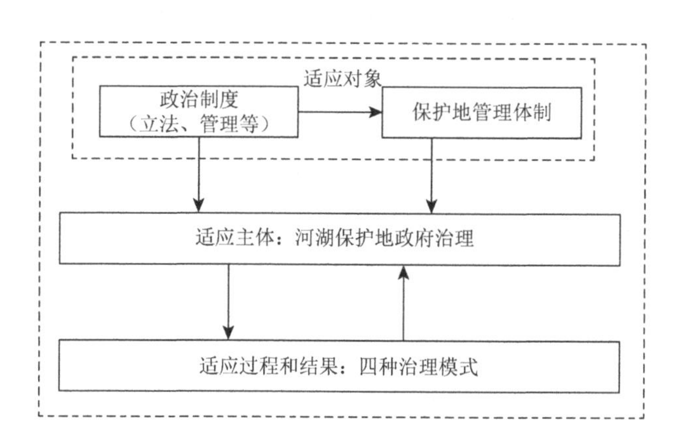

图7-4　河湖保护地政府治理适应性分析

2. 河湖保护地单元建设上要因“地”制宜

一是尊重差异，保护地建设要分区对待。美国中东部地区河流的自然价值普遍偏低，也有一部分河流的文化价值比较高（如波士顿河），但文化价值在NWSR遴选标准和过程中未被充分考虑，导致中东部许多州都没有NWSR单元分布。

中国各地地形差异较大，不能一刀切。中国南方水资源较多，在满足人们生产生活的基础之上，还可以考虑区域的生态用水需求；北方水资源较少，水资源利用要以满足生产、生活为主。中国河湖保护地建设要东西有别、南北不同。中国地势西高东低，形成较为明显的三级阶梯，众多水系的发源地多为青藏高原区，一、二、三级阶梯分界线以及第三级阶梯内的武夷山等重要山脉。中国西南地区地形较为起伏，降水充沛，水资源丰富，尤其横断山区，不但是河流发源地或河流上游，而且是全球34个生物多样性热点地区中的中国西南山地、喜马拉雅山地和印缅地区三个国际生物多样性热点的交会区域，也是中国自然保护地建设的关键区域（如大熊猫国家公园）。

西南地区河流（如雅鲁藏布江、雅砻江等）的自然价值突出，中东部地区河流（如汉江、新安江等）的文化价值突出，如果一味强调河流的自然价值，将会使很多有文化价值的河流难以纳入河湖保护地体系之中，就可能造成保护对象的缺失。中国河湖保护地建设应该在清楚资源和环境本底的情况下，关注价值突出的区域（如西南地区河流的自然价值、中东部地区河流的文化价值等），将这些区域作为河湖保护建设的优先区域和重点区域，才能确保保护地建设的实施效果和效率。一种保护地类型在一个国家的科学发展，应该是在生态代表性突出的区域合理分布，而国家层面的系统规划是前提和保障。

二是尊重权利，协调资源利用。在美国，许多国家荒野风景河流单元的设立都是根据不同地方的特点因地制宜设计出来的，都是实事求是和尊重科学的结果，如前面提到弗拉特黑德河（Flathead River）和斯卡吉特河（Skagit River）在建设河湖保护地时就尊重了原有水电站建设的现实。在中国，也有很多风景名胜区和旅游景区依附小水电站及库区形成，如江西庐山的芦林湖和吉林松花湖等国家级风景名胜区。小水电及库区本身就是和环境融为一体的景区组成部分，也是保护地原真性和完整性的一部分，应尽量保留；简单地拆除反而打破了多年形成的生态平衡，景区也将不复存在；水利工程建设和自然保护地建设之间并不是非此即彼的对立关系。游憩利用、生态保护和工业利用之间是有可能找到折中和妥协的途径的。

三是尊重历史，考虑建设的先后顺序。如果水电站先于保护地建设，应该予以保留；如果水电站后于保护地建设，应该考虑拆除，而不能采取一刀切的方式统统拆除；也不能采取只保留大坝和渠道却拆除水电站的做法，这“完全违反科学”（王亦楠，2021）。

在土地公有的基本制度下，中国自然保护地建设具有实现中央垂直管理的政府治理模式的先天条件，但大部分保护地的建设与管理采取外在的、强势的隔离方式来实现生态保护，剥夺了保护地内居民的资源所有权、使用权，形成大批搬迁户（如四川九寨沟、湖南张家界等）。随着城镇化水平的提高和乡村振兴战略的实施，社区居民对保护地自然资源利用的依赖性减弱。借鉴美国NWSRS经验，可以采取如下措施：尊重现有社区自然资源的使用状况，从内化的环境教育入手，将居民纳入环境保护行列，协调保护区内的资源保护与合理利用；依靠适度的游憩开发及合理的利益分配机制，帮助居民从原有的农业生计向旅游生计转变。

7.3.3 重视法律建设

1. *河湖长制难以完全替代河湖保护地建设*

一是河湖长制一直没有纳入法律体系中。从现有实施情况来看，河湖长制只是一项解决河湖治理突出问题的政策安排和应急措施，并没有获得相应的法律地位，难以维持其长期性和固定性。河湖长制只是一种工作机制，而不是法律机制。

二是河湖长制管理制度构成是有限的。根据《水利部办公厅印发关于进一步强化河长湖长履职尽责指导意见的通知》（办河湖〔2019〕267 号），河湖长制主要包括河长湖长会议制度，督办单制度，河湖联防联控机制，突发事件应急处置机制，河长湖长述职制度。这些职能只能被认为是党政领导对河湖治理的监督、协调手段，而没有实际管理手段。

三是随着各种“*X* 长制”的频繁产生，河湖长制河湖治理带来的效率和效果将出现衰减。实施河湖长制之后，2021 年 1 月，中共中央办公厅、国务院办公厅印发了《关于全面推行林长制的意见》；2020 年，交通运输部出台了《交通运输部关于全面做好农村公路“路长制”工作的通知》（交公路发〔2020〕111 号）；有些地方还出现了网格长、栋长、楼道长、河长、塘长、林长等[①]。许多地方出现了山水林田湖草沙均由党委政府进行管理的局面，如果什么自然资源都由党委政府直接进行管理，那就意味着什么都管不了。这种没有分工和授权的自然资源管理方式，是有违管理学基本原理的，也将导致河湖长制对河湖治理的效果和效率出现边际递减。

2. *法律建设是河湖保护地建设的核心*

法律地位低下已经成为中国水利风景区发展的主要限制因素。

一是法律是河湖保护地健康发展的有效支撑。没有法律支撑，就意味着没有河湖保护地治理的机构、人员、经费等要素保证。通过立法、执法等法治建设也可以进一步明确和强化河湖保护地保护什么、在哪里保护和如何保护等主要目标。NWSRS 的保护对象清晰，以法律为基础，并且结合保护对象的特点，探索建立富有自身特色的非完全联邦垂直管理政府治理模式，其理念、路径、方法等均可为中国河湖保护地政府治理提供借鉴。

二是伦理式河湖治理模式也难以适应中国。中国人地关系、人水关系复杂，

① http://www.banyuetan.org/jrt/detail/20211020/1000200033134991634264312834112094_1.html。

必须依靠强有力的法律手段和行政措施才能实施河湖有效保护。加拿大管家式、依靠伦理和情怀的河湖保护方式，基于宽松的人地关系和极高的环境保护意识，难以在中国大范围开展，只能在小范围的局部区域存在。

从长时间来看，河流大部分情况下都被视为一种可以开发利用的自然资源，而不是一种需要保护的生态系统，进一步导致河流生态系统的保护问题不像森林生态系统、湿地生态系统一样清晰。而且是否清楚河湖保护地保护什么、在哪里保护和如何保护，又直接影响法律建设。从中国水利风景区官方定位来看，保护什么是不清楚的，也没有说清楚在哪里保护和如何保护的问题，这些科学问题必然影响其法律地位的改善和提高。

第 8 章　河湖公园——四川的河湖保护地实践探索

四川省在河湖保护地实践方面做了有益的探索。该章节中，部分内容来自《四川省水利风景区（河湖公园）建设发展规划（2016～2025 年）》、《四川省河湖公园评价规范》（DB51/T 2503—2018）、《四川省河湖公园建设试点实施方案（2019～2025 年）》等文件。

8.1　现 实 需 求

8.1.1　河湖通俗易懂

中国国家水利风景区采取的命名方式是“行政区域名称＋名称＋水利风景区”，如黄山市太平湖水利风景区等。分析国家 18 批次的 878 家水利风景区的命名特点，去掉“行政区域名称”“水利风景区”之后，对其名称进行统计分析，进一步对各种国家水利风景区名称的末尾词进行归类。在统计过程中，将一些类似的词，尤其是相同、相近的概念进行合并统计。河系列包括河、江、滩、溪、源、水、泉；湖系列包括湖、海、荡、池、潭；工程系列包括水库、大坝、水利枢纽、工程、闸、灌区、渠；山、梯田、峡谷、崖等名词都一并归类为山系列；其他以小地点、岛、绿廊以及公园命名的归为其他，不同名词在同一水利风景区名称中出现，只计入其他 1 次。

统计结果如表 8-1 所示：与“湖系列”相关类名称出现 289 次；“河系列”相关类名称出现 288 次；“水库”相关类名称出现 81 次，其他工程相关类名称出现 28 次，工程类总共出现 109 次；与“山系列”相关类名称出现 69 次；“湿地系列”相关类名称出现 12 次，其他相关类名称出现 111 次。从词频上来看，与“河”“湖”相关类名称出现频率较高，占比合计超过 65%。并且在统计过程中发现“湿地系列”相关类名称的出现几乎是伴随“河”“湖”共同出现的。

表 8-1　中国国家水利风景区名称词频分析

	湖系列	河系列	山系列	工程系列	湿地系列	其他	合计
词频	289	288	69	109	12	111	878
占比/%	32.9	32.8	7.9	12.4	1.4	12.6	100

各地水利风景区的建设者和管理者，力图通过“湖”“河”等简明的地理概念来传递水利风景区涉水的内涵，同时融入了浓厚的地方文化。实际上，国家水利风景区名录上的许多湖泊由水库改名而来，如昆明柴石滩水库是珠江干流上的第一个大型水库，申报国家水利风景区名称为“明月湖国家水利风景区”。在某种意义上，这种现象反映出水利风景区被接受的程度低，而“河”“湖”等通俗易懂的名称容易被普通大众接纳（李鹏等，2020a）。

8.1.2　国外河湖保护地的荒野性

美国是现代自然保护地的发源点，荒野是其重要的思想来源。“荒野”作为一种人类可以到达、不能居住的地方，其保护思想逐步深入人心，提倡自然保护应尽量保持其原貌，强调自然具有独立于人类而存在的审美价值和道德意义。1964 年，美国《荒野法案》通过，国家荒野区正式成为新的保护地类型。荒野思想进一步影响美国的自然保护地建设和河湖保护地建设。

随着越来越多人认识到河流自流状态所蕴含的真正价值，保护河流的自流状态、让其奔腾不息，成为美国的一种国家意识。1968 年，美国《荒野风景河流法案》通过，在河湖保护地建设中进一步体现了荒野思想。该法案突出强调河流的自然流动性，包括对河流的横向河岸和纵向水流的保护。后来，加拿大、新西兰、澳大利亚等国家河湖保护地的提出或多或少受到了美国荒野保护思想的影响，强调保护自流状态的河流。

加拿大 1984 年建立了 CHRS，新西兰 1981 年建立了 NWCS，澳大利亚则在 1993 年试图建立自然河流体系，其共同目标都致力于保护河流生态系统与河流多元价值。现有美国等河湖保护地体系均强调对河流生态系统的保护，弱化了在保护过程中对河流相关资源的利用。当然，现有西方国家河湖保护地的保护思想和实践做法不一定适用于中国。

8.1.3　水利风景区概念的缺失性

根据水利部《水利风景区发展纲要》，水利风景区是指以水域（水体）或水利工程为依托，具有一定规模和质量的风景资源与环境条件，可以开展观光、娱乐、休闲、度假或科学、文化、教育活动的区域。这是特定条件下的水利风景区概念界定，这是一种资源利用、多种经营和开发建设的思路，其与国际话语体系、国家时代要求和地方实际情况存在某些偏差。

现在来看，该定义存在以下几个问题：一是水利风景区保护性内容的缺失，只提及了水利风景区的建设条件——以水域（水体）或水利工程为依托，具有一定规模和质量的风景资源与环境条件，以及水利风景区的利用方式——开展观光、娱乐、休闲、度假或科学、文化、教育活动，这只是利用的对象和方式，而没有阐述保护对象和内容；二是对于水利风景区功能的确定也是有限的，“可以开展观光、娱乐、休闲、度假或科学、文化、教育活动的区域”，没有提及保护地所提倡的保护和社区发展功能，这与生态文明建设的大背景相背离；三是没有阐述清楚水利风景区与其他自然保护地之间的关系、差异等。

同时，水利风景区的分类依据是水利建设的工程特点，而不是保护对象的科学属性。水利风景区现有六种类型，很容易造成混乱交叉。例如，湿地、城市河湖、自然河湖、水库四种类型相互交叉，在自然河湖型与城市河湖型中，自然河湖型中的自然并不代表乡村，而是指河流的自然流动特性；自然河湖与城市河湖没有明显的对立性，城市河湖型水利风景区也能体现河流自然流动性，同时也是自然河湖型水利风景区。例如，贵州六盘水市明湖水利风景区依托明湖水库而建，所在区域属于城市，也是人工湖泊，周边也有湿地，因此，其可以同时归类为水库型、城市河湖型、湿地型水利风景区。

8.2　概念基础

8.2.1　定义

在自然保护地、淡水保护地、河流保护地和生态系统方法等相关理论基础上，结合中国的河湖治理体系特点、河湖资源利用模式等实际情况以及四川省丰富的河湖资源，提出具有中国特点的河湖保护类型——河湖公园（river and lake park），以期为未来建立适合中国国情的国家层面河湖保护地体系提供理论依据和实践探索。

地方标准《四川省河湖公园评价规范》（DB51/T 2503—2018）给出了河湖公园的正式定义。河湖公园指由政府划定和管理的河流、湖泊及其沿岸山林、农田、城市（村镇）水岸等（包括水利设施形成的各种水体及周边范围），以保护性利用河湖及其沿岸地区自然资源和人文资源及其景观为目的，兼有环境保护、科普教育、游憩、社区发展、科学研究等功能，实现河湖及其沿岸资源有效保护和合理利用的特定区域。

同时，该规范还给出了河湖公园资源的定义，这是对河湖公园定义的有效补充。河湖公园资源是河湖公园建立的基础和载体，指河湖公园范围内具有生态、科研、教育、文化、游憩等价值的相关要素，包括有形的自然资源和人文资源及其景观，河湖沿岸城市、村镇等人类居住区域的水岸风貌，也包括无形的非物质文化形态的遗产资源。

这两个定义组合在一起共同回答了河湖公园概念 what、why、how 的三个构成要素：河湖公园是河流、湖泊及其沿岸山林、农田、城市（村镇）水岸等（包括水利设施形成的各种水体及周边范围）的特定区域；河湖公园的建设就是要以保护性利用河湖及其沿岸地区自然资源和人文资源及其景观为目的，兼有环境保护、科普教育、游憩、社区发展、科学研究等功能，实现河湖及其沿岸资源有效保护和合理利用；如何建设河湖公园，即由政府对其进行划定和管理。

河湖公园概念与水利风景区概念的不同之处：一是，前者更加强调保护对象的可辨识性，突出“河湖”作为保护对象，河湖公园比水利风景区更加细化且通俗易懂；二是，河湖公园定义更加强调水资源的保护性，而水利风景区原有定义主要强调水资源利用；三是，河湖公园范围的划定是顺应时代要求的体现，具体范围包括水域、水利工程和水域岸线等，水利风景区主要强调以水域（水体）或水利工程为依托。河湖公园水域、水利工程和水域岸线范围的认定思路，与 2018 年《水利部职能配置、内设机构和人员编制规定》中提出的“指导水利设施、水域及其岸线的管理、保护与综合利用”职责所确定的范围基本相吻合。2022 年印发的《水利风景区管理办法》中，水利风景区是指以水利设施、水域及其岸线为依托，具有一定规模和质量的水利风景资源与环境条件，通过生态、文化、服务和安全设施建设，开展科普、文化、教育等活动或者供人们休闲游憩的区域。

8.2.2 基本功能

在保护水资源、水环境和不妨碍水利设施正常发挥生产、生态功能的前提下，河湖公园内可以划出具有游憩、观赏和体验价值的区域，可以开展游憩、科普、文化、体育、研究等公众活动。

1. 保护水资源

保护水资源是设立河湖公园的最主要目的。水资源是一种基础性战略资源，水利工程建设的目的也是保护和利用水资源。河湖公园是在“在地”（如上游）保护水资源和维护水工程的基础上，兼顾水资源利用和水生态保护；主要为“离地”（如下游）的生产、生活、生态提供良好的水资源，这是河湖公园的首要功能，这也是河湖公园与其他自然保护地类型的不同之处，其他自然保护地的首要目标都是保护所在地的生物多样性。

2. 提供保护性环境

在保护水资源的基础上，河湖公园还可以提供保护性的生态环境。与其他自然保护地远离城乡不同，河湖公园大多处于城乡区域，与居民生产生活密切相关，甚至就是居民生产生活空间的一部分。在保护好良好水资源的同时，河湖公园也可为城乡居民生活提供良好的蓝色空间（Börger et al.，2021），这对于改善人类生活的环境品质极具积极意义。

3. 提供国民游憩

河湖公园所提供的保护性环境和蓝色空间，可为周边和附近居民提供游憩机会。价值突出的国家公园等自然保护地是国家乃至全球范围的公园，主要服务于全国人民乃至世界人民；而大部分河湖公园都只是地方性公园，类似于城市公园主要服务当地和本区域的人民，是城乡高品质生活的游憩场所，可提升当地居民幸福感。部分河湖公园还可以促进旅游发展，带动地方经济，增加居民就业机会。

4. 开展科普教育

河湖公园内具有地质、气候、土壤、水域及动植物等资源，特别是丰富的水资源，可以开展水循环及水生物群落演变等自然科学研究；大部分河湖公园是人水关系的缩影，具有资源利用、水上运输、河岸聚落、文化与游憩、祭祀、权力表征等多种文化价值，也可以开展水文化和水利遗产研究；可以通过河湖公园的博物馆、科普馆、体验馆等场所，为公众提供识水、懂水和亲水的良好机会；通过在节水、水灾害防御、水资源保护、水生态修复等方面开展科普教育，使公众牢固树立以水为核心的绿色发展观，让全社会真正认识到生态环境是社会全面发展的首要保障，而水是社会发展的引领要素。

8.2.3　理论意义

1. 扩展空间

河湖公园概念扩展了保护地概念的空间范围。河湖公园开放性空间范围区别于自然保护地封闭性空间范围。河湖生态系统开放性极强，其组成要素与周围环境相互作用，形成了一个生命共同体；河湖的流域和社会的区域是交织在一起的，而且自古以来人类就是逐水而居、依水而居、择水而居的。要像对待自然保护地一样，采取封闭方式对待河湖是不可能的，也是不恰当的，更不符合人类发展规律。只有少量河湖区域可以完全封闭，如小面积的水源地。因此，河湖公园概念承认了河流与区域空间交织性的存在，空间范围拓展到河流、湖泊及其沿岸山林、农田、城市（村镇）水岸等。

河湖公园概念不同于水利风景区概念的空间范围。水利风景区 2004 版定义主要关注水体和水利工程，并依据此条件而考虑它们的作用和功能；该定义只关注了河湖的资源特征，而割裂了水体、水利工程与周边陆域空间的内在联系，忽视了河湖空间的连续性特征。河湖公园概念涵盖了水利设施形成的各种水体及周边范围，从水面、水利工程扩展到岸线和沿河陆地，关注涉水空间。在保护性利用河湖岸线资源和水资源的基础上，河湖公园进一步综合利用河湖及其沿岸的人文资源及其景观资源。

2. 扩展功能

河流生态系统包括河流水体、河岸区域、生物体等各要素，其与周边环境时刻发生着复杂的物质流动与能量循环，能将输入的物质能量转化并输出，处于动态平衡。河湖公园具备生态、生产、生活的“三生”功能，而自然保护地主要强调生态保护的“一生”功能，两者形成鲜明对比。水库是典型的水利工程，其库区、坝区、灌区等构成一个自然-人工连续体。库区主要提供生态功能，灌区则主要提供生产、生活功能。随着灌溉功能减弱，许多水库的下游区域也就成为生态空间。即使单个水库的库区，其水体也有水资源保护、生态养殖、水面游憩等多种功能。河湖公园建设的目的，就是要充分发挥河湖的“三生”功能。通过充分利用河湖生态系统提供的多元服务价值，开展科普教育、观光游憩、科研科普等各项活动。

对于绝大多数自然保护地，生态保护与城乡居民区发展之间是一种非此即彼的互斥关系。为了保护自然保护地中的生态系统、物种和基因，大多数国家通过自然保护地居民外迁的方式，将人类生产、生活空间让位于自然保护的生态空间。例如，美国的国家公园内基本没有人类居住，中国的大部分国家级自然保护区也大多将当地居民外迁。河湖公园与城乡居民区之间更多是一种交融关系，城乡居民区周边有河湖公园，河湖公园周边有居民区甚至内部也有居民区，这由水资源分布特点和河流连通性决定。

3. 拓展领域

从语言的角度来看，一个概念又可以分为形式表达和思想内容两个方面。水利风景区概念的出台就是一个专业部门的管理行为，语言形式充分体现了部门的工程属性和技术特点。尤其水利风景区分类更是依据水利建设工程特点，分为水库、城市河湖、自然河湖、灌区、湿地、水土保持型六种类型。虽然概念外延彰显了行业特点和技术意蕴，但会使社会普通公众难以接受水利风景区。

一是河湖公园概念的语言形式强调了保护对象的可辨识性。突出“河湖”作为保护和管理对象，语言形式更加清晰明了。河湖是一种基本地理单元，也是人们认识自然的开始，中国古代的启蒙读物《三字经》中就有“四渎”（江、河、淮、济），《幼学琼林》中有“五湖”（鄱阳湖、青草湖、丹阳湖、洞庭湖、太湖）。河湖也是一种地理坐标：以黄河为参照系，有了河南、河北两省；以洞庭湖为参照系，有了湖南、湖北两省。

二是河湖公园概念让江河湖泊从行业和技术属性回归社会和科学属性。相比水利风景区概念语言形式，河湖公园概念语言形式已经跨越技术语言和部门语言，更多采用社会和科学的科普方式表达河湖保护和治理。当今社会，科普的重要性毋庸置疑，习近平总书记在“科技三会”上明确指出“科技创新、科学普及是实现创新发展的两翼，要把科学普及放在与科技创新同等重要的位置”。科普是科技大众化的过程和手段，把晦涩难懂的科学原理和技术知识，用浅显易懂的语言传递给社会公众群体，从而达到传播科学理念和精神的目的（王康友，2015）。河湖公园概念的提出，就是希望将一个管理部门的水利问题变成全社会的河湖问题，从而推动社会河湖保护的创新发展。

对创新探索而言，某一个概念的产生、演变就是一种表征。河湖公园概念的提出是一个继承和发展的过程，也是对河流保护与治理的认识逐步深入的过程。但是，河湖公园概念及其管理等许多关键问题有待进一步深化，如河湖公园的类型划分和河湖公园治理等。另外，各地和各个领域还将根据新时代高质量发展的要求，提出河湖治理其他新概念并赋予河湖保护新内涵。浙江省在河湖公园的基础上，又提出了“康美河湖公园”（张跃西等，2020），这无疑是对河湖公园概念的继承和发展。

8.3　资源基础

8.3.1　河湖资源类型

四川省河流众多，水系纵横交错，有众多以河湖为代表的自然资源与以水利工程为代表的水文化资源，为河湖公园体系构建奠定了良好的环境基础。

1. 河湖资源

四川省主要可以分为两大流域，分别是长江流域和黄河流域。长江和黄河的流域面积分别占全省面积的96.5%和3.5%。其中，长江水系包括长江干流水系、金沙江水系、岷江水系、沱江水系、嘉陵江水系、雅砻江水系。四川省长江流域面积为46.7万km^2，占整个长江流域面积的1/4。长江共有九条一级支流，其中有五条在四川省境内。川西北高原区的白河、黑河等 7 条支流属于黄河水系。四川省流域面积在 100km^2 及以上的河流有 1368 条，总长度为 8.50 万 km；流域面积在 1000km^2 及以上的河流有 150 条，总长度为 4.13 万 km；流域面积在 10000km^2 及以上的河流有 20 条，总长度为 2.30 万 km。

此外，四川省湖泊众多，有以著名的泸沽湖、邛海、马湖为代表的 1000 多个湖泊。

2. 水利工程

根据《2020 中国水利统计年鉴》，截至 2019 年底四川省已建成各类水库 8220 座，总库容为 523 亿 m^3。此外，灌区、水坝、堤防、泵站等其余已建的水利工程数量众多，类型丰富。几千年来，全省建成的水利工程已有上百万处。四川省水利工程开发较早，可追溯到 4000 年前。2014 年，考古人员在成都市温江区公平镇发现了一处距今 4000 年左右的水利设施——护岸堤。

8.3.2 河湖资源特征

1. 人水和谐，孕育天府之国

四川省水资源极为丰富，以都江堰为代表的水利工程极大满足了巴蜀大地生产、生活、生态的用水平衡需求，因而四川被冠以“天府之国”的美誉，是人水和谐的典范。人与水、水与城的关系和谐有度，水养育了城，城呵护了水。府南河综合整治工程获得了“联合国人居奖”、国际环境先驱委员会“地方首创奖”、联合国“改善居住环境最佳范例奖”等国际大奖；成都活水公园是环境治理的成功案例，向人们演示了水与自然界由“浊”变“清”、由“死”变“活”的生命过程，获得“世界上第一座城市的综合性环境教育公园”荣誉称号。

2. 蜀水文化博大精深，上善之区

水出高原、水穿峡谷、水过丘陵、水经平原，催生了四川省的藏羌文化、巴文化、蜀文化。自古就有“治水兴蜀”的说法，巴蜀文明以治水文化为先导，大禹治水、开明治水、李冰治水的三个里程碑，构成蜀水文化的时间逻辑（刘冠美等，2014），逐渐形成“道法自然、适度干预、生态平衡、人水和谐”的治水理念。都江堰、汉代蒲江大堰、绵竹市官宋硼堰（官渠堰、硼砂堰、宋家堰的合称）、石亭江古堰、彭州市湔江堰等水利遗址皆具悠久历史，承古启今。

其中，世界文化遗产都江堰为千年系统水利工程，使成都平原成为水旱从人、沃野千里的“天府之国”，其是迄今为止全世界年代最久、唯一留存、以无坝引水为特征的宏大水利工程。2000 多年来，都江堰一直发挥着巨大作用，不愧为世界文明的伟大杰作，造福人民的伟大水利工程。历史悠久、内蕴深厚的蜀水文化是四川省水利风景区发展最宝贵的财富。

8.4　总体布局

8.4.1　空间布局

根据国家战略目标和四川自然地理特征、区位交通条件、经济发展水平、河湖资源禀赋、旅游发展布局等实际情况，基于河湖资源特色，《四川省水利风景区（河湖公园）建设发展规划（2016～2025 年）》确定四川省河湖公园发展的目标、战略和时空布局，特别提出“流域＋区域”的发展思路、“一极引领，三区协同，四轴辐射，六带支撑”的空间发展格局和“重点风光带-重点市-重点县”的河湖公园建设重点区域。

1. 一极

“一极”指成都平原水利风景区发展极。依托该区丰富的河湖资源、发达的经济和突出的区位优势，以成都平原城市群和大成都旅游经济增长极的建设为契机，按照“立足城市、整合区域、挖掘内涵、高端定位”的思路，适度增加河湖公园数量，优化河湖公园结构（图 8-1），深入挖掘、展示和弘扬蜀水文化，丰富河湖公园文化内涵，完善河湖公园旅游要素，提升河湖公园品质，重点建设若干精品河湖公园，形成高低搭配、类型多样、协同发展的区域一体化发展格局。把该区建成蜀水文化科普核心区，打造水景观优美、人与水和谐、富有时代魅力的世界水利遗产旅游目的地和水利休闲度假旅游目的地，展示四川省水利发展成就，助推水生态文明示范城市群建设，打造西部最大的水生态文明城市示范区，引领全省河湖公园事业发展。

2. 三区

“三区”指四川盆地城市河湖与水库型片区、川西高山高原自然河湖型片区、川西南山地水库型片区。对于四川盆地城市河湖与水库型片区，依托丰富的河湖风景资源、优越的区位优势和雄厚的经济基础，以科学治水、人水和谐和治水兴蜀的理念为导向，协调处理好人水矛盾，改善水环境；以优化格局、品牌建设和区域合作为重点，统筹推进区域内河湖公园开发建设。对于川西高山高原自然河湖型片区，规划对该区河湖资源进行保护式开发，在做好做足河湖资源保护工作的前提下，抓住川西北生态经济区、环贡嘎生态旅游区和亚丁香格里拉旅游区的建设机遇，挖掘包装藏羌文化、藏传佛教文化和高原风情，高标准、高要求开发水利生态旅游项目。对于川西南山地水库型片区，依托区域内较丰富的河湖风景资源、独特的阳光资源和神秘的攀西大裂谷奇观，以水库型河湖公园为发展重点，深入挖掘和整合彝族文化，推进河湖资源景区化，大力建设一批河湖公园；切实做好河湖公园水土保持工作，改善交通条件，完善旅游设施配套，加强产业融合。

根据四川省自然地理空间特征、经济发展水平、区位条件、城市发展、水利风景区分布、旅游发展布局等因素，四川省水利风景区总体布局为“一极三区四轴六带”，形成“一极引领，三区协同，四轴辐射，六带支撑”的发展格局。

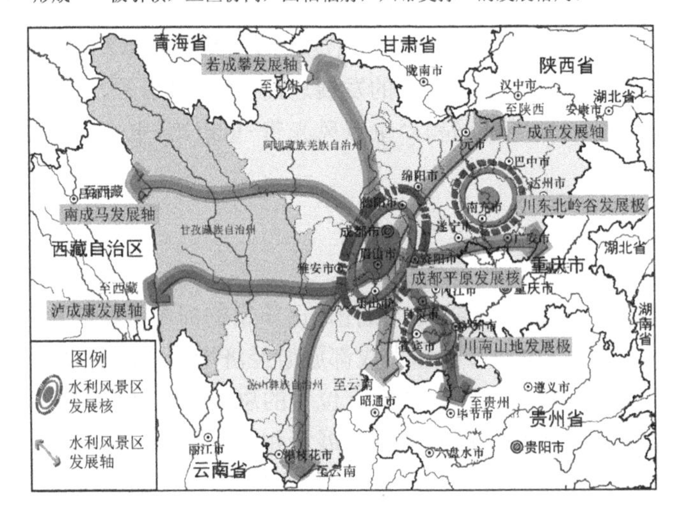

一极：
成都平原水利风景区发展极；

四轴：
四条发展轴以成都为中心，构成辐射全川、连通全国的两纵两横发展格局。

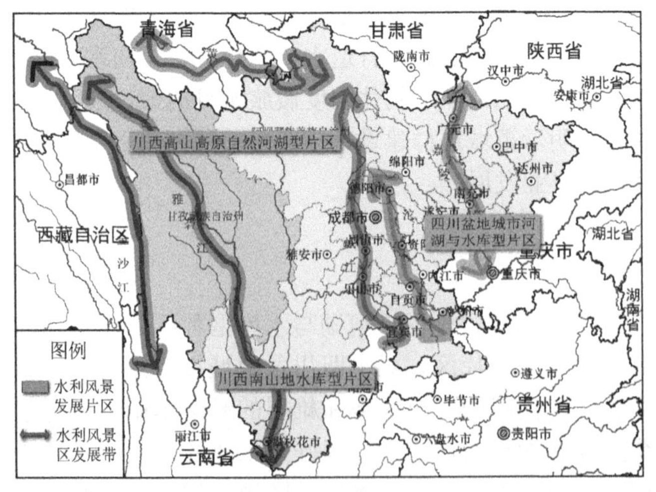

三区：
四川盆地城市河湖与水库型片区，川西高山高原自然河湖型片区、川西南山地水库型片区；

六带：
嘉陵江生态保护带、沱江生态保护带、岷江生态保护带、雅砻江生态保护带、金沙江生态保护带、黄河生态保护带。

图 8-1　四川省河湖公园空间结构示意图

3. 四轴

“四轴”指规划四条河湖公园发展轴线：以成都为中心，以交通干线为轴，以城镇为依托，构成辐射全川、连通全国的两纵两横发展格局。其中，两纵为若成攀发展轴和广成宜发展轴；两横为南成马发展轴和泸成康发展轴。

4. 六带

“六带”是指规划六个河湖生态系统保护与修复带状区域：嘉陵江生态保护带、沱江生态保护带、岷江生态保护带、雅砻江生态保护带、金沙江生态保护带、黄河生态保护带。其旨在打造六条以干流为基础的生态保护带，形成筑牢四川省生态文明建设的六个支撑带，形成长江、黄河上游生态屏障示范窗口建设的重要骨架，为长江经济带的建设和长江、黄河流域生态环境的修复造血、输血。

8.4.2 等级结构

1. “重点风光带-重点市-重点县”的尺度等级

本研究以“重点风光带-重点市-重点县”为尺度等级，对全省的河湖公园建设进行空间布局。实施重点突破，打造 3 条重点风光带、12 个河湖公园建设重点市（州）、69 个河湖公园建设重点县（市、区）（图 8-2）。实行区、市、县联动，以政府为主导，重点风光带主抓合作，重点市县主抓落实，构建“重点风光带-重点市-重点县”三级区域发展等级结构，全面推进四川省河湖公园的发展。以构建人水和谐的锦绣岷江风光带、千里嘉陵江风光带、多彩长江风光带为目标，以成都、乐山、宜宾、泸州、广元、南充、广安、攀枝花等为节点，构建全流域合作机制，推进全流域的河湖公园建设，形成各类型河湖公园全覆盖的大流域发展格局（表 8-2）。

锦绣岷江风光带：玉垒峨眉秀，岷江锦水清。都江堰是岷江文化的精髓，而岷江可以说是蜀水文化的精髓，是川蜀之轴。岷山、岷江可称为四川的神山圣水。规划以成都为核心，贯穿四川南北，整合沿线旅游资源，挖掘蜀水文化，开发岷江丰富的水利风景资源，沟通长江水利风光带，打造岷江全流域型河湖公园走廊。

千里嘉陵江风光带：千里嘉陵江水色，含烟带月碧于蓝。四川美景之胜在嘉陵江，上游有九寨、黄龙，中游有第一江山阆中、第一桑梓蓬安、第一曲流高坪，可堪为川渝之轴、巴渝之轴。规划整合广元、南充、广安三市河湖资源，做好嘉陵江水文章，全力塑造推广“千里嘉陵江”旅游品牌，建设嘉陵江全流域景观廊道，打造千里嘉陵江风光带。

重点风光带

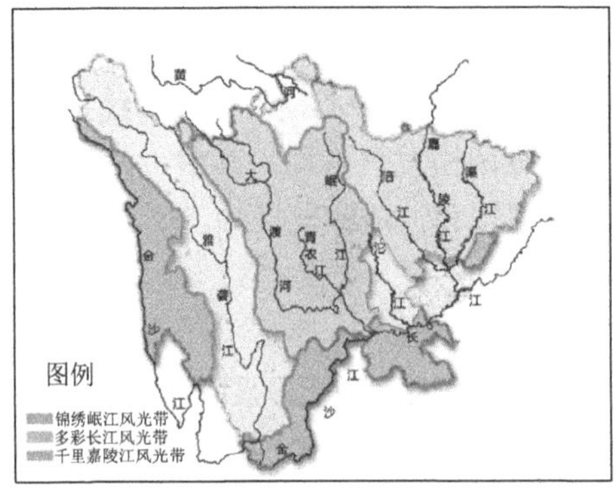

规划岷江、嘉陵江、长江三大重点流域，以建设人水和谐的锦绣岷江风光带、千里嘉陵江风光带、多彩长江风光带为目标，以成都、乐山、宜宾、泸州、广元、南充、广安、攀枝花等为节点，构建水利风景区合作机制，推进水利风景区建设，形成大流域水利风景区发展格局。

重点城市

规划综合考虑水利风景资源、区位、经济基础等水利风景区开发因素，遴选10个沿江节点水利风景区建设重点城市（地级市），即成都市、绵阳市、乐山市、泸州市、达州市、巴中市、南充市、广安市、广元市、雅安市。

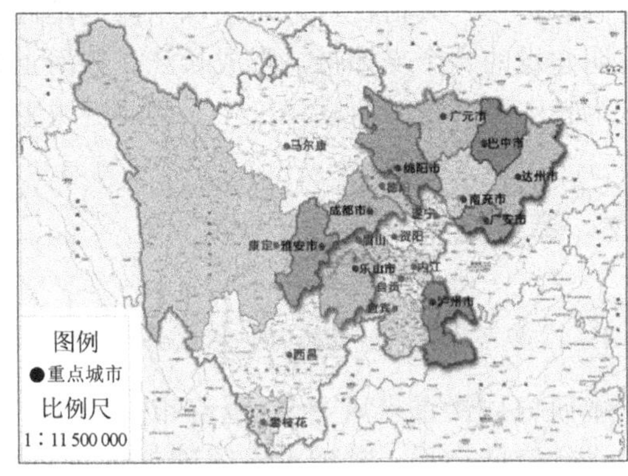

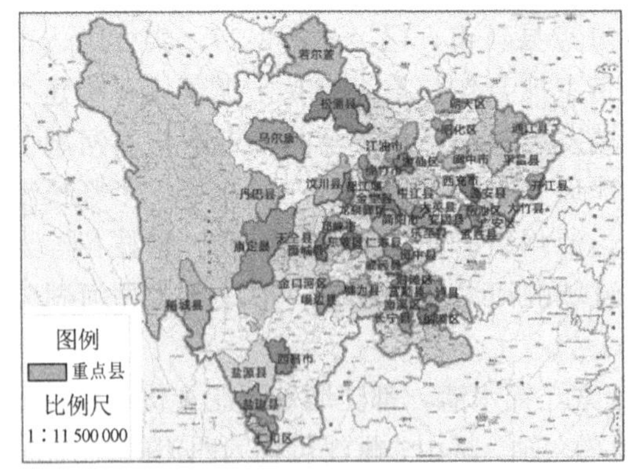

重点县

规划遴选了50个水利风景区建设重点县（包含县级市、区）。这些重点县应尽快成立水利风景区建设领导机构，编制本县水利风景区发展规划，积极开展水利风景区创建工作。

图 8-2　四川省河湖公园等级结构示意图

表 8-2　四川省三大河流风光带及节点城市

三大河流风光带	节点城市
锦绣岷江风光带	阿坝、成都、眉山、乐山、宜宾
千里嘉陵江风光带	广元、南充、广安
多彩长江风光带	攀枝花、宜宾、泸州

多彩长江风光带：包括金沙江和长江四川段。绿水、青山、白酒、红色文化、神秘藏文化是多彩长江的真实写照。规划以“长江黄金水道”为横轴，抓住四川省长江经济带综合立体交通走廊建设机遇，以攀枝花、宜宾、泸州为辐射全川腹地的重要节点，构建四川通江达海的水运风光廊道，开发水上、滨水观光休闲旅游产品，打造长江最美生态岸。

2. “一般河湖公园—重点河湖公园—精品河湖公园”的质量等级

坚持河湖公园发展的梯次推进原则，构建“一般河湖公园—重点河湖公园—精品河湖公园”的河湖公园发展质量等级结构。以一般河湖公园为基础，突出重点，打造精品河湖公园，示范引领四川省河湖公园的整体发展。规划期内，四川省共规划打造 18 个精品河湖公园、60 个重点河湖公园，其余 358 个为一般河湖公园。

8.4.3　建设时序

1. 近期（2016～2020 年）

近期主要着眼于改变河湖公园数量不够、类型不合理、特色不鲜明的河湖公园发展现状，为河湖公园快速提升与改善阶段。规划以“数量合理、结构均衡、突出特色、人水和谐”为四川省河湖公园建设和发展的基本原则，继续大力发展水库型河湖公园，重点建设一批能够突出四川特色和优势的城市河湖型、自然河湖型、灌区型和湿地型河湖公园，大力培育其他潜力较大和发展条件较好的河湖公园，形成覆盖全省主要河流、湖泊和大中型水利工程及其服务区域的河湖公园，形成城、郊、乡及点、线、面相结合的河湖公园布局。

2. 中远期（2021～2035 年）

中远期以建设与四川省河湖资源地位相符的河湖公园强省为目标，在数量、质量、结构上都应实现全面突破。中远期再使 28 个省级水利风景区争创为河湖公园，使 164 个景区争创进入省级水利风景区序列，继续开发增加一批新的一般水利风景区，满足城乡居民休闲、游憩等物质文化生活需要，为河湖公园强省建设奠定基础。

8.5　试 点 创 建

8.5.1　主要任务

1. 打造安全河湖

始终坚持把人民群众生命、财产安全放在首位，全面系统考虑河湖公园的防洪安全和运行安全，重点支持河湖公园建设地区和单位，统筹推进河湖堤岸、河湖清淤、阻水建筑物拆除、安全管护设施建设。紧密结合江河湖库水系连通、中小河流治理、水资源保护、水土保持、河湖生态修复、灌区改造、病险水库（水闸）安全鉴定和除险加固、山洪灾害防治等水利工程建设，加强河湖公园基础设施建设。建立健全河湖公园建设和管理体制机制，实行制度化、标准化、法制化管理，提高安全管理水平。

2. 打造生态河湖

始终坚持生态优先、绿色发展，根据区域水资源条件、水环境状况以及水系分布和工程布局特征，推进水生态修复和水环境改善，加强保护性生态、绿化等基础设施建设，将绿色发展理念融入河湖公园规划建设全过程。实施区域水生态环境综合治理，加强河湖水域岸线保护管理，切实保障河湖涵养水源、保护生态的主体功能，力争建设一项工程、优化一片环境、营造一处美景。

3. 打造文化河湖

按照“依托资源、合理布局、突出特色、打造精品”的要求，紧密结合水利、生态、环境、旅游及文化等要素建设河湖公园，严防盲目开发和低水平重复建设。加强水利工程、水生态环境和自然文化遗产保护利用，加强水利法规及科技宣传，充分发挥蜀水文化优势，建设一批水文化博览馆和水科普教育基地，开发水文化产品，打造蜀水文化风光带。

4. 打造开放河湖

始终坚持开放包容的发展理念，转变传统观念，打破思维定式，将河湖公园资源的保护、利用与水生态文明建设、美丽乡村建设、全域旅游发展、现代农业开发等工作相结合。促进河湖公园经济、社会、生态等综合效益充分发挥在河湖公园建设中，既坚持以自然生态资源为基础，又充分考虑社会发展和人的需要；既统筹自然生态的各个要素，又为人们提供休闲、娱乐、旅游、度假、养生空间，为人民群众打造身边的河湖。建立健全河湖公园投融资和运营管理体制机制，积极引进社会资本、市场主体参与河湖公园建设管理，推动文化创意、学研科普、自然教育、山水康养等新兴产业实现新的发展。

8.5.2 组织实施

1. 做好资源调查

各地要深入分析新时代社会大众对良好水生态环境和绿色公共产品的需求，

紧紧围绕河湖公园建设发展定位，依据国家主体功能区划、水功能区划和生态保护红线制度有关要求，对照《四川省河湖公园评价规范》，全面开展河湖公园河湖资源调查，做好资源价值评估。确定河湖公园建设试点储备和建设时序，谋划符合绿色发展要求和建设美丽四川实际的发展模式。

2. 稳步推进创建

各地要按照《四川省水利风景区（河湖公园）建设发展规划（2016～2025年）》提出的建设任务、建设时序，结合地方实际开展河湖公园试点建设。要以点带面，稳步推进河湖公园申报、建设和管理工作。有条件的地区由地方政府参照《四川省河湖公园评价规范》完善河湖公园的建设，向四川省水利厅申报创建。经四川省水利厅组织专家评审并按程序审议通过后公示、批复。要加强河湖公园建设发展规划管理，确保水工程、水资源、水环境和水生态安全。

3. 强化制度保障

适时出台《四川省河湖公园管理办法》，抓紧开展河湖保护、管理和合理利用的地方法律法规修订，建立和完善政府部门的协作机制、社会参与机制和以财政投入为引导的多元化投入机制。对经营主体实行差别化管理，建立健全生态保护补偿机制，为河湖公园建设提供强有力的制度保障。

4. 加强项目支撑

各级水利部门要主动向党委及政府报告，积极争取发展改革委、财政、自然资源、生态环境、住建、农业农村、文化旅游等部门的支持，形成齐抓共管的工作格局。要安排一定数量的引导奖励资金，专门用于河湖公园的公益性配套基础设施建设，要紧密结合江河湖库水系连通、中小河流治理、水资源保护、水土保持、河湖生态修复、灌区改造、病险水库（水闸）除险加固、山洪灾害防治等水利工程建设，开展河湖公园基础设施建设。要在水利工程项目论证、规划、设计环节统筹考虑河湖公园建设，加强河湖公园安全标识、警示系统等设施建设，重点加强水利科普教育设施建设，提高河湖公园科技含量。

5. 规范监管体系

坚持保护优先、绿色发展的建设理念，实行破坏生态环境“一票否决制”，从源头把好河湖生态保护关。开展《四川省河湖公园评价规范》地方标准有效执行和宣贯工作。进一步完善河湖公园建设相关地方标准，不断提高评价的科学性、合理性。研究出台河湖公园建设复核监管办法，充分利用信息化手段建立动态监管平台，推动河湖公园建设的良性发展。引入第三方评估机制，加强对政策落实的监督和推动，建立定期复核淘汰机制，使河湖公园建设有进有出、优胜劣汰、良性循环。

8.5.3 保障措施

1. 加强组织领导

各地要进一步提高认识，加强领导，把河湖公园建设发展纳入乡村振兴战略和河长制湖长制工作，统一谋划，统一部署，统一推进，统一考核。要明确管理职能，完善组织机构，健全工作机制，逐级建立工作目标责任制，建立部门协调合作机制，及时解决实施过程中出现的问题。为确保建设顺利推进，要加大政策支持、资金支持和监督指导力度，解决好河湖公园发展中的重大问题。市（州）、县（市、区）要有相应的领导机构，并建立河湖公园发展目标体系、考核办法、奖惩机制，明确和落实河湖公园建设责任。

2. 加强规划引领

各地应根据《四川省水利风景区（河湖公园）建设发展规划（2016～2025 年）》，紧密结合当地实际，统筹布局和用地规模，编制切实可行的河湖公园建设发展规划或实施方案，由市（州）水行政主管部门牵头、会同有关部门共同编制，经市（州）人民政府审批后报水利厅备案。规划编制要以国民经济和社会发展规划为依据，与水利发展规划、文化旅游发展规划、城乡发展总体规划相协调，与土地、交通、生态环境、文物保护等规划相衔接。

3. 完善管理体制机制

各地要建立健全河湖公园管理体制机制，推动精品建设，发挥示范带动作用，提升智能化管理水平，加强河湖公园动态监管。逐步健全河湖公园安全保障和监督管理体系，完善河湖公园资源管理体制机制，提升资源保护与管理能力。要将河湖公园建设纳入水利、文化旅游、生态环境、住建、交通、林草等有关规划及设计和建设管理工作中。推动各地制定完善相关保护和管理的规章制度，明确河湖公园资源保护的责任主体和管理职责。

4. 建立科学的投入机制

鼓励打破行政区划和行业限制，建立部门协调机制，推进河湖公园的共建、共管、共享。各地要建立健全长效、稳定的多元化资金投入机制和奖励制度，落实河湖公园维护管理经费和必要的工作经费。要充分发挥政府主导作用，将河湖公园的资源和生态环境保护纳入公共财政投入领域，保障河湖公园公益性功能的正常发挥。统筹水利、民政、自然资源、生态环境、文化旅游、住建、交通、农业、林草、新农村建设等项目资金，完善河湖公园基础设施和服务设施；要合理整合水利行业相关项目资金，开展河湖公园建设地区生态治理，不断探索创新投入模式；积极争取有关税收优惠政策，鼓励和引导社会资本参与河湖公园建设。适度推广政府与社会资本合作模式和企业股份制合作模式等，拓展河湖公园融资渠道。

5. 提升技术支撑能力

鼓励与高校、科研院所联合共建，培育河湖公园建设与发展的研究团队，建设人才、学科、科研三位一体的发展平台，打造河湖公园高端智库。针对河湖公园建设管理涉及的体制机制、运营管理模式和专项技术等关键问题，开展专题研究，为河湖公园健康发展提供技术支撑。在河湖公园建设和管理过程中强化水利新技术的应用，以新一代互联网、物联网信息技术为支撑，开展河湖公园资源环境监测和信息化数据平台建设，推动河湖公园监督管理信息数据库系统建设，实现实时动态监管。以河湖现代化建设为导向，推动河湖大数据运用与管理。强化省市县联动管理和公众参与社会化管理，形成“智慧管水”“智慧治水”的河湖管理保护工作新局面。

6. 加强培训和宣传

进一步做好河湖公园人才发展规划，积极引进规划、设计、建设、管理、经营等方面的专业人才。加大对管理团队和从业人员经营管理、市场营销、水环境保护、安全卫生、水文化等专业知识和技能的培训力度。创新宣传形式，利用各类媒体加大河湖公园宣传力度，提升推介水平，鼓励公众参与和社会监督，营造良好的河湖公园建设发展环境。

参 考 文 献

蔡庆华，唐涛，刘建康. 2003. 河流生态学研究中的几个热点问题. 应用生态学报，(9)：1573-1577.

蔡晓明. 2002. 生态系统生态学. 北京：科学出版社.

曹欢，高润宏，李梓豪，等. 2014. 草原文化遗址元上都保护地范围界定探讨//2014 中国环境科学学会学术年会. 2014 中国环境科学学术年会论文集. 成都.

曹卫斌，叶朋，赵慧. 2015. 全国河流的密度统计方法. 水利水电工程设计，(2)：53-55.

曹越，龙瀛，杨锐. 2017. 中国大陆国土尺度荒野地识别与空间分布研究. 中国园林，33（6）：26-33.

陈进，黄薇. 2008. 水资源与长江的生态环境. 北京：中国水利水电出版社.

陈湘满. 2000. 美国田纳西流域开发及其对中国流域经济发展的启示. 世界地理研究，(2)：87-92.

陈英瑾. 2011. 英国国家公园与法国区域公园的保护与管理. 中国园林，27（6）：61-65.

程国栋，李新，等. 2019. 黑河流域模型集成. 北京：科学出版社.

董建文，兰思仁，谢祥财，等. 2017. 水利风景区蓝皮书：中国水利风景区发展报告（2017）. 北京：社会科学文献出版社.

董青，兰思仁，谢祥财，等. 2019. 水利风景区蓝皮书：中国水利风景区发展报告（2019）. 北京：社会科学文献出版社.

董哲仁. 2009. 河流生态系统研究的理论框架. 水利学报，40（2）：129-137.

窦明，马军霞，胡彩虹. 2007. 北美五大湖水环境保护经验分析. 气象与环境学，(2)：20-22.

杜建国，叶观琼，周秋麟，等. 2015. 近海海洋生态连通性研究进展. 生态学报，35（21）：6923-6933.

多布娜. 2011. 水的政治. 强朝晖，译. 北京：社会科学文献出版社.

方国华，戚核帅，闻昕，等. 2016. 气候变化条件下 21 世纪中国九大流域极端月降水量时空演变分析. 自然灾害学报，25（2）：15-25.

冯美丽，张志新，张琳琛，等. 2019. 人口城乡分布和出生率、死亡率、自然增长率的聚类分析. 统计与决策，35（13）：106-110.

冯英杰，吴小根，张宏磊，等. 2018. 江苏省水利风景区时空演变及其影响因素. 经济地理，38（7）：217-224.

弗罗斯特，霍尔. 2014. 旅游与国家公园：发展、历史与演进的国际视野. 王连勇，译. 北京：商务印书馆.

付励强，孔石，宗诚，等. 2015. 中国湿地保护区与湿地公园空间分布差异. 湿地科学，13（3）：356-363.

顾方哲. 2013. 欧洲古建筑保护体系的形成和启示. 山东大学学报（哲学社会科学版），(3)：

141-148.
郭军. 2007. 美国大坝安全管理现状分析及启示. 中国水利水电科学研究院学报，(4)：247-253.
国家发展改革委，自然资源部. 2020. 全国重要生态系统保护和修复重大工程总体规划（2021—2035 年）. [2023-2-20]. http://www.gov.cn/zhengce/zhengceku/2020-06/12/content_5518982.htm.
国务院第三次全国国土调查领导小组办公室，自然资源部，国家统计局. 2021. 第三次全国国土调查主要数据公报. [2021-09-20]. http://www.gov.cn/xinwen/2021-08/26/content_5633490.htm.
韩光辉. 1998. 清初以来围场地区人地关系演变过程研究. 北京大学学报（哲学社会科学版），(3)：138-139，141-149.
何思源，苏杨. 2019. 原真性、完整性、连通性、协调性概念在中国国家公园建设中的体现. 环境保护，47（Z1）：28-34.
侯仁之. 1987. 历史文化名城保护与建设. 北京：文物出版社.
胡锦矗. 2005. 四川唐家河、小河沟自然保护区综合科学考察报告. 成都：四川科学技术出版社.
黄丽玲，朱强，陈田. 2007. 国外自然保护地分区模式比较及启示. 旅游学刊，(3)：18-25.
黄强，刘东，魏晓婷，等. 2021. 中国筑坝数量世界之最原因分析. 水力发电学报，40（9）：35-45.
季晓翠，王建群，傅杰民. 2019. 基于云模型的滨海小流域水生态文明评价. 水资源保护，35（2）：74-79.
贾绍凤. 2017. 河长制要真正实现“首长负责制”. 中国水利，(2)：11-12.
贾艳艳，唐晓岚，张卓然. 2019. 长江中下游流域自然保护地空间分布及其与人类活动强度关系研究. 世界地理研究，29（4）：1-12.
蒋大林，曹晓峰，匡鸿海，等. 2015. 生态保护红线及其划定关键问题浅析. 资源科学，37：1755-1764.
蒋亚芳，马炜，刘增力，等. 2021. 我国国家公园空间布局规划. 北京林业大学学报（社会科学版），20（2）：1-7.
蒋志刚. 2005. 论中国自然保护区的面积上限. 生态学报，25（5）：1205-1212.
焦怡雪. 2003. 美国历史环境保护中的非政府组织. 国外城市规划，18（1）：59-63.
兰思仁，谢祥财. 2016. 水利风景区蓝皮书：中国水利风景区发展报告（2016）. 北京：社会科学文献出版社.
兰思仁，谢祥财. 2020. 水利风景区蓝皮书：中国水利风景区发展报告（2020）. 北京：社会科学文献出版社.
李迪强，林英华，陆军. 2002. 尤溪县生物多样性保护优先地区分析. 生态学报，22（8）：1315-1322.
李纪宏，刘雪华. 2005. 自然保护区功能分区指标体系的构建研究：以陕西老县城大熊猫自然保护区为例. 林业资源管理，(4)：48-69.
李纪宏，刘雪华. 2006. 基于最小费用距离模型的自然保护区功能分区. 自然资源学报，21（2）：217-224.
李建新. 1998. 德国饮用水水源保护区的建立与保护. 地理科学进展，17（4）：88-97.
李建新，唐登银. 1999. 生活饮用水地下水源保护区的划定方法：英国的经验值法与实例. 地理科学进展，18（2）：59-63.
李鹏，董青. 2014. 水利旅游概论. 北京：高等教育出版社.
李鹏，高亚婷，兰红梅，等. 2021. 基于适应性理念的国外河流保护地政府治理模式演变与对比.

北京林业大学学报（社会科学版），21（2）：60-69.
李鹏，何琳思，赵敏，等. 2017. 基于自然区域特征和生态代表性的加拿大国家公园动态反馈遴选机制. 热带地理，37（74）：569-579.
李鹏，兰红梅，杨鹏，等. 2020a. 基于资源特性的水利风景区分类体系. 水利经济，38（6）：63-67，74.
李鹏，李贵宝. 2021. 中国生态文明建设政府治理模式的形成与演进：基于河长制概念史. 云南师范大学学报（哲社版），53（74）：131-140.
李鹏，李洪波，代燕. 2012. 中国水利风景区发展的思考. 水利经济，30（1）：63-67，74.
李鹏，起星艳，王强. 2015. 以保护地范式促进水利风景区发展. 水利发展研究，15（11）：7-13.
李鹏，张端，戴向前，等. 2018. 美国荒野风景河流体系发展阶段及其主要影响因素. 南水北调与水利科技，16（6）：178-186.
李鹏，张端，赵敏，等. 2019. 自然保护地非完全中央集权政府治理模式研究：以美国荒野风景河流体系为例. 北京林业大学学报（社会科学版），18（1）：60-69.
李鹏，赵敏，沃森，等. 2020b. 美国荒野风景河流的空间分布特征及其对中国的启示. 地理研究，18（1）：160-179.
李晓华，兰思仁，谢祥财，等. 2018. 中国水利风景区发展报告（2018）. 北京：社会科学文献出版社.
李鑫，田卫. 2012. 基于景观格局指数的生态完整性动态评价. 中国科学院研究生院学报，29（6）：780-785.
李绪红. 2004. “代理人”还是“管家”？——基于国别文化差异的中国国有企业经营者的角色定位. 复旦学报（自然科学版），43（3）：443-448.
李永健. 2019. 河长制：水治理体制的中国特色与经验. 重庆社会科学，（5）：51-62.
李宗礼，李原园，王中根，等. 2011. 河湖水系连通研究：概念框架. 自然资源学报，26（3）：513-522.
连喜红，祁元，王宏伟，等. 2019. 人类活动影响下的青海湖流域生态系统服务空间格局. 冰川冻土，41（5）：1254-1263.
联合国（UN）. 2015. 变革我们的世界：2030 年可持续发展议程. [2021-09-20]. https://www.un.org/zh/documents/ treaty/A-RES-70-1.
联合国教科文组织（UNESCO）. 2013. 联合国水报告. 4 版. 水利部发展研究中心，译. 北京：中国水利水电出版社.
林初学. 2005. 美国反坝运动及拆坝情况的考察和思考. 中国三峡建设，（Z1）：44-57.
林震. 2021. 保持山水生态的原真性和完整性. 人民日报，9 版.
刘冠美，王晓沛，四川省水电政研会，等. 2014. 蜀水文化概览. 郑州：黄河水利出版社.
刘国明，杨效忠，林艳，等. 2010. 中国国家森林公园的空间集聚特征与规律分析. 生态经济，（2）：131-134.
刘海龙，杨冬冬. 2014. 美国《野生与风景河流法》及其保护体系研究. 中国园林，30（5）：64-68.
刘海龙，周语夏，吴书悦，等. 2019. 基于中美比较的中国西部自然风景河流保护. 中国园林，35（11）：59-64.
刘晓娜，刘春兰，张丛林，等. 2021. 青藏高原国家公园群生态系统完整性与原真性评估框架. 生态学报，41（3）：833-846.

刘亚群，吕昌河，傅伯杰，等. 2021. 中国陆地生态系统分类识别及其近 20 年的时空变化. 生态学报，41（10）：3975-3987.
龙笛，潘巍. 2006. 河流保护与生态修复. 水利水电科技进展，26（2）：21-25.
卢琦，赖政华，李向东. 1995. 世界国家公园的回顾与展望. 世界林业研究，8（1）：34-40.
罗庆，李小建. 2019. 基于 VIIRS 夜间灯光的中国城市中心的分异特征及其影响因素. 地理研究，38（1）：155-166.
罗西瑙. 2001. 没有政府统治的治理. 张胜军，刘小林，等，译. 南昌：江西人民出版社.
吕忠梅. 2021. 自然保护地立法基本构想及其展开. 甘肃政法大学学报，（3）：2-14.
马永胜，刘兆孝，王立坤，等. 2009. 水资源保护理论与实践. 北京：中国水利水电出版社.
芒福汀. 2004. 街道与广场. 张永刚，陆卫东，译. 北京：中国建筑工业出版社.
美国环境保护局（EPA）. 2010. 美国饮用水环境管理. 王东，文宇立，刘伟江，等，译. 北京：中国环境科学出版社.
纳什. 2012. 荒野与美国思想.侯文蕙，侯钧，译. 北京：中国环境出版社.
欧阳志云，徐卫华，杜傲，等. 2018. 中国国家公园总体空间布局研究. 北京：中国环境出版集团.
潘竟虎，张建辉. 2014. 中国国家湿地公园空间分布特征与可接近性. 生态学杂志，33（5）：1359-1367.
曲艺，王秀磊，栾晓峰，等. 2012. 基于不可替代性的三江源地区自然保护区评估及空缺分析. 林业科学，48（6）：24-32.
阮仪三. 1995. 中国历史文化名城保护与规划. 上海：同济大学出版社.
阮仪三. 1999. 历史文化名城保护理论与规划. 上海：同济大学出版社.
芮明杰. 2003. 企业经营者的角色：代理人或管家. 上海国资，（3）：13-16.
四川年鉴社. 2019. 四川年鉴 2019. 成都：四川年鉴社.
四川省人民政府. 2018. 四川省生态保护红线方案. [2021-09-20]. https://www.sc.gov.cn/10462/c103044/2018/7/25/2423b65147be466088c0e894284796fd.shtml.
宋国君，高文程，韩冬梅，等. 2013. 美国水质反退化政策及其对中国的启示. 环境污染与防治，35（3）：95-99.
苏海磊，李信茹，陶艳茹，等. 2021. 美国水质标准制定研究及其对中国的借鉴意义. 生态环境学报 2021，30（11）：2267-2274.
苏玉明，赵勇胜. 2004. 湿地保护范围的量化确定方法. 水利学报，（7）：70-73.
孙东亚，赵进勇，董哲仁. 2005. 流域尺度的河流生态修复. 水利水电技术，（5）：11-14.
孙小银，周启星，于宏兵，等. 2010. 中美生态分区及其分级体系比较研究. 生态学报，30（11）：3010-3017.
谭徐明. 2012. 水文化遗产的定义、特点、类型与价值阐释. 中国水利，（21）：1-4.
唐芳林. 2020. 中国特色国家公园体制建设的特征和路径. 北京林业大学学报（社会科学版），19（2）：33-39.
唐芳林，田勇臣，闫颜. 2021. 国家公园体制建设背景下的自然保护地体系重构研究. 北京林业大学学报（社会科学版），20（2）：1-5.
唐小平，张云毅，梁兵宽，等. 2019. 中国国家公园规划体系构建研究. 北京林业大学学报（社会科学版），18（1）：5-13.

王劲峰，廖一兰，刘鑫. 2019. 空间数据分析教程. 北京：科学出版社.
王康友. 2015. 在继承和创新中探索中国特色的科普事业发展. 科普研究，10（6）：5-9.
王强，庞旭，李秀明，等. 2019. 水电梯级开发对河流生境质量及纵向连通性影响评价：以五布河和藻渡河为例. 生态学报，39（15）：5508-5516.
王清义，曹淑敏，李灵军，等. 2021. 水利风景区蓝皮书：中国水利风景区发展报告（2021）. 北京：社会科学文献出版社.
王献溥. 2003. 自然保护实体与IUCN保护区管理类型的关系. 植物杂志，（6）：3-5.
王亦楠. 2021. 小水电整治不能“一刀切拆除”. 中国经济周刊，（14）：100-103.
王亦宁，双文元. 2017. 国外饮用水水源地保护经验与启示. 水利发展研究，17（10）：88-93.
王远飞，何洪林. 2007. 空间数据分析方法. 北京：科学出版社.
魏特夫. 1989. 东方专制主义：对于极权力量的比较研究. 徐式谷，译. 北京：中国社会科学出版社.
魏晓华，孙阁. 2009. 流域生态系统过程与管理. 北京：高等教育出版社.
温战强，高尚仁，郑光美. 2008. 澳大利亚保护地管理及其对中国的启示. 林业资源管理，（6）：117-124.
吴健，胡蕾，高壮. 2017. 国家公园：从保护地“管理”走向“治理”. 环境保护，（19）：30-33.
吴九兴，黄征学. 2021. 构建多维度耕地保护制度体系的探讨. 中国土地，（11）：12-13.
吴雷祥，王卓微，黄伟. 2021. 河流连续体理论研究进展//河海大学，西安理工大学，中国疏浚协会，等. 2021第九届中国水生态大会论文集.
夏继红，陈永明，周子晔，等. 2017. 河流水系连通性机制及计算方法综述. 水科学进展，28（5）：780-787.
肖竞，曹珂. 2019. 英国城乡历史环境保护的要素类型与操作方法. 南方建筑，（1）：19-25.
谢世清. 2013. 美国田纳西河流域开发与管理及其经验. 亚太经济，（2）：68-72.
谢祥财，兰思仁，董青，等. 2015. 中国水利风景区发展报告（2015）. 北京：社会科学文献出版社.
谢祥财，兰思仁，汪升华，等. 2016. 中国水利风景区发展报告（2016）. 北京：社会科学文献出版社.
解钰茜，曾维华，马冰然. 2019. 基于社会网络分析的全球自然保护地治理模式研究. 生态学报，39（4）：1394-1406.
徐聪荣，张朝枝. 2008. 庐山世界文化景观的原真性探讨. 经济地理，28（6）：1045-1048.
徐冬梅，王文川，袁秀忠. 2018. 水文分析与计算. 北京：中国水利水电出版社.
徐菲菲，Fox D. 2015. 英美国家公园体制比较及启示. 旅游学刊，30（6）：5-8.
徐红罡，万小娟，范晓君. 2012. 从“原真性”实践反思中国遗产保护：以宏村为例. 人文地理，26（1）：107-112.
徐敏，马勒宽，王东，等. 2021. 如何推进美丽河湖保护与建设. 中国环境报，3版.
徐再荣. 2013. 20世纪美国环保运动与环境政策研究. 北京：中国社会科学出版社.
许学工，Eagles P F J，张茵. 2000. 加拿大的自然保护区管理. 北京：北京大学出版社.
许映苏. 2009. 洱海清，大理兴. 环境保护，（21）：29-30.
闫正龙，高凡，何兵. 2019. 3S技术在我国生态环境动态演变研究中的应用进展. 地理信息世界，26（2）：43-48.

杨桂山，于秀波，李恒鹏，等. 2004. 流域综合管理导论. 北京：科学出版社.
杨锐. 2003. 美国国家公园的立法和执法. 中国园林，（5）：64-67.
杨锐. 2018. 中国国家公园设立标准研究. 林业建设，（5）：103-112.
杨研，李发鹏，常远，等. 2021. 对美国“拆坝运动”的再认识与再思考. 水利发展研究，21（8）：118-124.
于广志. 2012. 透析美国保护地：保护管理者必读. 圣弗朗西斯科：华媒（美国）国际集团.
俞可平. 2000. 治理与善治. 北京：社会科学文献出版社.
虞虎，钟林生，曾瑜皙. 2018. 中国国家公园建设潜在区域识别研究. 自然资源学报，33（10）：1766-1780.
张朝枝，保继刚，徐红罡. 2004. 旅游发展与遗产管理研究：公共选择与制度分析的视角——遗产资源管理研究评述. 旅游学刊，19（5）：35-40.
张成渝. 2010. 国内外世界遗产原真性与完整性研究综述. 东南文化，（4）：30-37.
张可佳. 2010. 来自美国河流保护的启示找出需求的平衡点. 人与生物圈，（5），70-80.
张路，欧阳志云，徐卫华. 2015. 系统保护规划的理论、方法及关键问题. 生态学报，35（4）：1284-1295.
张益章，周语夏，刘海龙. 2020. 国土尺度河流干扰度评价与空间分布制图研究. 风景园林，27（8）：10-17.
张颖，苏蔚. 2018. 森林生态安全评价探析：以宁夏吴忠市为例. 环境保护，46（Z1）：35-40.
张渝萌，李晶，曾莉，等. 2019. 基于 OWA 多属性决策的生态系统服务最优保护区选择研究：以渭河流域（关天段）为例. 中国农业科学，52（12）：2114-2127.
张跃西，于小迪，胡晓聪，等. 2020. 康美河湖公园的概念与实践探索. 中国水利，（20）：64-65.
张泽钧. 2017. 四川省唐家河自然保护区综合科学考察报告. 北京：科学出版社.
张政. 2018. 浙江探索实行河长制调查. 光明日报，7 版.
张卓群，肖强，王春莉. 2018. 大沽河流域综合治理模式分析. 水资源开发与管理，（12）：1-5.
赵万里，李怀. 2010. 制度设计的原则. 光明日报，10 版.
赵永平，王浩. 2019. 河长制湖长制全面建立. 人民日报，14 版.
赵智聪. 2015. 新西兰保护部成立与改革的过程与特点分析. 中国园林，31（2）：36-40.
赵智聪，庄优波. 2013. 新西兰保护地规划体系评述. 中国园林，29（9）：25-29.
郑易生. 2005. 科学发展观与江河发展. 北京：华夏出版社.
郑志国. 2006. 加拿大环境友好的理念与实践. 岭南学刊，（2）：85-88.
中国日报. 2021. 中国水科院发布《中国河湖幸福指数报告 2020》. [2021-09-20]. https://cn.chinadaily.com.cn/a/202107/26/WS60fe27d2a3101e7ce975b6f7.html.
中华人民共和国水利部. 2004. 水利风景区评价标准（SL 300—2004）. 北京：中国水利水电出版社.
中华人民共和国水利部. 2014. 防洪标准（GB 50201—2014）. 北京：中国计划出版社.
中华人民共和国水利部. 2017. 水利水电工程等级划分及洪水标准（SL 252—2000）. 北京：中国水利水电出版社.
中华人民共和国水利部. 2018. 中国水利统计年鉴 2018. 北京：中国水利水电出版社.
中华人民共和国水利部. 2019. 中国水利统计年鉴 2019. 北京：中国水利水电出版社.
中华人民共和国水利部. 2020. 中国水利统计年鉴 2020. 北京：中国水利水电出版社.

中华人民共和国水利部，中华人民共和国国家统计局. 2013. 第一次全国水利普查公报.
周睿，肖练练，钟林生，等. 2018. 基于中国保护地的国家公园体系构建探讨. 中国园林，34（9）：135-139.
周杨明，于秀波，于贵瑞. 2007. 自然资源和生态系统管理的生态系统方法：概念、原则与应用. 地球科学进展，（2）：171-178.
周语夏，刘海龙. 2020. 国际自然流淌河流保护的政策工具与成效比较. 风景园林，27（8）：42-48.
朱党生，等. 2012. 河流开发与流域生态安全. 北京：中国水利水电出版社.
朱里莹，徐姗，兰思仁. 2017. 中国国家级保护地空间分布特征及对国家公园布局建设的启示. 地理研究，36（2）：307-320.
Gössling S，Hall C M，Scott D. 2020. 旅游和水. 李鹏，何琳思，译.天津：南开大学出版社.
Odum E P，Barrett G W. 2009. 生态学基础. 5 版. 陆健健，王伟，王天慧，等，译. 北京：高等教育出版社.
The H. John Heinz Ⅲ Center for Science，Economics and the Environment. 2008. 退役坝拆除的科学与决策. 蔡跃波，李雷，王士军，盛金保，等，译. 北京：中国水利水电出版社.
Allan J D，Castillo M M. 2007. Stream Ecology：Structure and Function of Running Waters . Berlin：Springer Science & Business Media.
Allan J D，Castillo M M，Capps K A. 2021. Stream Ecology：Structure and Function of Running Waters. Berlin：Springer Science & Business Media.
Altman J C. 2011. Wild rivers and indigenous economic development in queensland. caeprtopicalissue. [2021-02-28]. https://openresearch-repository.anu.edu.au./handle/1885/148998.
Amaia A R，David G，Rafael M. 2020. A new method to include fish biodiversity in river connectivity indices with applications in dam impact assessments. Ecological Indicators，117：106605.
Andrew S P. 2002. Conservation Biology. Cambridge：Cambridge University Press.
Anil A，Marian S A，Ramesh B，et al. 2000. Integrated water resources management. Global Water Partnership Technical Advisory Committee（TAC）. Stockholm，Sweden.
Armsworth P R，Daily G C，Kareiva P，et al. 2006. Land market feedbacks can undermine biodiversity conservation. Proceedings of the National Academy of Sciences of the United States of America，103（14）：5403-5408.
Asaad I，Lundquist C J，Erdmann M V，et al. 2018. Delineating priority areas for marine biodiversity conservation in the Coral Triangle. Biological Conservation，222：198-211.
Atwood W W. 1940. The Physiographic Provinces of North America. Boston：Ginn and Company.
Bailey R G.1988. Ecogeographic analysis：A guide to the ecological division of land for resource management. Washington，D. C.：USDA Forest Service.
Bailey R G.1995. Description of the ecoregions of the United States. US Department of Agriculture，Forest Service.
Baker L，Hope D，Xu Y，et al. 2001. Nitrogen balance for the Central Arizona Phoenix（CAP）ecosystem. Ecosystems，4：582-602.
Banks S A，Skilleter G A. 2007. The importance of incorporating fine-scale habitat data into the design of an intertidal marine reserve system. Biological Conservation，138：13-29.
Barber C P，Cochrane M A，Souzac M，et al. 2014. Roads，deforestation，and the mitigating effect

of protected areas in the Amazon. Biological Conservation，177：203-209.

Baturina N S. 2019. Functional structure of river ecosystems：Retrospective of the development of contemporary concepts（review）. Inland Water Biology，12：1-9.

Bax V，Francesconi W. 2019. Conservation gaps and priorities in the Tropical Andes biodiversity hotspot：Implications for the expansion of protected areas. Journal of Environmental Management，232：387-396.

Blancoa A，de Bustamante I，Pascual-Aguilar J A. 2019. Using old cartography for the inventory of a forgotten heritage：The hydraulic heritage of the Community of Madrid. Science of the Total Environment，665：314-328.

Blumm M C，Yoklic M M. 2019. The wild and scenic rivers act at 50：Overlooked watershed protection. Michigan Journal of Environmental & Administrative Law，9（1）：10

Bockstael N E，McConnell K E，Strand I E. 1989. Measuring the benefits of improvements in water quality：The Chesapeake Bay. Marine Resource Economics，6（1）：1-18.

Bonanomi J，Tortato F R，Santos R，et al. 2019. Protecting forests at the expense of native grasslands：Land-use policy encourages open-habitat loss in the Brazilian cerrado biome. Perspectives in Ecology and Conservation，17（1）：26-31.

Bonham C H. 2000. The wild and scenic rivers act and the Oregon trilogy. Public Land & Resources Law Review，21：109-144.

Börger T，Campbell D，White M P，et al. 2021. The value of blue-space recreation and perceived water quality across Europe：A contingent behaviour study. Science of the Total Environment，771：145597.

Borrini G，Dudley N，Jaeger T，et al. 2013. Governance of protected areas：From understanding to action. Best practice protected area guidelines series（20）. Gland Switzerland：IUCN.

Boston T，Pecora S，Blodgett D，et al. 2019. Water data standards by the hydrology domain working group of WMO and OGC：from development to implementation and adoption. [2021-02-28]. https://external.ogc.org/twiki_public/pub/HydrologyDWG/WebHome/water-data-standards-ISDE11-paper.pdf.

Bottrill M，Pressey R. 2009. Designs for nature：Regional conservation planning，implementation and management. WCPA Best Practice Protected Areas Series，18（7）：4.

Bowker J M，Bergstrom J C. 2017. Wild and scenic rivers. International Journal of Wilderness，23（2）：22-33.

Braun B M，Gonçalves A S，Marques P M，et al. 2018. Potential distribution of riffle beetles（Coleoptera：Elmidae）in southern Brazil：Potential distribution of Elmidae in South Brazil. Austral Entomology，58：646-656.

Browman H，Stergiou K I. 2004. Marine protected areas as a central element of ecosystem-based management：Defining their location，size and number. Marine Ecology Progress Series，274：271-272.

Brum F T，Graham C H，Costa G C，et al. 2017. Global priorities for conservation across multiple dimensions of mammalian diversity. Proceedings of the National Academy of Sciences of the United States of America，114（29）：7641-7646.

Bureau of Land Management. 2012. Policy and program direction for identification，evaluation，planning and management. [2021-02-28]. https://www.blm.gov/sites/blm.gov/files/uploads/mediacenter_blmpolicymanual6400.pdf.

Burnett K，Reeves G，Miller D，et al. 2003. Aquatic protected areas：What works best and how do we know?. Proceedings of the World Congress on Aquatic Protected Areas，Cairns，Australia：144-154.

Canadian Heritage Rivers System（CHRS）. 2004. Your river heritage future：A guide to establishing a Canadian Heritage River. [2021-02-28]. http://parkscanadahistory.com/publications/chrs/your-river-heritage-future-e.pdf.

Canadian Heritage Rivers System（CHRS）. 2008. Canadian heritage rivers system strategic plan 2008-2018. [2021-02-28]. https://chrs.ca/en/strategic-plan-2008-2018.

Canadian Heritage Rivers System（CHRS）. 2010. Building a comprehensive and representative Canadian heritage rivers system：A gap analysis. [2021-02-28]. https://docslib.org/doc/11701610/building-a-comprehensive-and-representative-canadian-heritage-rivers-system-a-gap-analysis-executive-summary.

Canadian Heritage Rivers System（CHRS）. 2013. Canadian heritage rivers system：Charter. [2021-02-28]. https://chrs.ca/en/resources.

Canadian Heritage Rivers System（CHRS）. 2017. Canadian heritage rivers system：Principles，procedures and operational guidelines（PPOG）. [2021-02-28]. https://chrs.ca/en/resources.

Canadian Heritage Rivers System（CHRS）. 2020. Canadian heritage rivers system strategic plan 2020-2030. [2021-02-28]. https://chrs.ca/en/resources.

Carrizo S F，Lengyel S，Kapusi F，et al. 2017. Critical catchments for freshwater biodiversity conservation in Europe：Identification Prioritisation and gap analysis. Journal of Applied Ecology，54（4）：1209-1218.

Chesapeake Bay Foundation. 2014. The economic benefits of cleaning up the Chesapeake：A valuation of the natural benefits gained by implementing the Chesapeake clean water blueprint. [2021-02-28]. https://www.cbf.org/document-library/cbf-reports/FINALBenefitsOfTheBlueprint_Summary20141002e357.pdf.

Clewell A F. 2000. Restoring for natural authenticity. Restoration Ecology，18（4）：216-217.

Corbett T，Clifford C，Lane M B. 1998. Achieving indigenous involvement in management of protected areas：Lessons from recent Australian experience. Centre for Australian Public Sector Management，Griffith University.

Corrigan C，Bingham H C. 2021. The state of Indigenous Peoples' and Local Communities' lands and territories：A technical review of the state of Indigenous Peoples' and Local Communities' lands，their contributions to global biodiversity conservation and ecosystem services，the pressures they face，and recommendations for actions. [2021-02-28]. https://wwfint.awsassets. panda.org/downloads/report_the_state_of_the_indigenous_peoples_and_local_communities_lands_and_territor.pdf.

Corrigan C，Granziera A. 2010. A handbook for the indigenous and community conserved areas registry. UNEP.

Cote D，Kehler D G，Bourne C，et al. 2009. A new measure of longitudinal connectivity for stream networks. Landscape Ecology，24（1）：101-113.

Cynthia Brougher Legislative Attorney American Law Division. 2008. The Wild and Scenic Rivers Act and Federal Water Rights. [2021-02-28]. https://www.rivers.gov/rivers/sites/rivers/files/2023-07/crs-water-rights- 2008.pdf.

David P，Marwa D，Stephen M，et al. 2006. Trans-boundary water cooperation as a tool for conflict prevention and for broader benefit-sharing. Global Development Studies Series. [2021-02-28]. https://www.eldis. org/document/A21193.

Davies S P，Jackson S K. 2006. The biological condition gradient：A descriptive model for interpreting change in aquatic ecosystems. Ecological Applications，16（4）：1251-1266.

Davis J H，Schoorman F D，Donaldson L. 1997. Toward a stewardship theory of management. Academy of Management Review，22（1）：20-47.

Day J，Dudley N，Hockings M，et al. 2012. Guidelines for applying the IUCN protected area management categories to marine protected areas. Gland，Switzerland：IUCN.

Department of the Interior（DOI），National Park Service（NPS）. 2006. Management Policies 2006. [2021-02-28]. https://www.nps.gov/subjects/policy/upload/MP_2006.pdf.

Diedrich J. 2002. Wild & scenic river management reprehensibilities. https://www.rivers.gov/rivers/sites/rivers/files/2023-07/management.pdf.

Diedrich J，Thomas C. 1999. The wild & scenic river study process：Technical report of the Interagency Wild and Scenic Rivers Coordinating Council. Portland，Oregon，and Anchorage，Alaska：Forest Service and National Park Service.

Dixon N. 2005. A framework to protect wild rivers in Queenslandthe Wild Rivers Bill 2005（Qld）. Queensland Parliamentary Library，Research Publications and Resources Section.

Dolezsai A，Sály P，Takács P，et al. 2015. Restricted by borders：Trade-offs in transboundary conservation planning for large river systems. Biodiversity and Conservation，24（6）：1403-1421.

Dudley N. 2008. Guidelines for applying protected area management categories. Gland，Switzerland：IUCN.

Dudley N. 2011. Authenticity in Nature：Making Choices About The Naturalness of Ecosystems. London：Earthscan Publications.

Dudley N，Shadie P，Stolton S. 2013. IUCN guidelines for applying protected area management categories. Gland，Switzerland：IUCN.

Eagles P F J. 2008. Investigating governance within the management models used in park tourism. Tourism and Travel Research Association Canada Conference：1-11.

Edwin M F，John F S. 1970. The Bureau of Outdoor Recreation. Now York：Praeger Publishers.

English Heritage. 2008a. Conservation principles，Policies and Guidance. [2021-02-28]. https://historicengland.org.uk/images-books/publications/conservation-principles-sustainable-management-historic-environment/conservationprinciplespoliciesandguidanceapril08web/.

English Heritage. 2008b. Policies and Guidance for the Sustainable Management of the Historic Environment. London：Her/His Majestys Stationary Office.

English Heritage. 2008c. Conservation Area Appraisal，Designation and Management：Historic England

Advice Note 1（Second Edition）. [2021-02-28]. https://historicengland.org.uk/images-books/publications/conservation-area-appraisal-designation-management-advice-note-1/heag-268-conservation-area-appraisal-designation-management/.

Ennen J R，Agha M，Sweat S C，et al. 2020. Turtle biogeography：Global regionalization and conservation priorities. Biological Conservation，241：1-11.

Faber-Langendoen D，Lemly J，Nichols W，et al. 2019. Development and evaluation of NatureServe's multi-metric ecological integrity assessment method for wetland ecosystems. Ecological Indicators，104：764-775.

Fan M，Shibata H，Chen L. 2018. Spatial conservation of water yield and sediment retention hydrological ecosystem services across Teshio watershed，northernmost of Japan. Ecological Complexity，33：1-10.

Fernandes M D L，Quintela A，Alves F L. 2018. Identifying conservation priority areas to inform maritime spatial planning：A new approach. Science of the Total Environment，639：1088-1098.

Forest Service. 1983. Get this from a library river management analysis. National Wild and Scenic River Systems：Skagit and Snohomish Counties，Washington[2021-02-28].

Forest Service. 1998. https://npgallery.nps.gov/WSR/GetAsset/674e1935-5e8f-4fa4-a465-94543a9c8170/original?.

Forest Service. 2009. https://www.rivers.gov/sites/rivers/files/documents/plans/clarks-fork-plan.pdf.

Fitch E M，Shanklin J F. 1970. The Bureau of Outdoor Recreation . New York：Praeger Publishers.

Fraser R H，Olthof I，Pouliot D. 2009. Monitoring land cover change and ecological integrity in Canada's national parks. Remote Sensing of Environment，113：1397-1409.

Frederico R G，Zuanon J，de Marco P. 2018. Amazon protected areas and its ability to protect stream-dwelling fish fauna. Biological Conservation，219：12-19.

Funk A，Martínez-López J，Borgwardt F，et al. 2019. Identification of conservation and restoration priority areas in the Danube River based on the multi-functionality of river-floodplain systems. Science of the Total Environment，654：763-777.

Geselbracht L，Torres R，Cumming G S，et al. 2009. Identification of a spatially efficient portfolio of priority conservation sites in marine and estuarine areas of Florida. Aquatic Conservation：Marine and Freshwater Ecosystems，19：408-420.

Global Land Analysis & Discovery（GLAD）. 2010. Global 2010 Tree Cover（30m）. https://glad.umd.edu/dataset/global-2010-tree-cover-30-m.

Grillg G，Lehner B，Thiemem M，et al. 2019. Mapping the worlds free-flowing rivers. Nature，569（7755）：215-221.

Habtemariam B T，Fang Q H. 2016. Zoning for a multiple-use marine protected area using spatial multi-criteria analysis：The case of the Sheik Seid Marine National Park in Eritrea. Marine Policy，63：135-143.

Hansen M C，Potapov P V，Moore R，et al. 2013. High-resolution global maps of 21st-century forest cover change. Science，342（6160）：850-853.

Hanson J O，Rhodes J R，Butchart S H M，et al. 2020. Global conservation of species niches. Nature，580（7802）：232-234.

Hanson K. 2008. The wild and scenic st. croix riverway. [2021-02-28]. http://www.georgewright.org/252hanson.pdf.

Hayes T M. 2006. Park，people and forest protection：An institutional assessment of the effectiveness of protected areas. World Development，34（12）：2064-2075.

Hays S P.1994. Forcing the spring：The transformation of the american environmental movement by robert gottlieb. Environmental History Review，18（3）：75-78.

Heathcote I W. 2009. Integrated Watershed Management：Principles and Practice. New York：John Wiley & Sons.

Hedley S G，Agostini V N，Wilson J，et al. 2013. A comparison of zoning analyses to inform the planning of a marine protected area network in Raja Ampat，Indones. Marine Policy，38：184-194.

Hewlett J D. 1982. Principles of Forest Hydrology. Athens：University of Georgia Press.

Historic England. 2019. Conservation Area Appraisal，Designation and Management：Historic England Advice Note 1（Second Edition）. [2021-02-28]. https://historicengland.org.uk/images-books/publications/conservation-area-appraisal-designation-management-advice-note-1/.

Holland R A，Darwall W R T，Smith K G. 2012. Conservation priorities for freshwater biodiversity：The key biodiversity area approach refined and tested for continental Africa. Biological Conservation，148（1）：167-179.

Hua Y，Cui B，He W，et al. 2016. Identifying potential restoration areas of freshwater wetlands in a river delta. Ecological Indicators，71：438-448.

Hughey K，Rennie H，Williamms N. 2014. New Zealands wild and scenic rivers：Geographical aspects of 30 years of water conservation orders. New Zealand Geographer，70（1）：22-32.

Hynes H B N. 1975. The stream and its valley. SIL Proceedings，19（1）：1-15.

Ibisch P L，Hoffmann M T，Kreft S，et al. 2016. A global map of roadless areas and their conservation status. Science，354（6318）：1423-1427.

Interagency Wild and Scenic Rivers Coordinating Council（IWSRCC）. 1996. Protecting resource values on non-federal lands. [2021-02-28]. https://www.rivers.gov/sites/rivers/files/2023-07/non-federal-lands-protection.pdf.

Interagency Wild and Scenic Rivers Coordinating Council（IWSRCC）. 1998. An introduction to wild and scenic rivers. [2021-02-28]. https://www.rivers.gov/sites/rivers/files/2022-06/wsr-primer.pdf.

Interagency Wild and Scenic Rivers Coordinating Council（IWSRCC）. 1999a. Implementing the wild & scenic rivers act：Authorities and roles of key federal agencies. [2021-02-28]. https://www.rivers.gov/rivers/rivers/sites/rivers/files/2023-07/federal-agency-roles.pdf.

Interagency Wild and Scenic Rivers Coordinating Council（IWSRCC）. 1999b. The wild & scenic river study process. [2021-02-28]. https://www.rivers.gov/sites/rivers/files/2023-07/study-process.pdf.

Interagency Wild and Scenic Rivers Coordinating Council（IWSRCC）. 2002. Wild & scenic river management responsibilities. [2021-02-28]. https://www.rivers.gov/sites/rivers/files/2023-07/management.pdf.

Interagency Wild and Scenic Rivers Coordinating Council（IWSRCC）. 2003.Water quantity and quality as related to the management of wild & scenic rivers. [2021-02-28]. https://www.rivers.

gov/sites/rivers/files/2023-07/water.pdf.
Interagency Wild and Scenic Rivers Coordinating Council（IWSRCC）. 2014. Evolution of the wild and scenic rivers act：A history of substantive amendments 1968-2013. [2021-02-28]. https://www.rivers.gov/sites/rivers/files/2023-01/wsr-act-evolution.pdf.
Interagency Wild and Scenic Rivers Coordinating Council（IWSRCC）. 2018. Evaluation of state water quality assessments and the national wild and scenic rivers system. [2021-02-28]. hhttps://www.rivers.gov/sites/rivers/files/2023-07/state-water-quality-assessments.pdf.
Interagency Wild and Scenic Rivers Coordinating Council（IWSRCC）. 2020. Wild and scenic rivers management plan implementation：A river level perspective. [2021-02-28]. https://rms.memberclicks.net/assets/WildandScenic/2020/CRMPFinalReport.pdf.
Interagency Wild and Scenic Rivers Coordinating Council（IWSRCC）. 2022. Interagency wild and scenic rivers coordinating council members. [2021-02-28]. https://www.rivers.gov/sites/rivers/files/2023-07/council-members.pdf
International Union for Conservation of Nature（IUCN）. 1994. Guidelines for Protected Area Management Categories. Gland，Switzerland：IUCN Published.
International Union for Conservation of Nature（IUCN）. 2005. Benefits beyond boundaries：Proceedings of the Vth IUCN world parks congress. IUCN，Gland，Switzerland and Cambridge，UK.
Jacobson A，Riggio J，Tait A，et al. 2019. Global areas of low human impact（low impact areas）and fragmentation of the natural world. Scientific Reports，9：14179.
Januchowski-Hartler S，Pearson R，Puschendorf R，et al. 2011. Fresh waters and fish diversity：Distribution，protection and disturbance in tropical australia. PloS One，6：e25846.
Jeff L，Janet M，Frank C. 2007. What's in Noah's Wallet？Land conservation spending in the United States. BioScience，57（5）：419-423.
Jennings S. 2008. Celebrating 40 years of the wild & scenic rivers act：An evolution of river prot ection strategies. The George Wright Forum，25（2）：15-26.
Jensen C R，Guthrie S. 2006. Outdoor Recreation in America. Champaign. IL：Human Kinetics.
Johnson S D，Birks D J，McLaughlin L，et al. 2007. Prospective crime mapping in operational context，final report. https://www.ojp.gov/ncjrs/virtual-library/abstracts/prospective-crime-mapping-operational- context-final-report.
Jones S. 2009. Experiencing authenticity at heritage sites：Some implications for heritage management and conservation. Conservation and Management of Archaeological Sites，11（2）：133-147.
Kathleen M E. 1989. Building theories from case study research. The Academy of Management Review，14（4）：532-550.
Keddy P A，Drummond C G. 1996. Ecological properties for the evaluation，management and restoration of temperate deciduous forest ecosystems. Ecological Applications，6（3）：748-762.
Keith P. 2000. The part played by protected areas in the conservation of threatened French freshwater fish. Biological Conservation，92（3）：265-273.
Kennedy C M，Oakleaf J R，Theobald D M，et al. 2019. Managing the middle：A shift in conservation

priorities based on the global human modification gradient. Global Change Biology，25（3）：811-826.

Khoury M，Higgins J，Weitzell R. 2011. A freshwater conservation assessment of the Upper Mississippi River basin using a course and fine-filter approach. Freshwater Biology，56（1）：162-179.

Kingsford R T，Biggs H C. 2012. Strategic adaptive management guidelines for effective conservation of freshwater ecosystems in and around protected areas of the world. IUCN WCPA Freshwater Taskforce，Australian Wetlands and Rivers Centre，Sydney.

Kingsford R T J. 2005. Scientists urge expansion of freshwater protected areas. Ecological Management & Restoration，6（3）：161-162.

Klein C，Wilson K，Watts M，et al. 2009. Incorporating ecological and evolutionary processes into continental-scale conservation planning. Ecological Applications，19（1）：206-217.

Knight C. 2019. A potted history of freshwater management in New Zealand. Policy Quarterly，15（3）.

Laurich B，Drake C，Gorman O T，et al. 2019. Ecosystem change and population declines in gulls：Shifting baseline considerations for assessing ecological integrity of protected areas. Journal of Great Lakes Research，45（6）：1215-1227.

Lee T，Julie M. 2003. Guidelines for management planning of protected areas. World Commission on Protected Areas（WCPA），Best Practice Protected Area Guidelines Series No. 10.

Leopold A.1949. A Sand County Almanac and Sketches Here and There. New York：Oxford University Press.

Lerner J，Mackey J，Casey F. 2007. What's in Noah's wallet? Land conservation spending in the United States. BioScience，57（5）：419-423.

Li P. 2017. Proposing a national protected river system in China Ecological Civilization. International Journal of Wilderness，23（2）：64-70.

Li P，Shen M T，Denielle M，et al. 2022. A comparative study on the spatial distribution characteristics and the driving factors of protected river systems between China and the United States of America. Ecological Indicators，135：108505.

Li P，Zhang Y X，Lu W K，et al. 2020. Identification of priority conservation areas for protected rivers based on ecosystem integrity and authenticity：A case study of the Qingzhu River，Southwest China. Sustainability，13（1）：1-23.

Liang J，He X Y，Zeng G M，et al. 2018. Integrating priority areas and ecological corridors into national network for conservation planning in China. Science of the Total Environment，626：22-29.

Liu X N，Liu C L，Zhang C L，et al. 2021. Ecosystem integrity and authenticity assessment framework in the Qinghai-Xizang Plateau national park cluster. Acta Ecologica Sinica，41：833-846.

Madsen K. 1996. Wild Rivers，Wild Lands. Whitehorse，Yukon：Lost Moose，the Yukon Publishers.

Margules C R，Pressey R L. 2000. Systematic conservation planning. Nature，405（6783）：243-253.

Margules C R，Sarkar S. 2007. Systematic Conservation Planning. Cambridgeshire：Cambridge University Press.

Mark M F，Turner K S，West C J. 2001. Integrating nature conservation with hydro-electric development：Conflict resolution with Lakes Manapouri and Te Anau，Fiordland National Park，New Zealand. Lake and Reservoir Management，17（1）：1-25.

McDonald R I，Gneralp B，Huang C W，et al. 2018. Conservation priorities to protect vertebrate endemics from global urban expansion. Biological Conservation，224：290-299.

McGarigal K，Compton B W，Plunkett E B，et al. 2018. A landscape index of ecological integrity to inform landscape conservation. Landscape Ecology，33（7）：1029-1048.

McManamay R A，Bonsall P，Hetrick S C，et al. 2013. Digital mapping and environmental characterization of the national wild and scenic rivers system. Oak Ridge National Laboratory Report ORNL/TM-2013/356.

Mekonnen M M，Gerbens-Leenes P W，Hoekstra A Y. 2016. Future electricity：The challenge of reducing both carbon and water footprint. Science of the Total Environment，569：1282-1288.

Miller P，Ehnes J M. 2000. Can Canadian approaches to sustainable forest management maintain ecological integrity?. Ecological Integrity：Integrating Environment，Conservation and Health：157-176.

Mo K，Chen Q，Chen C，et al. 2019. Spatiotemporal variation of correlation between vegetation cover and precipitation in an arid mountain-oasis river basin in northwest China. Journal of Hydrology，574：138-147.

Montalvo-Mancheno C S，Ondei S，et al. 2020. Bioregionalization approaches for conservation：Methods biases and their implications for Australian biodiversity. Biodiversity and Conservation，29（1）：1-17.

Moran P A P. 1948. The interpretation of statistical maps. Journal of the Royal Statistical Society：Series B（Methodological），10（2）：243-251.

Moran P A P. 1950. Notes on continuous stochastic phenomena. Biometrika，37（1/2）：17-23.

Myers N. 1988. Threatened biotas："hot spots" in tropical forests. Environmentalist，8：187-208.

Myers N，Mittermeier R，Mittermeier C，et al. 2000. Biodiversity hotspots for conservation priorities. Nature，403：853-858.

Nathan S. 2012. Story：Conservation—a history. [2021-02-28]. https://teara.govt.nz/en/conservation-a-history.

National Park Service（NPS）. 2016. Wild and scenic river values workshop. [2022-05-23]. https://npgallery.nps.gov/GetAsset/8e257185-54b3-451f-ab80-c7fb7af2964e/original.

Nel J L，Roux D J，Maree G，et al. 2007. Rivers in peril inside and outside protected areas：A systematic approach to conservation assessment of river ecosystems. Diversity and Distributions，13（3）：341-352.

Nelson J，Pollock-E N，Stroud T. 1994. Landscape planning：Implications of the proposed new ontario heritage act. Heritage Resources Centre University of Waterloo. Waterloo，Ontario.

New Zealand Conservation Authority（NZCA）. 2011. Protecting New Zealand's Rivers. Wellington. [2021-02-28]. https://www.doc.govt.nz/globalassets/documents/getting-involved/nz-conservation-authority-and-boards/nz-conservation-authority/protecting-new-zealands-rivers.pdf.

Nigel D. 2008. Guidelines for applying protected area management categories. Gland，Switzerland：

IUCN.

Ohlsson L，Turton A R. 1999. The turning of a screw：Social resource scarcity as a bottle-neck in adaptation to water scarcity. Occasional Paper Series，School of Oriental and African Studies Water Study Group，University of London：10-11.

Oldham C D C. 1989. Wild and scenic river conservation in New Zealand. Canterbury，the University of Canterbury.

Olson B A. 2010. Paper trails：The outdoor recreation resource review commission and the rationalization of recreational resources. Geoforum，41（3）：447-456.

Outdoor Recreation Resources Review Commission（ORRRC）. 1962. Outdoor recreation for America：A report to the president and to the congress.

Padmalal D，Maya K，Sreebha S，et al. 2008. Environmental effects of river sand mining：A case from the river catchments of Vembanad lake，Southwest coast of India. Environmental Geology，54（4）：879-889.

Palmer T. 1993. The Wild and Scenic Rivers of America. Washington：Island Press.

Palmer T. 2017. A legacy of river. International Journal of Wilderness，23（2）：4-9.

Parks Canada. 1997. National park system plan. [2021-02-28]. https://www.pc.gc.ca/en/pn-np/plan.

Parks Canada. 2017. Canadian heritage rivers system. [2021-02-18]. https://www.pc.gc.ca/en/culture/rivieres-rivers.

Parrisch J D，Braun D P，Unnasch R S. 2003. Are we conserving what we say we are? Measuring ecological integrity within protected areas. BioScience，53（9）：851-860.

Paveglio T B，McGown B，Wilson P I，et al. 2022. The Wild and Scenic Rivers Act at 50：Managers' views of actions，barriers and partnerships. Journal of Outdoor Recreation and Tourism，37：100459.

Paz-Vinas I，Loot G，Hermoso V，et al. 2018. Systematic conservation planning for intraspecific genetic diversity. Proceedings of the Royal Society B：Biological Sciences，285（1877）：1-10.

Peat N. 1995. Manapouri Saved：New Zealands First Great Conservation Success Story. Dunedin：Longacre Press.

Perkin J S，Gido K B. 2012. Fragmentation alters stream fish community structure in dendritic ecological networks. Ecological Applications，22（8）：2176-2187.

Perry D，Harrison L，Fernandes S，et al. 2021. Global analysis of durable policies for free-flowing river protections. Sustainability，13（4）：2347.

Peter A，Helen H. 2015. Changes in the global distribution of protected areas，2003-2012. The Professional Geographer，67（2）：195-203.

Phillips S，Beth M. 2016. Ecosystem service benefits of a cleaner Chesapeake Bay. Coastal Management，44（3）：241-258.

Phillips S W. 2006. U.S. Geological Survey Chesapeake Bay studies：scientific solutions for a healthy bay and watershed. USGS Fact Sheet FS 2006—3046. https://doi.org/10.3133/fs20063046.

Pickens B A，Mordecai R S，Drew A，et al. 2017. Indicator-driven conservation planning across terrestrial，freshwater aquatic，and marine ecosystems of the South Atlantic，USA. Journal of Fish and Wildlife Management，8（1）：219-233.

Pikesley S K，Godley B J，Latham H，et al. 2016. Pink sea fans（Eunicella verrucosa）as indicators of the spatial efficacy of marine protected areas in southwest UK coastal waters. Marine Policy，64：38-45.

Pinchot G. 1928. The Mississippi：Symptomatic treatment or permanent cure？. Journal of Forestry，26（2）：222-230.

Pouget M，Baumel A，Diadema K，et al. 2017. Conservation unit allows assessing vulnerability and setting conservation priorities for a Mediterranean endemic plant within the context of extreme urbanization. Biodiversity and Conservation，26（2）：293-307.

Pressey R L，Taffs K H. 2001. Sampling of land types by protected areas：Three measures of effectiveness applied to western New South Wales. Biological Conservation，101（1）：105-117.

Primack R B. 2010. Essentials of Conservation Biology（5th ed）. Sinauer Associates，Inc.：Sunderland，UK.

Pringle C M. 2001. Hydrologic connectivity and the management of biological reserves：A global perspective. Ecological Applications，11（4）：981-998.

Proctor S，McClean C J，Hill J K，et al. 2011. Protected areas of Borneo fail to protect forest landscapes with high habitat connectivity. Biodiversity and Conservation，20（12）：2693-2704.

Pullin A S. 2002.Conservation Biology. Cambridge：Cambridge University Press.

Quentin D. 2009. Rivers，wild and free. [2021-02-28]. https://fmc.org.nz/wp-content/uploads/2009/05/rivers-wild-free-09-06-qd.pdf.

Recreation Advisory Council（US）. 1963. Federal executive branch policy governing the selection，establishment，and administration of national recreation areas（No. 1）. Recreation Advisory Council.

Robert G. 2005. Forcing the Spring：The Transformation of the American Environmental Movement. Washing，D. C.：Island Press.

Roberto I J，Loebmann D. 2016. Composition distribution patterns and conservation priority areas for the herpetofauna of the state of Ceara，northeastern Brazil. Salamandra，52（2）：134-152.

Rothlisberger J D，Scalley T H，Thurow R F. 2017. The role of wild and scenic rivers in the conservation of aquatic biodiversity. International Journal of Wilderness，23（2）：49-63.

Rylands A B，Brandon K. 2005. Brazilian protected areas. Conservation Biology，19（3）：612-618.

Sanderson E W，Jaiteh M，Levy M A，et al. 2002. The human footprint and the last of the wild：The human footprint is a global map of human influence on the land surface，which suggests that human beings are stewards of nature，whether we like it or not. BioScience，52（10）：891-904.

Schwartzman S，Boas A V，Ono K Y，et al. 2013. The natural and social history of the indigenous lands and protected areas corridor of the Xingu River basin. Philosophical Transactions of the Royal Society B：Biological Sciences，368（1619）：20120164.

Scott D，Lemieux C. 2005. Climate change and protected area policy and planning in Canada. The Forestry Chronicle，81（5）：696-703.

Scott J M，Frank D，Blair C，et al. 1993. Gap analysis：A geographic approach to protection of biological diversity. Biological Conservation，123：3-41.

Secretariat of the Convention on Biological Diversity（CBD）. 2004. The Ecosystem Approach（CBD Guidelines）. Montreal：Secretariat of the Convention on Biological Diversity.

Shane C，Bosa M. 2007. The dickson mills heritage conservation district. [2021-02-28]. http://digitalcollections.trentu.ca/objects/tcrc-561.

Shepherd G. 2004. The ecosystem approach：Five steps to implementation. Gland：IUCN.

Shepherd G. 2008. The ecosystem approach：Learning from experience. Gland：IUCN.

Smit B，Burton I，Klein R J T，et al. 1999. The science of adaptation：A framework for assessment. Mitigation and Adaptation Strategies for Global Change，4（3）：199-213.

Smith A，Schoeman M C，Keith M，et al. 2016. Synergistic effects of climate and land-use change on representation of African bats in priority conservation areas. Ecological Indicators，69：276-283.

Smith J，Metaxas A. 2018. A decision tree that can address connectivity in the design of Marine Protected Area Networks（MPAn）. Marine Policy，88：269-278.

Soulé M E，Sanjayan M A. 1998. Conservation targets：Do they help?. Science，279（5359）：2060-2061.

Spench B C，Lomnicky G A，Hughes R M，et al. 1996. An ecosystem approach to salmonid conservation. ManTech Environmental Research Services Corp. Corvallii，OR.

Stakhiv E Z. 2013. Future prospects for water management and adaptation to change. [2021-02-28]. https://ascelibrary.org/doi/10.1061/9780784412077.ch35.

Stein J L，Henry A N. 2002. Spatial analysis of anthropogenic river disturbance at regional and continental scales：Identifying the wild rivers of Australia. Landscape and Urban Planning，60（1）：1-25.

Stein J L，Stein J A，Nix H A. 1998. The identification of wild rivers，methodology and database development：A report for the Australian heritage commission by the centre for resource and environmental studies，Australian national university. Environment Australia，Canberra.

Stein J L，Stein J A，Nix H A. 2001. Wild rivers in Australia. International Journal of Wilderness，7（1）：20-24.

Strecker A L，Olden J D，Whittier J B，et al. 2011. Defining conservation priorities for freshwater fishes according to taxonomic，functional，and phylogenetic diversity. Ecological Applications，21（8）：3002-3013.

Sue J. 2008. Celebrating 40 years of the wild & scenic rivers act：An evolution of river protection strategies. [2021-02-28]. http://www.georgewright.org/252jennings.pdf.

Tantipisanuh N，Savini T，Cutter P，et al. 2016. Biodiversity gap analysis of the protected area system of the Indo-Burma Hotspot and priorities for increasing biodiversity representation. Biological Conservation，195：203-213.

Task Committee on Guidelines for Retirement of Dams and Hydroelectric Facilities of the Hydropoer Committee of the Energy Division of the American Society of Civil Engineers. 1997.Guidelines for Retirement of Dams and Hydroelectric Facilities. New York：American Society of Civil Engineers.

Thackway R，Cresswell I D. 1997. A bioregional framework for planning the national systems of protected areas in Australia. Natural Areas Journal，17（3）：241-247.

Thackway R，Cresswell I D，Reserve Systems Unit，et al. 1995. An Interim biogeographic regionalisation for Australia：A framework for establishing the national system of reserves cooperative program（Version 4.0）. [2021-02-28]. https://www.dcceew.gov.au/sites/default/files/documents/ibra-framework-setting-priorities-nrs-cooperative-program.pdf.

Trivino M，Kujala H，Araujo M B，et al. 2018. Planning：Identifying conservation priority areas for Iberian birds under climate change. Landscape Ecology，33（4）：659-673.

Trzyna T，Edmiston J T，Hyman G，et al. 2014. Urban protected areas：Profiles and best practice guidelines. Best Practice Protected Area Guidelines Series No. 22，Gland，Switzerland：IUCN.

UN. 2015.World water development report 2015. Water for a sustainable world.

UN. 2016. World water development report 2016. Wastewater：Water and jobs.

UN. 2017. World water development report 2017. Wastewater：An untapped resource.

UN. 2018.World water development report 2018. Nature-based solutions for water.

UN. 2019. World water development report 2019. Leaving no one behind.

UN. 2020.World water development report 2020. Water and climate change.

UN. 2021.World water development report 2021. Valuing water.

UN. 2022.World water development report 2022. Groundwater：making the invisible visible.

UN. 2023. World Water Development Report 2023. Partnerships and Cooperation for Water.

UNEP-WCMC，IUCN，NGS. 2018. Protected planet report 2018. UNEP-WCMC，IUCN and NGS：Cambridge UK；Gland，Switzerland；and Washington，D. C.，USA.

UNESCO World Heritage Centre. 2019. Operational guidelines for the implementation of the World Heritage Convention. [2021-02-28]. https://whc.unesco.org/document/190976.

UNESCO World Heritage Centre. 2020. The operational guidelines for the implementation of the World Heritage Convention. [2021-02-28]. https://whc.unesco.org/en/guidelines/.

UNESCO World Heritage Centre. 2021. The operational guidelines for the implementation of the world heritage convention. [2021-02-28]. https://whc.unesco.org/en/guidelines/.

Vannote R L，Minshall G W，Cummins K W，et al. 1980. The river continuum concept. Canadian Journal of Fisheries and Aquatic Sciences，37（1）：130-137.

Veach V，Moilanen A，Di Minin E. 2017. Threats from urban expansion，agricultural transformation and forest loss on global conservation priority areas. PloS One，12（11）：1-14.

Walker M. 2014. Scoping rogue river's outstandingly remarkable values：Other similar values & other river values. U. S.：Hugo Neighborhood Association & Historical Society Rogue Advocates Goal One Coalition.

Walter M G，Daniel P L，Laurel S. 2012. Toward a sustainable water future：Visions for 2050. Published by the American Society of Civil Engineers. [2021-02-28]. https://ascelibrary.org/doi/pdf/10.1061/ 9780784412077.fm.

Walters D M，Cross W F，Kennedy T A，et al. 2020. Food web controls on mercury fluxes and fate in the Colorado River，Grand Canyon. Science Advances，6：20.

Ward J V. 1989. The four-dimensional nature of lotic ecosystems. Journal of the North American Benthological Society，8（1）：2-8.

Watson N. 2012. The Nevis river：An example of river conservation in the New Zealand context. Philip Boon，Paul Raven River：Conservation and Management：371-379.

Wilson K，Pressey R L，Newton A，et al. 2005. Measuring and incorporating vulnerability into conservation planning. Environmental Management，35（5）：527-543.

Worboys G，Kothari A，Feary S，et al. 2015. Protected Area Governance and Management. Canberra：Anu Press.

World Meteorological Organization（WMO），United Nations Educational，Scientific and Cultural Organization（UNESCO）. 2012. International Glossary of Hydrology. 3rd ed. Geneva：WMO.

Wu H P，Chen J，Xu J J，et al. 2019. Effects of dam construction on biodiversity：A review. Journal of Cleaner Production，221：480-489.

Xu W H，Xiao Y，Zhang J J，et al. 2017. Strengthening protected areas for biodiversity and ecosystem services in China. Proceedings of the National Academy of Sciences，114（7）：1601-1606.

Yang R，Cao Y，Hou S Y，et al. 2020. Cost-effective priorities for the expansion of global terrestrial protected areas：Setting post-2020 global and national targets. Science Advances，6（37）：1-8.

Zhang Y，Chu C，Liu L，et al. 2017. Water environment assessment as an ecological red line management tool for marine wetland protected area. Environmental Research and Public Health，14（8）：870.

Zhang Z，Sherman R，Yang Z，et al. 2013. Integrating a participatory process with a GIS-based multi-criteria decision analysis for protected area zoning in China. Journal for Nature Conservation，21（4）：225-240.

Zhao M，Li C Y，Denielle M，et al. 2022. Connectivity index-based identification of priority area of river protected areas in Sichuan province，Southwest China. Land，11（4）：490.

彩　图

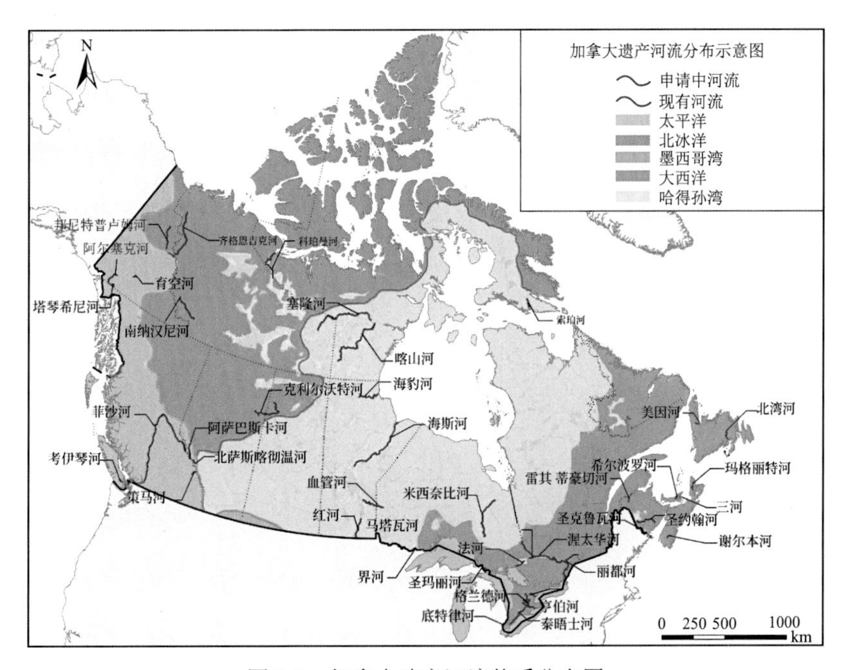

图 3-9　加拿大遗产河流体系分布图

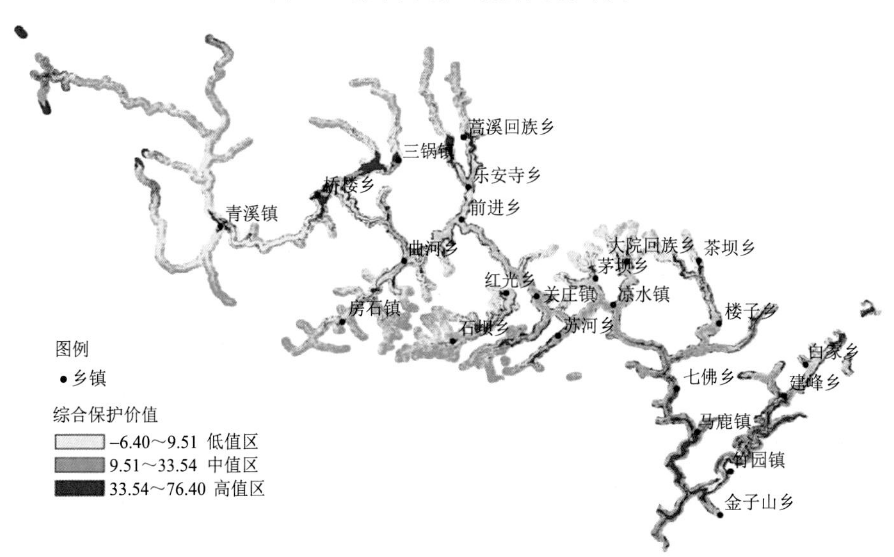

图 5-7　四川省青竹江流域综合保护价值

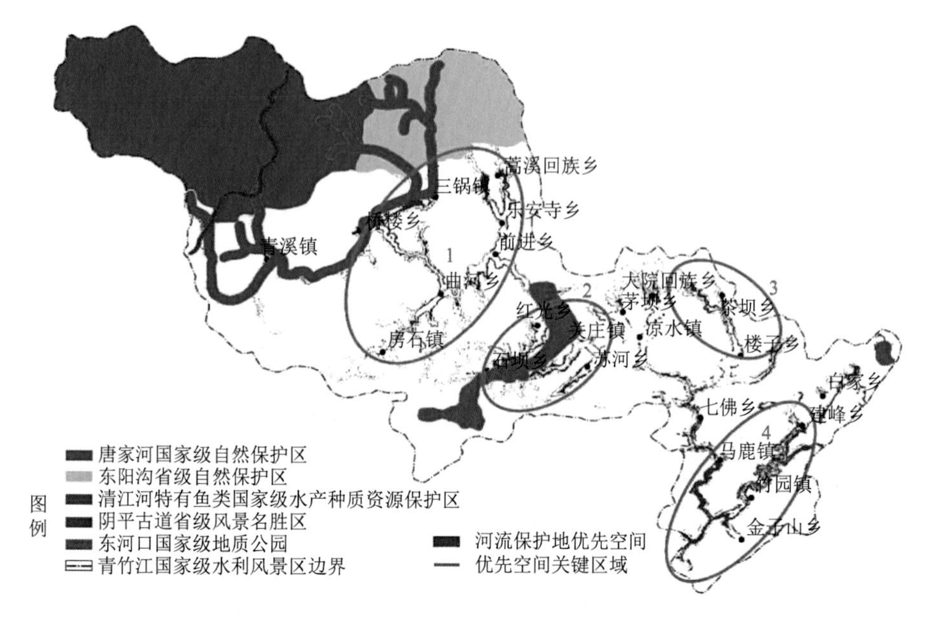

图 5-8　四川省青竹江流域河湖保护地优先空间格局

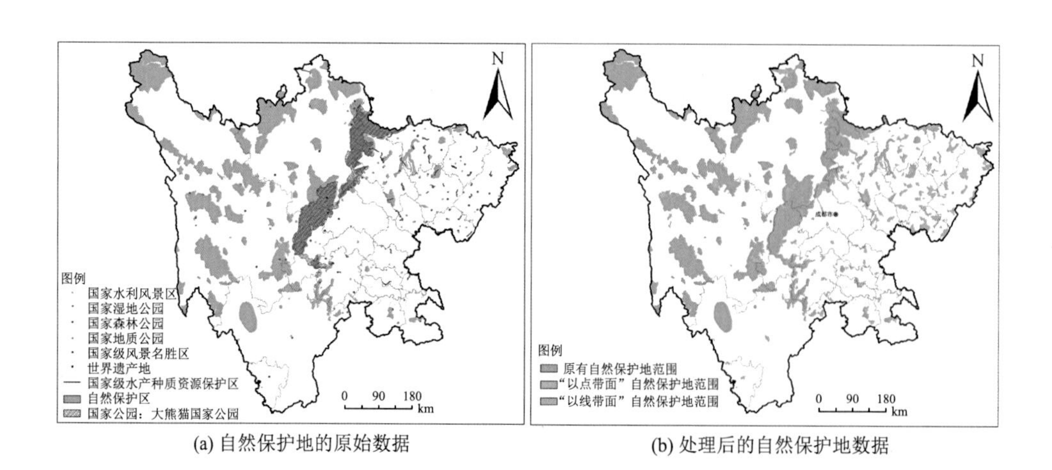

(a) 自然保护地的原始数据　　(b) 处理后的自然保护地数据

图 5-12　四川省九种自然保护地的空间分布

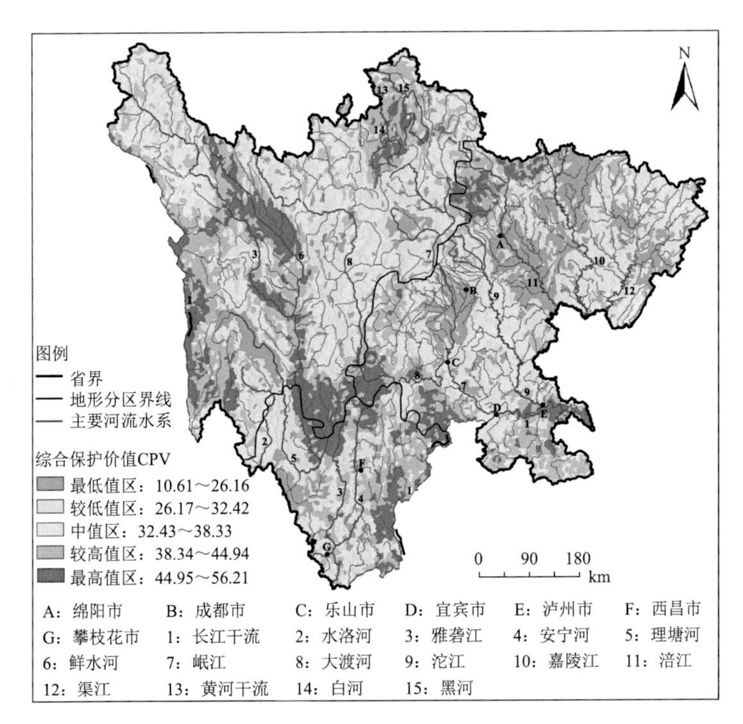

图 5-14 四川省河湖保护地综合保护价值空间分布图

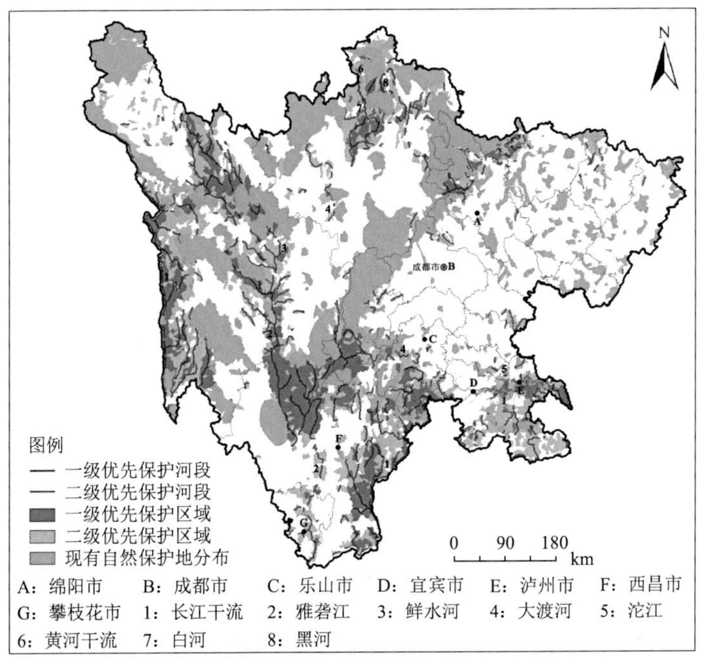

图 5-15 四川省河湖保护地优先保护空间格局

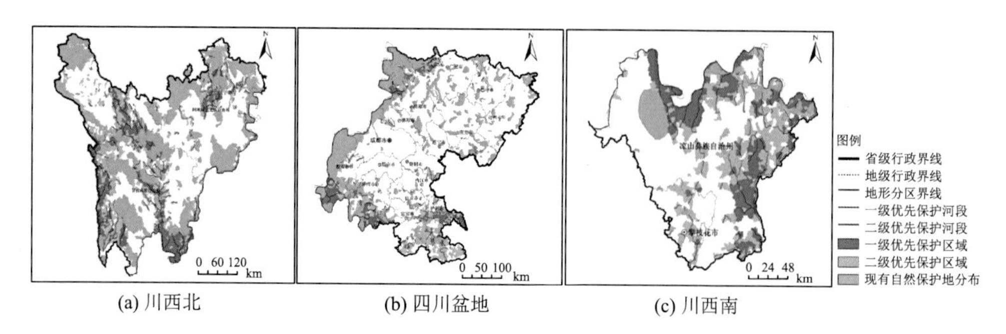

(a) 川西北　　(b) 四川盆地　　(c) 川西南

图 5-16　四川省三个地形分区中的河湖保护地优先保护空间分布

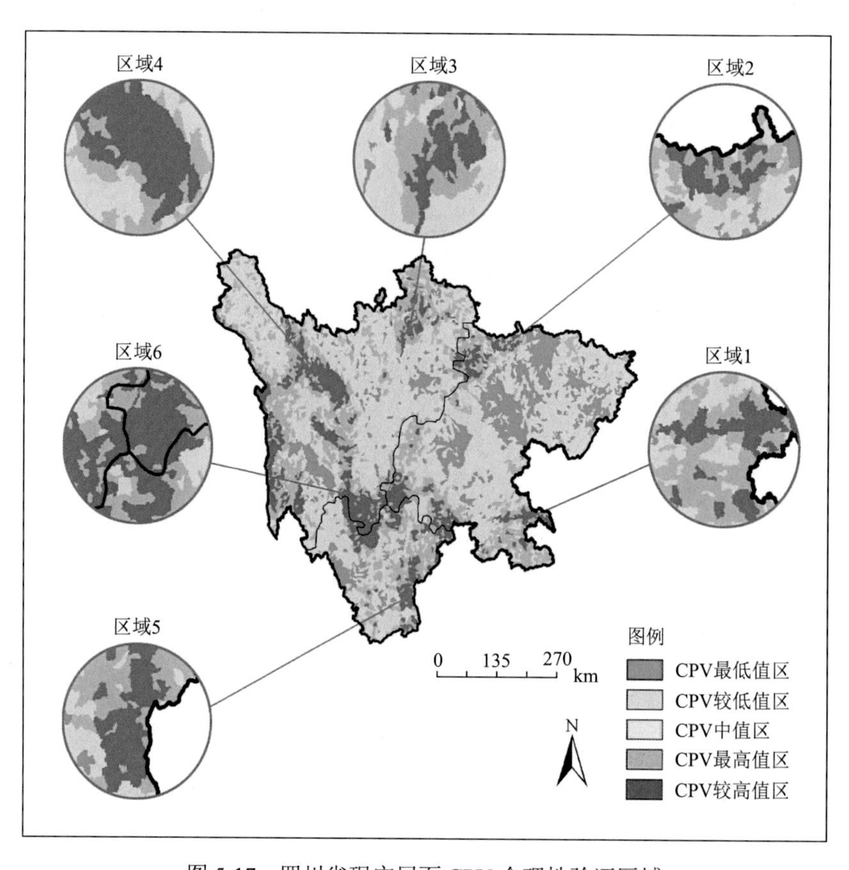

图 5-17　四川省现实层面 CPV 合理性验证区域